非線形波動

現代物理学叢書

非線形波動

和達三樹著

岩波書店

現代物理学叢書について

小社は先年,物理学の全体像を把握し次世代への展望を拓くことを意図し,第一級の物理学者の絶大な協力のもとに,岩波講座「現代の物理学」(全21巻)を2度にわたって刊行いたしました.幸い,多くの読者の厚いご支持をいただき,その後も数多くの巻についてさらに再刊を望む声が寄せられています.そこで,このご要望にお応えするための新しいシリーズとして,「現代物理学叢書」を刊行いたします.このシリーズには,読者のご要望に応じながら,岩波講座「現代の物理学」の各巻を順次できるかぎり収めてまいります.装丁は新たにしましたが,内容は基本的に岩波講座の第2次刊行のものと同一です.本シリーズによって貴重な書物群が末永く読みつがれることを願ってやみません.

まえがき

　波動は現代物理学における最も基本的な概念である．今世紀初めの2大革命，量子論と相対論の発見，によって，その重要性はさらに深く認識されるようになった．本書の目的は，最近急速に進展した非線形波動の物理学を，できるだけ理解しやすく，また，最新の情報まで含めて説明することにある．相反するような目的を課したことになるが，予想外の発展が随所に現われるので，興味と期待をもって読み進んでいただきたい．

　「非線形」とは，簡単にいうと，1+1が2にならないことである．重ね合わせの原理が成り立たない，といってもよい．自然界で(たぶん日常生活においても)興味ある現象の多くは，系の非線形性に起因している．逆に，非線形性があるからこそ，多彩な自然現象が起きるともいえる．また，新技術の発達により，従来とは異なる現象が議論できるようになった．例えば，レーザーの強い光が物質中を通るとき，重ね合わせの原理では説明できない現象が起きる．しかし残念ながら，高校，大学を通じて，物理学や数学の授業で習うことは，すべて「線形」の世界である．その理由ははっきりしている．現象，概念，方法，のすべてにおいて，非線形問題を統一的に把握する視点が欠けていたからである．

　歴史的に見るならば，量子力学の輝かしい成功が，物理学者たちの目を非線

形問題から遠ざける結果をもたらしたように思われる．実際，本書でも述べていくように，非線形問題の多くは，すでに前世紀に考察されていた．この情況は変わりつつある．1960年代に萌芽をみせた非線形力学系の研究から，非線形現象を特徴づける新しい概念がつぎつぎと発見されたからである．ソリトン，カオス，フラクタル等であり，本書のソリトンは，その第1弾と位置づけられる．現在では，ソリトン概念やその手法なしには物理学の最先端を議論することはできない．また，ソリトン物理学が数学に与えた影響は極めて大きい．

やや堅苦しい書き出しとなったが，本書の読者対象は大学理工系学部3,4年生以上である．さきほども触れたように，非線形問題を授業で扱うことは少ないと思われるので，参考書またはセミナー用に読まれる方々が多いであろう．必要とする知識は教養課程の物理学と数学に限り，他の文献の引用は極力避けた．論理的にも数式の上でも，読者が理解できないような飛躍は含まれていない．例外は，楕円関数と群論に関する記述である．これらを詳述すると，数学的になりすぎて物理的楽しさを殺してしまうと考え，最小限にとどめた．

内容の説明に移ろう．話の筋道をまとめると，下図のようになる．

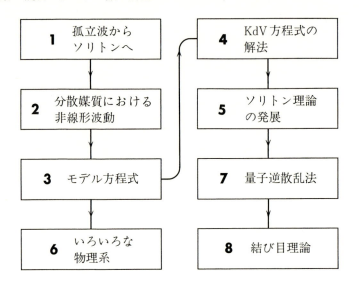

執筆の方針は，物理的動機づけを最優先し，種々の物理系への適用，理論的基礎づけ，数理科学的成果，の順に述べることとした．おおよそ歴史的な発展の順である．左側の4章は，物理現象とそのモデル化，すなわち，非線形波動をどのように特徴づけるかが述べられている．複雑な非線形方程式系から，いくつかの普遍的な方程式が抽出される過程に注目してほしい．次に，右側の4章は，理論的発展を主にまとめてある．逆散乱法とよばれる新しい解析方法の発見は，非線形発展方程式の初期値問題を解くことを可能にした．Fourier 変換法（1811年）の発見から150余年を経て，非線形問題を厳密に解く手法が確立されたのである．さらに，逆散乱法を拡張することにより，量子論や統計力学における厳密に解ける模型を統一的に理解できるようになった．

　限られた紙数であるので関連する結果をすべて記述するわけにはいかない．例えば，5-2節では非線形 Schrödinger 方程式を例にとり完全積分可能性を証明するが，他のソリトン方程式に対しても同様であるので，その記述を繰り返すことはしない．一方，波動，非線形波動，ソリトン概念の確立，完全積分可能系，厳密に解ける模型，とつながる一連の発展については，将来の課題を念頭において，ていねいに説明した．

　非線形問題を研究する際に興味深いことは，その研究が自然に学際的になることである．工学的応用と密接に関連し，同時に，数学的に豊富な内容を含んでいる．また，計算機による多くの発見が果たした役割は大きい．物理学に限っても，流体，プラズマ，非線形光学，磁性体，素粒子論，生物物理等々に共通に同じ非線形発展方程式が現われる．いいかえると，「非線形」をテーマとして，素粒子論から生物物理学までを統一的に勉強できてしまう．この知的楽しみをすこしでも伝えられれば，と願っている．

　これからの非線形問題の研究が，どれだけの速さで，また，どのような広がりで発展をとげるかを予想することはむずかしい．自由度が非常に大きい非線形力学系の問題は，流体における乱流，生体での脳や神経回路，等の多くの興味深い問題と関連し，来世紀に向けての課題の1つといえよう．このような高い視点から見るならば，本書で明らかにする非線形波動の性質は，大きなプロ

グラムの第1章であるかもしれない．一方，非線形波動の研究が，非線形問題に対する初めての系統的研究であることを強調しておきたい．本書を読んで興味をもたれた読者が，さらに野心的な非線形問題に取りくむ勇気を得られたとするならば，筆者にとって至上の喜びである．

　本書の執筆においては，編者である江沢洋，鈴木増雄両先生に多くの点でご教示いただいた．非線形波動の研究ではわが国は，アメリカ，旧ソ連と並んでつねに指導的立場にあり，戸田盛和，谷内俊弥，市川芳彦，橋本英典，矢嶋信男，広田良吾，角谷典彦の諸先生，並びに共同研究者の方々との議論が本書の骨格となっている．若い物理学者である小西哲郎，矢嶋徹，出口哲生，飯塚剛，永尾太郎，森靖英，松岡千博の諸氏は，全章または数章を読み有益なコメントを寄せて下さった．以上の方々に心よりお礼を申し上げたい．

1992年1月

和 達 三 樹

目次

まえがき

1 孤立波からソリトンへ ‥‥‥‥‥‥ 1
1-1 Scott-Russell の観測　1
1-2 Fermi-Pasta-Ulam の再帰現象　4
1-3 ソリトンの発見　5

2 分散媒質における非線形波動 ‥‥‥ 8
2-1 線形波動　8
2-2 １次元非線形格子　12
2-3 浅水波　16
2-4 孤立波とソリトン　20
2-5 振幅方程式　26
2-6 ２次元 KdV 方程式　31

3 モデル方程式 ‥‥‥‥‥‥‥‥‥ 34
3-1 Sine-Gordon 方程式　34
3-2 Sine-Gordon 方程式が現われる物理系　37

3-3　Bäcklund 変換　42
3-4　戸田格子　48
3-5　戸田格子の拡張　53

4　KdV 方程式の解法　…………57

4-1　Miura 変換　57
4-2　散乱の順問題　60
4-3　散乱の逆問題　65
4-4　逆散乱法による解法　68
4-5　N ソリトン解　73
4-6　KdV 方程式の Bäcklund 変換　77

5　ソリトン理論の発展　…………83

5-1　2行2列形の定式化　83
5-2　完全積分可能性の証明　88
5-3　Sine-Gordon 方程式の解法　97
5-4　逆散乱法の発展　104
5-5　Painlevé 判定法　110
5-6　ソリトン摂動論　113

6　いろいろな物理系　……………119

6-1　イオン音波　119
6-2　光自己集束　123
6-3　磁束の運動　127
6-4　3つの波の相互作用　130
6-5　古典スピン系　133
6-6　渦糸を伝わる波　136
6-7　ポリアセチレン　140
6-8　生態系におけるソリトンの伝播　144

7 量子逆散乱法 ・・・・・・・・・・・・・・・・148

- 7-1 量子論的非線形 Schrödinger 模型　148
- 7-2 量子逆散乱法　150
- 7-3 散乱データの交換関係　155
- 7-4 代数的 Bethe 仮説法　159
- 7-5 格子での量子逆散乱法　164
- 7-6 Yang-Baxter 関係式　168
- 7-7 量子スピン系　177

8 結び目理論 ・・・・・・・・・・・・・・・・・184

- 8-1 結び目と絡み目　184
- 8-2 組みひも群　187
- 8-3 代数的構成法　192
- 8-4 N 状態バーテックス模型　197
- 8-5 グラフによる構成　202
- 8-6 分数統計　207

補章 ・・・・・・・・・・・・・・・・・・・・211

- [A] 逆散乱法による非線形 Schrödinger 方程式の解法　211
- [B] 長距離相互作用をもつ量子可積分系　214
- [C] 曲線の運動　218

参考書・文献　223

第2次刊行に際して　227

索　引　229

1

孤立波からソリトンへ

媒質内の擾乱(じょうらん)がつぎつぎと媒質中を伝わっていく現象を波動(wave)という．音波，水の波，電磁波といった日常生活に密着した現象をはじめとして，素粒子物理から生物物理にいたるまで，波動は物理学のあらゆる分野に共通の概念として現われる．本書で読者は，非線形波動の研究から生じた1つの発見が，まるで波動のように物理学の諸分野に広がっていく様子を見るであろう．くわしい数式を用いた説明は第2章以降で述べることとして，その発見にいたる歴史からはじめよう．

1-1 Scott-Russell の観測

いまから150年ほど前，スコットランドに J. Scott-Russell(1808–1882)という人がいた．造船技師であると同時に流体力学の研究者でもあった．Scottは母方の姓，Russellは父方の姓であり，Scott-Russellはもちろん1人の人間である．1834年8月のある日，エジンバラ郊外の運河のふちを馬に乗って散歩していたときのことである．

「私は，せまい運河を船が2頭の馬に速く引かれていくのを見ていた．船が

急にとまった．へさき付近には激しい擾乱が起き，水面の盛り上がりができた．その水面の盛り上がりは，大きな速度でへさきを離れ，形を変えることなく，また，速度の減少なしに，運河に沿って進みはじめた．約30フィートの幅で，約1.5フィートの高さの形のまま進む水面の盛り上がりを，私は馬に乗って時速8～9マイルの速さで追いかけた．その高さはゆっくりと減少し，1～2マイル追いかけたが，運河の曲がった所で見失ってしまった．」

以上は，報告（1844年）の一部である．ユニオン・カナル（Union Canal）という会社で，当時の懸案であった運河での高速輸送の問題に従事していた頃であった．この現象に魅せられたScott-Russellは水槽を作ってくわしく調べた（図1-1）．そして，通常の振動型の波形ではない，この波を**孤立波**（solitary wave）と名づけた．

運河のように浅い水の表面を伝わる波を，浅い水の波（浅水波）という．波の高さが無限に小さいとき，浅い水の波の速さは，水深hの平方根に比例する．すなわち，重力の加速度をgとして，

$$c_0 = \sqrt{gh} \tag{1.1}$$

で与えられる．Scott-Russellは，平均水面から測った孤立波の波高をη_0とすると，孤立波の進む速さは

$$c = \sqrt{g(h+\eta_0)} \tag{1.2}$$

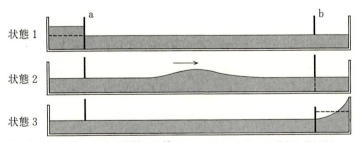

図1-1 Scott-Russellの実験．水槽には，aとbの2つの仕切り板がある．まず，仕切りaをおろし，水をためる（状態1）．その仕切りをあげると，水のかたまりは運動をはじめ，右へ一定の波形で進む（状態2）．右端に達したとき，仕切りbをおろすと，状態1でためられた水が，右端まで運ばれたことがわかる（状態3）．

で与えられることを見出した(実験式). さらに彼は, 図 1-1 の仕切り a の左側に, より多くの水を用意すると, 2 つの孤立波が生ずることを発見している.

孤立波がはたして存在し得るかどうかは, 大きな論争を引き起こした. そして, 当時の最高級科学者であった J. Boussinesq, Sir Stokes, Lord Rayleigh, Lord Kelvin, Sir Airy 等によって議論された. Airy は, 孤立波の存在について否定的であった. この論争に決着がつくのは, Scott-Russell の観測から 60 年後のことである.

1895 年, オランダの Korteweg と de Vries は, 浅い水を一方向に伝わる波を記述する方程式を提出した*. 平均水面からの水面の高さを η, 速さ $c_0 = \sqrt{gh}$ で動いている座標を $\xi = x - c_0 t$ とする. **Korteweg–de Vries 方程式**(略して KdV 方程式)は, 次の形に書かれる.

$$\frac{\partial \eta}{\partial t} + \frac{3c_0}{2h} \eta \frac{\partial \eta}{\partial \xi} + \frac{c_0 h^2}{6} \frac{\partial^3 \eta}{\partial \xi^3} = 0 \qquad (1.3)$$

「水面の盛り上がり」すなわち孤立波は, この偏微分方程式の特解として,

$$\eta = \eta_0 \,\mathrm{sech}^2 \left(\frac{1}{2} \sqrt{\frac{3\eta_0}{h^3}} (x - ct) \right) \qquad (1.4)$$

$$c = c_0 \left(1 + \frac{\eta_0}{2h} \right) = \sqrt{gh} \left(1 + \frac{\eta_0}{2h} \right) \qquad (1.5)$$

で与えられる. 関数 sech $y = 1/\cosh y = 2/(e^y + e^{-y})$ は, これからもしばしば登場する. 孤立波の速さ(1.5)は, Scott-Russell の実験式(1.2)で, $\eta_0/h \ll 1$ と近似したものと一致する.

このような成功にもかかわらず, 彼らの論文は以後あまり注目を集めずに, 60 年以上も忘れさられてしまった. 非線形波動の研究の一般性が認識されていなかったことが, 大きな理由であると考えられる. 有名な H. Lamb の著書 *Hydrodynamics* にも, Korteweg と de Vries の仕事は脚注に触れられているだけである**.

---

* D. J. Korteweg and G. de Vries : Phil. Mag. **39** (1895) 422.
** H. Lamb : *Hydrodynamics* (Dover, New York, 1932).

1-2 Fermi-Pasta-Ulam の再帰現象

話が全く変わるので，用語の準備を行なう．力と変形が比例する，すなわち，Hookeの法則に従うばねを「線形のばね」とよぶ．変形に比例する項以外に，変形の2乗や3乗などに比例する項をもつばねを「非線形のばね」という．これらのばねで，一直線上に結ばれた粒子系を**1次元格子**，または単に格子とよぶ．

さて，1950年代はじめ，当時作られたばかりの計算機が，ロスアラモス研究所(米国ニューメキシコ州)にあった．これは，MANIAC I とよばれ，真空管を用いたものである．原子核物理で有名な E. Fermi は，この計算機を利用して，解析的方法では困難ないくつかの問題に取りくんだ．そのうちの1つに，次のような問題がある*．非線形のばねで結ばれた粒子系(1次元非線形格子)は，どのような時間発展を示すであろうか．特に，どのように平衡状態に近づいていくのであろうか．

この問題は，統計力学では**エルゴード(ergode)問題**とよばれる．線形のばねで結ばれた粒子系では話は簡単である．系全体の振動は基準振動(ノーマルモード)に分解され，各モードは独立である．したがって，各モードのエネルギーは一定であり，系はエルゴード的でない．一方，ばねが非線形項をもつならば，線形系での基準モード間にはエネルギーのやり取りがあり，系はエルゴード的になると予想される．はじめに特定なモードにエネルギーを与えても，時間がたつと，すべてのモードに均等にエネルギーが分配される(エネルギー等分配則)と予想されるからである．

Fermi と J. R. Pasta，S. M. Ulam による計算結果は，上の予想とは全く異なるものであった．32個または64個の粒子が非線形のばねで結ばれた1次元系の運動方程式を数値的に解く．境界条件として，ばねの両端を固定する．変

---

* E. Fermi, J. Pasta and S. Ulam: *Collected Papers of Enrico Fermi* (Univ. of Chicago Press, 1965) Vol. 2, p. 978.

形の1次と2次に比例する力の場合と，1次と3次に比例する力の場合とを調べたが，結果は似たものであった．線形系での基準モード間には，非線形項によるエネルギーのやり取りが起きる．これは予想どおりである．しかし，エネルギーの分配は少数モードに限られ，しかもある時間がたつと，初期のモードにエネルギーが戻ってしまう（図1-2）．これを，**Fermi-Pasta-Ulam の再帰現象**(recurrence phenomena)という．

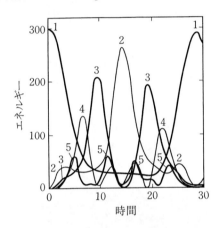

図1-2 Fermi-Pasta-Ulam の再帰現象（E. Fermi, J. Pasta and S. Ulam : *Technical Report*, Los Alamos Sci. Lab., 1955，または，*Collected Papers of Enrico Fermi* (Univ. of Chicago Press, 1965) Vol. 2, p. 978による）．初期 $t=0$ にはモード1がある．時間発展とともに，少数個のモード(2,3,4,5)が励起されるが，ふたたび初期モード1に戻る．

エルゴード問題は統計力学の最も基本的な問題の1つであり，現在も活発な研究が行なわれている．Fermi たちの仕事は，エルゴード問題の興味深い一面を浮かび上がらせたことに大きな意義があり，また，計算機を用いる物理学の第1歩であった．

1-3 ソリトンの発見

N. J. Zabusky と M. D. Kruskal は，Fermi-Pasta-Ulam(FPU)の再帰現象に興味をもち，研究を進めた．ポテンシャルエネルギーを用いてばねの運動を議論するとき，変形（ばねの伸び縮み）の2乗に比例する項を線形（または，調和）項，3乗や4乗などに比例する項を非線形項という．Zabusky と Kruskal は，調和項と3乗の非線形項をもつ格子に対する連続体模型として，KdV 方程式

を導入した．Scott-Russell の観測と FPU の再帰現象の接点が，ここで明確になったことに注意しよう．彼らは KdV 方程式を数値積分することにより，FPU が非線形格子で見たような再帰現象が KdV 方程式でも現われることを示した．それと同時に，KdV 方程式が次のような思いがけない性質をもっていることを発見した．

図 1-3 は，KdV 方程式 $u_t + uu_x + \delta^2 u_{xxx} = 0$ ($\delta = 0.022$) の数値積分の結果を示している．波形は時間とともに，少しずつ右へ進行している．それと同時に，初期条件の正弦波形(曲線 A)は，$t = 1/\pi$ では，やや突ったって急になり，谷は逆にゆるやかになっている(曲線 B)．さらに時間がたち $t = 3.6/\pi$ では，波形はいくつかの山に分かれる(曲線 C)．高い山は速く，低い山は遅く右へ進む．そして，おのおのの山は sech^2 型の孤立波で表わされる．

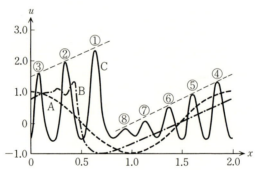

図 1-3 初期値 $u(x, 0) = \cos \pi x$ に対する KdV 方程式 $u_t + uu_x + \delta^2 u_{xxx} = 0$ ($\delta = 0.022$) の数値解(N. J. Zabusky and M. D. Kruskal : Phys. Rev. Lett. **15** (1965) 240 による)．A：$t = 0$ (点線)，B：$t = 1/\pi$ (鎖線)，C：$t = 3.6/\pi$ (実線)．

さらにくわしく調べてみると，おのおのの山は衝突の間は変形するが，衝突前と衝突後では全く同じ波形であり，ほぼ独立に運動することがわかった．すなわち，この孤立波は粒子のような性質をもっている．現代物理学では，光子(photon)，音子(phonon)，励起子(exciton)のように，粒子的性質を示す接尾語として -on を用いる．Zabusky と Kruskal は，粒子的性質をもった孤立

波という意味で，ソリトン(soliton)と名づけた．再帰現象は，速度が異なるいくつかのソリトンが，追い抜き合い，相対位置を変え，元の状態に戻る，と考えることによって説明される．

こうして，ソリトンが発見された．これまでに述べたことをまとめて，ソリトンの定義とする．すなわち，ソリトンは，次の性質をもつ非線形波動である．

(1) 孤立波の性質：空間的に局在した波が，その性質（速さや形など）を変えずに伝播する．
(2) 粒子的性質：孤立波は互いの衝突に対して安定であり，おのおのの個別性を保持する．

第5章ではもっと厳密に，「ソリトン系は，完全積分可能系(completely integrable system)である」ことを証明する．孤立波のことをソリトンとよぶことも多いが，正しい用語を知っておくことは必要であろう．

Fermiたちの再帰現象も，Zabuskyたちのソリトンも，当時の研究者には予期し得なかった現象が計算機実験によって発見された好例である．計算機実験と解析的方法とを組み合わせる総合的な研究方法は，しばしば**シナジェティクス**(synergetics)とよばれる．Zabuskyによれば，この言葉を用い始めたのはJ. von Neumannとのことである．

2 分散媒質における非線形波動

線形性が成り立つとしよう．この系では，状態 u と状態 v が同じ物理法則をみたすとすれば，その線形結合の状態 $au+bv$ も同じ物理法則をみたす(重ね合わせの原理)．波動を例にとると，三角関数や指数関数で表わされる線形波動は，その重ね合わせもまた同じ方程式の解である．こうして，線形波動を一般的枠組みで議論することができる．しかし，線形理論は波の振幅が無限小の場合にのみ正しく，有限振幅の波動では系の非線形性が重要な役割をもつようになる．そのような波動はどう記述されるのであろうか．

2-1 線形波動

非線形波動を考える準備として，線形波動の性質を調べる．最も簡単な物理系は，1次元格子であろう．

1つの直線に沿って，質量 m の粒子が長さ a のばねで連結されている(図 2-1)．ばねは Hooke の法則に従うとする．すなわち，ばね定数を κ，ばねの伸びを $\varDelta$ として，ばねの力 F は

$$F = \kappa\varDelta \qquad (2.1)$$

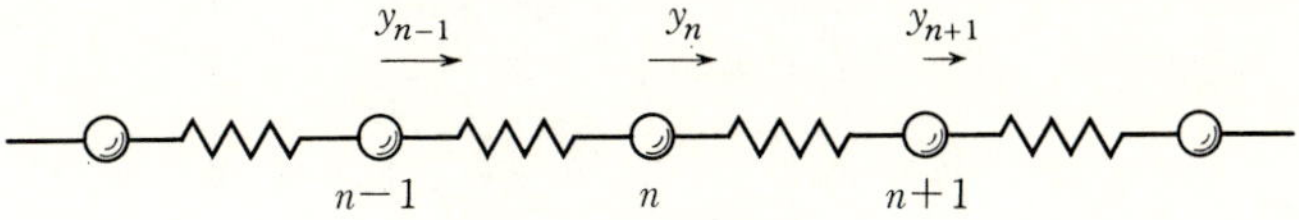

y_{n-1} , y_n , y_{n+1}

図 2-1 1次元格子.

で与えられる.

n 番目の粒子の平衡点からのずれを y_n で表わす. n 番目の粒子が受ける力は,右方へ $\kappa(y_{n+1}-y_n)$,左方へ $\kappa(y_n-y_{n-1})$ であるから,運動方程式は

$$m\frac{d^2y_n}{dt^2} = \kappa(y_{n+1}-y_n) - \kappa(y_n-y_{n-1})$$
$$= \kappa(y_{n+1}-2y_n+y_{n-1}) \qquad (2.2)$$

となる.この微分方程式(くわしくいうと,時間変化は微分,空間変化は差分なので,微分差分方程式)は, y_n や y_{n+1} 等について 1 次の量だけで表わされ, $(y_n)^2$ や $y_n y_{n+1}$ 等を含まないので,線形である.

方程式(2.2)の解は,次のようにして求められる.

$$y_n = e^{i(kan-\omega t)} \qquad (2.3\mathrm{a})$$

とおいて,(2.2)に代入すると

$$\omega^2 = \frac{\kappa}{m}[2-(e^{ika}+e^{-ika})] = 4\frac{\kappa}{m}\sin^2\frac{ka}{2} \qquad (2.4)$$

すなわち, k と ω が(2.4)をみたすならば,(2.3a)は(2.2)の解である.また,(2.2)は $t\to -t$ としても形が変わらないので,

$$y_n = e^{i(kan+\omega t)} \qquad (2.3\mathrm{b})$$

も解である.(2.4)のように,角振動数 ω と波数 k を関係づける式を,**分散関係式**(dispersion relation)という.

周期的境界条件 $y_{N+1}=y_1$ をおくならば, N 個の波

$$k_j = \frac{2\pi j}{Na}, \quad \omega_j = 2\sqrt{\frac{\kappa}{m}}\sin\frac{j\pi}{N} \quad (j=1,2,\cdots,N) \qquad (2.5\mathrm{a})$$

が**基準振動**を与える.波数は必ずしもこの範囲に限定する必要はなく,例えば N が偶数のときは,

$$k_j = \frac{2\pi j}{Na}, \quad \omega_j = 2\sqrt{\frac{\kappa}{m}}\sin\frac{j\pi}{N} \quad \left(j = -\frac{N}{2}, -\frac{N}{2}+1, \cdots, \frac{N}{2}-1\right) \quad (2.5\text{b})$$

としても，同じ基準振動を与える．この事情は，固体物理でのBrillouin域(Brillouin zone)の選び方と同様である．

格子は無限に長いとして，伝わっていく波(進行波)を議論しよう．そのためには，

$$\omega(k) = 2\sqrt{\frac{\kappa}{m}}\sin\frac{ka}{2} \quad (-\pi < ka < \pi) \quad (2.6)$$

としておくのが便利で，(2.3a)は右に進む波，(2.3b)は左に進む波を表わす．線形微分方程式では，解の線形結合もまた解である．そして，波数 k は $-\pi/a < k < \pi/a$ の範囲で任意であるので，(2.2)の一般解は

$$y_n(t) = \int_{-\pi/a}^{\pi/a} \frac{dk}{2\pi} A(k) e^{i(kan-\omega t)} + \int_{-\pi/a}^{\pi/a} \frac{dk}{2\pi} B(k) e^{i(kan+\omega t)} \quad (2.7)$$

となる．

このように，Fourier積分，または，Fourier級数を使って，各波数成分の足し合わせ(**重ね合わせの原理**)として波を表わすことができるのが，線形波動の特徴である．これは，空間の次元数によらない．

位相速度 v_p と群速度 v_g は，(2.6)より，おのおの

$$v_\text{p} \equiv \frac{\omega(k)}{k} = c_0\left(1 - \frac{1}{24}(ka)^2 + \cdots\right) \quad (2.8\text{a})$$

$$v_\text{g} \equiv \frac{\partial \omega(k)}{\partial k} = c_0\left(1 - \frac{1}{8}(ka)^2 + \cdots\right) \quad (2.8\text{b})$$

と計算される．ただし，c_0 は**音速**であり，

$$c_0 = \sqrt{\frac{\kappa}{m}}\,a \quad (2.9)$$

で与えられる．(2.8)のように，位相速度が波数に依存するとき，または，位相速度と群速度が異なるとき，**分散がある**(dispersive)という．もし分散がなければ，(2.7)で $\omega = c_0 k$ とおき，

$$y_n(t) = \int_{-\pi/a}^{\pi/a} \frac{dk}{2\pi} A(k) e^{ik(na-c_0 t)} + \int_{-\pi/a}^{\pi/a} \frac{dk}{2\pi} B(k) e^{ik(na+c_0 t)} \quad (2.10)$$

となる．よって，右に行く波と左に行く波は，おのおの波形を変えずに平行移動していく．ところが，格子波には分散があるので，各波数成分は異なる位相速度をもち，伝播につれて波は変形する．

格子間隔 a に比べて波長 $\lambda = 2\pi/k$ が十分に長い波の場合には，$y_{n\pm1}(t)$ と $y_n(t)$ はあまり違わないので，$x = na$ を連続変数とみなせるであろう．こう考えて，空間変化の差分を微分で近似することを，**連続体近似**または**長波長近似**という．変位 $y_{n\pm1}(t)$ を，

$$y_{n\pm1}(t) = y(x \pm a, t) = y(x, t) \pm a \frac{\partial y(x, t)}{\partial x} + \frac{a^2}{2} \frac{\partial^2 y(x, t)}{\partial x^2} \pm \cdots \quad (2.11)$$

と展開する．これを(2.2)に代入すると，**波動方程式**(wave equation)

$$\frac{\partial^2 y}{\partial t^2} = c_0^2 \frac{\partial^2 y}{\partial x^2}, \qquad c_0 = \sqrt{\frac{\kappa}{m}} a \quad (2.12)$$

が得られる．この場合，$\partial^4 y/\partial x^4$ 以上の高次導関数を無視した．このような近似がよいかどうかは，考えている波の波形に依存する．$y = e^{i(kx-\omega t)}$ とすると，$(ka)^2 \ll 1$，すなわち長い波長 $\lambda \gg a$ の波に注目するならば，(2.12)は十分に良い近似である．

1次元波動方程式(2.12)については周知と思うが，その性質を簡単にまとめておこう．一般解は，ϕ と ψ を任意関数として，

$$y(x, t) = \phi(x + c_0 t) + \psi(x - c_0 t) \quad (2.13a)$$

で与えられる．これを，**d'Alembert の解**という．また，初期条件

$$y(x, 0) = f(x), \qquad y_t(x, 0) = g(x)$$

をみたす解は，

$$y(x, t) = \frac{1}{2}(f(x+c_0 t) + f(x-c_0 t)) + \frac{1}{2c_0} \int_{x-c_0 t}^{x+c_0 t} g(s) \, ds \quad (2.13b)$$

と表わされる．(2.13b)は **Stokes の波動公式**とよばれる．

2-2　1次元非線形格子

第1章でみた歴史とは順序が逆になるが，理解しやすさを優先して，この節では非線形格子の運動方程式，次の節では浅い水の波を記述する方程式系から，Korteweg-de Vries(KdV)方程式を導くことにする．

Hookeの法則(2.1)の代りに，ばねの力を

$$F = \kappa(\varDelta + \alpha \varDelta^2) \tag{2.14}$$

とした非線形格子を考えよう．この場合，運動方程式は，n番目の粒子の平衡点からの変位をy_nとして，

$$m\ddot{y}_n = \kappa[y_{n+1} - y_n + \alpha(y_{n+1} - y_n)^2] \\ - \kappa[y_n - y_{n-1} + \alpha(y_n - y_{n-1})^2] \tag{2.15}$$

で与えられる．この方程式に対して，連続体近似を行なう．$x = na$ (aは格子間隔) を連続変数とみなして，Taylor展開

$$y_{n\pm 1}(t) = y \pm a y_x + \frac{a^2}{2} y_{xx} \pm \frac{a^3}{3!} y_{xxx} + \frac{a^4}{4!} y_{xxxx} + \cdots \tag{2.16}$$

を(2.15)に代入すると，

$$y_{tt} = c_0^2 \Big(y_{xx} + \frac{a^2}{12} y_{xxxx} + \frac{a^4}{360} y_{xxxxxx} + \cdots + 2\alpha a y_x y_{xx} \\ + \frac{1}{3} \alpha a^3 y_{xx} y_{xxx} + \frac{1}{6} \alpha a^3 y_x y_{xxxx} + \cdots \Big) \tag{2.17}$$

となる．ただし，$c_0 = \sqrt{\kappa/m} \cdot a$．

上の2式では，略記法として，$y_x = \partial y/\partial x$，$y_{xx} = \partial^2 y/\partial x^2$などを用いた．混乱のない限り，以下でも偏微分を添字で書くことが多い．

(2.17)を次のように近似した方程式を，**Boussinesq方程式**とよぶ．

$$y_{tt} = c_0^2 \Big(y_{xx} + \frac{a^2}{12} y_{xxxx} + 2\alpha a y_x y_{xx} \Big) \tag{2.18}$$

正確にいうと，1872年，流体力学において浅い水の解析に対してBoussinesq

が導入した方程式では，(2.18)の右辺第2項はy_{xxtt}であった．

　Boussinesq方程式(2.18)は，ソリトンを記述する方程式として広く用いられている．しかし，Boussinesq方程式がよいモデル方程式であるのは幸運によるところがある．より複雑な非線形波動を取り扱うには，統一的な近似方法が必要になる．分散の効果だけを高次まで取り入れても実際の現象をよく近似するとは限らないし，また，非線形の効果だけを高次まで考えてもよい近似になるとは限らない．そこで，次のような考えを採用してみよう．分散のある波で，その振幅は小さいが無限小ではないとする．波はだいたい音速c_0で進む．よって，c_0で動く座標系を導入すると，この座標系では波の変化はゆっくりしたものになる．この変化と，非線形項が同じ大きさの程度であるならば，そのオーダーで閉じた方程式が得られるであろう．

　上に述べたことを数式で表わそう．そのために，εを小さい無次元パラメーターとして，独立変数x, tを新しい独立変数ξ, τに変える（ξとτは無次元になるように規格化した）．

$$\xi = \varepsilon^p(x - c_0 t)/a, \quad \tau = \varepsilon^q c_0 t/a \quad (2.19)$$

$$y(x, t) = \varepsilon^r y^{(1)}(\xi, \tau) \quad (2.20)$$

変換(2.19)と(2.20)における，εのベキ指数p, q, rは，興味ある結果が得られるように，後の議論で決められる．(2.19)より，

$$\begin{aligned}
\frac{\partial}{\partial t} &= \frac{\partial \xi}{\partial t}\frac{\partial}{\partial \xi} + \frac{\partial \tau}{\partial t}\frac{\partial}{\partial \tau} = -\frac{\varepsilon^p c_0}{a}\frac{\partial}{\partial \xi} + \frac{\varepsilon^q c_0}{a}\frac{\partial}{\partial \tau} \\
\frac{\partial}{\partial x} &= \frac{\partial \xi}{\partial x}\frac{\partial}{\partial \xi} + \frac{\partial \tau}{\partial x}\frac{\partial}{\partial \tau} = \frac{\varepsilon^p}{a}\frac{\partial}{\partial \xi}
\end{aligned} \quad (2.21)$$

これらを(2.17)に代入すると，

$$\begin{aligned}
&\frac{\varepsilon^{2p} c_0^2}{a^2}\frac{\partial^2 y^{(1)}}{\partial \xi^2} - 2\frac{\varepsilon^{p+q} c_0^2}{a^2}\frac{\partial^2 y^{(1)}}{\partial \xi \partial \tau} + \frac{\varepsilon^{2q} c_0^2}{a^2}\frac{\partial^2 y^{(1)}}{\partial \tau^2} \\
&= c_0^2 \left[\frac{\varepsilon^{2p}}{a^2}\frac{\partial^2 y^{(1)}}{\partial \xi^2} + \frac{\varepsilon^{4p}}{12 a^2}\frac{\partial^4 y^{(1)}}{\partial \xi^4} + 2\alpha\frac{\varepsilon^{3p+r}}{a^2}\frac{\partial y^{(1)}}{\partial \xi}\frac{\partial^2 y^{(1)}}{\partial \xi^2} + O(\varepsilon^{6p})\right]
\end{aligned} \quad (2.22)$$

上式で，ε^{2p}の項は恒等的に成り立っている．一般に，εについて最低次の項は，

分散関係式に関係している．いまの場合，音速 c_0 の情報をすでに用いているので，恒等式が与えられた．したがって，$q>p$ としてよいから，(2.22)の左辺の第3項は，第2項より高いオーダーの項である．(2.22)で残った3つの項が同じ ε のオーダーであるとすると，

$$p+q = 4p = 3p+r$$

すなわち，$r=1/2$ と選ぶと，$p=1/2$, $q=3/2$ で，

$$2\frac{\partial^2 y^{(1)}}{\partial \xi \partial \tau}+\frac{1}{12}\frac{\partial^4 y^{(1)}}{\partial \xi^4}+2\alpha\frac{\partial y^{(1)}}{\partial \xi}\frac{\partial^2 y^{(1)}}{\partial \xi^2} = 0 \quad (2.23)$$

を得る．$u = \alpha y^{(1)}{}_\xi$ とおいて，u も無次元化すると，

$$u_\tau + uu_\xi + \frac{1}{24}u_{\xi\xi\xi} = 0 \quad (2.24)$$

となる．この方程式は KdV 方程式である．

独立変数の変換(2.19)を **Gardner-Morikawa 変換**[*]という．また，このような手法で非線形発展方程式を導く方法は，**逓減摂動法**[**]（reductive perturbation method）とよばれる．逓減摂動法の特徴は，従属変数の展開とともに，独立変数の変換を行なうことにある．「逓減」という言葉はやや古めかしいが，非線形方程式系の複雑さ（例えば，従属変数の数や微分階数など）を減じて簡単な非線形方程式に帰着させるという意味である．逓減摂動法のより一般的な枠組みは，次節の浅水波への応用で明らかになるであろう．

Gardner-Morikawa 変換（略して GM 変換）は，分散関係式から決められることがわかる．波数 k が小さいとき，分散関係式(2.6)より

$$\omega(k) = c_0 k - \frac{1}{24}c_0 k(ka)^2 + \cdots \quad (2.25)$$

である．$k=\varepsilon^p \tilde{k}$ とすると，

$$kx - \omega t = \tilde{k}\varepsilon^p(x-c_0 t) + \frac{1}{24}\tilde{k}^3 c_0 a^2 \varepsilon^{3p} t \quad (2.26)$$

---

[*] C. S. Gardner and G. K. Morikawa : Courant Inst. Math. Sci. Rept. NYO-9082 (1960) 1.
[**] T. Taniuti and C. C. Wei : J. Phys. Soc. Jpn. 24 (1968) 941.
   T. Taniuti and N. Yajima : J. Math. Phys. 10 (1969) 1369, 14 (1973) 1389.

したがって，位相速度で動く座標系でゆっくりと変化する波を記述するには，$\xi=\varepsilon^p(x-c_0t)/a$，$\tau=\varepsilon^{3p}c_0t/a$ と変数を選べばよいことがわかる．これは，GM 変換(2.19)に他ならない．x と t が大きく変わっても，ξ と τ はあまり変化しないので，これらの変数は，**おそい変数**(slow variable)ともよばれる．

ばねの非線形性を，(2.14)の代りに

$$F = \kappa(\Delta+\alpha^2\Delta^3) \qquad (2.27)$$

としても同じような議論ができる．(2.19)と(2.20)で，$p=1/2$, $q=3/2$, $r=0$ とした変換を用いて，

$$2\frac{\partial^2 y^{(1)}}{\partial\xi\partial\tau}+\frac{1}{12}\frac{\partial^4 y^{(1)}}{\partial\xi^4}+3\alpha^2\left(\frac{\partial y^{(1)}}{\partial\xi}\right)^2\frac{\partial^2 y^{(1)}}{\partial\xi^2} = 0 \qquad (2.28)$$

を得る．$u=\alpha y^{(1)}_\xi$ とおいて，u を無次元化すると，

$$u_\tau+\frac{3}{2}u^2 u_\xi+\frac{1}{24}u_{\xi\xi\xi} = 0 \qquad (2.29)$$

となる．この方程式を，**変形**(modified) **KdV 方程式**という．KdV 方程式と同様に，非常に広い応用をもっている．

非線形格子の物理において，Fermi-Pasta-Ulam の問題とはやや異なる視点から研究が行なわれ，その研究においても「ソリトンが見えていた」ことを述べておこう．ロスアラモス研究所の W. Visscher たちは，1965年ごろ，不純物を含む非線形格子においてどのようにエネルギーが輸送されるかを数値的に調べた[*]．Lennard-Jones ポテンシャルで結ばれた 1, 2 次元格子で，不純物は異なる質量をもつとする．ナイーブに考えると，不純物の存在と非線形性はともにエネルギーの伝達を妨げる，と予想される．計算結果はこの予想に反し，非線形効果によってエネルギーの輸送が増すことを示した．格子運動の時間発展を表わすグラフには，不純物を乗りこえていく局在波の存在がはっきりと示されている．これらの結果は，エネルギーはソリトン（厳密な意味では孤立波）の形で運ばれ，不純物によってはあまり妨げられない，と解釈される．

---

[*] D. N. Payton, R. Rich and W. M. Visscher : Phys. Rev. **160** (1967) 125.
M. Rich, W. M. Visscher and D. N. Payton : Phys. Rev. **A4** (1971) 1682.

2-3 浅水波

深さが一定(水深 h)の浅い水を考える．鉛直方向に y 軸，水平方向に (x, z) 面をとる．簡単のため，水の運動は1次元的，すなわち z 軸には依存しないとする(図2-2)．水面は，曲線 $y=\eta(x,t)$ で表わされる．

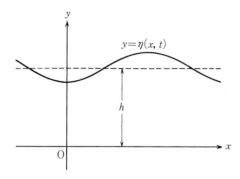

図 2-2 浅い水の波．

まず，このような系を記述する方程式系を導く．流体の速度場を，$\boldsymbol{v}(x,t) = (v_x, v_y, 0)$ とかく．浅い水の波は，粘性のない非圧縮流体の渦なし運動として良い近似で記述される．

$$\nabla \cdot \boldsymbol{v} = 0 \quad (\text{非圧縮性}) \quad (2.30b)$$

$$\nabla \times \boldsymbol{v} = 0 \quad (\text{渦なし}) \quad (2.30a)$$

$\nabla \times \boldsymbol{v} = 0$ をみたす速度場は，速度ポテンシャル $\phi(x,t)$ を使って，$\boldsymbol{v} = \nabla \phi$ と書ける．これを，$\nabla \cdot \boldsymbol{v} = 0$ に代入すると，Laplace 方程式が得られる．

$$\nabla^2 \phi = \phi_{xx} + \phi_{yy} = 0 \quad (0 \leq y \leq \eta(x,t)) \quad (2.31)$$

水の表面 $y=\eta(x,t)$ と底面 $y=0$ における境界条件を調べよう．表面における圧力の連続性を表わす条件は，Bernoulli の定理によって，

$$\phi_t + \frac{1}{2}(\phi_x^2 + \phi_y^2) + g(\eta - h) = 0 \quad (y=\eta(x,t)) \quad (2.32)$$

となる．g は重力加速度であり，表面張力の効果は無視した．次に，流体粒子の運動が水面の変形と一致する条件は，

$$\phi_y = \eta_t + \phi_x \eta_x \qquad (y=\eta(x,t)) \tag{2.33}$$

で与えられる．簡単に(2.33)を導出しておこう．時刻 t において水の表面にある流体粒子は，$F(x,y,t) \equiv y-\eta(x,t)=0$ をみたす．時刻 $t+\mathit{\Delta}t$ には，流体粒子の位置は (x,y) から $(x+v_x\mathit{\Delta}t, y+v_y\mathit{\Delta}t)$ に移るが，水の表面上にとどまるならば，$F(x+v_x\mathit{\Delta}t, y+v_y\mathit{\Delta}t, t+\mathit{\Delta}t)=0$ が成り立つ．この式を $\mathit{\Delta}t$ について展開し，$\boldsymbol{v}=\nabla\phi$ であることを思い出すと，(2.33)が得られる．また，水の底面で速度の鉛直成分が 0 となる条件は，

$$\phi_y = 0 \qquad (y=0) \tag{2.34}$$

である．

説明が続いたので，以上をまとめる．水面の運動は，境界条件(2.32)～(2.34)のもとで(2.31)を解くことによって決定される．系の非線形性は境界条件に由来していることに注意しよう．

方程式系を線形化して分散関係を調べる．(2.31)～(2.34)より，

$$\phi_{xx} + \phi_{yy} = 0 \tag{2.35a}$$
$$\phi_{tt} + g\phi_y = 0 \qquad (y=h) \tag{2.35b}$$
$$\phi_y = 0 \qquad (y=0) \tag{2.35c}$$

解の形を $\phi(x,y,t) = F(y) \cos(kx-\omega t)$ と仮定すると，(2.35a)は $d^2F/dy^2 = k^2F$ となる．境界条件(2.35c)をみたすことから，A を任意定数として，

$$\phi(x,y,t) = A \cosh ky \cos(kx-\omega t) \tag{2.36}$$

と求まる．これを(2.35b)に代入して，分散関係式を得る．

$$\begin{aligned}\omega^2(k) &= gk \tanh(kh) \\ &= c_0^2 k^2 - \frac{1}{3} c_0^2 h^2 k^4 + \cdots \qquad (c_0=\sqrt{gh})\end{aligned} \tag{2.37}$$

方程式系(2.31)～(2.34)に遅減摂動法を適用する．ε を小さいパラメーターとする．浅い水($kh \sim \varepsilon^{1/2}$，すなわち，波長 $\lambda \gg h$)のとき，線形波の位相 θ は，

$$\theta = kx - \omega t = k(x-c_0 t) + \frac{1}{6} c_0 h^2 k^3 t \tag{2.38}$$

と表わされるので，新しい独立変数として

$$\xi = \varepsilon^{1/2}(x - c_0 t), \qquad \tau = \varepsilon^{3/2} t \tag{2.39}$$

を導入する．そして，η と ϕ を次のように展開する．

$$\eta = h + \varepsilon \eta^{(1)}(\xi, \tau) + \varepsilon^2 \eta^{(2)}(\xi, \tau) + \cdots \tag{2.40}$$

$$\phi = \varepsilon^{1/2} \phi^{(1)}(\xi, y, \tau) + \varepsilon^{3/2} \phi^{(2)}(\xi, y, \tau) + \cdots \tag{2.41}$$

(2.41)で，ϕ を $\varepsilon^{1/2}$ から展開したのは，$\partial\phi/\partial x = \varepsilon^{1/2} \partial\phi/\partial\xi$ が ε のベキ展開となるようにしたためである．

 方程式系(2.31)～(2.34)で独立変数 x, t を ξ, τ で置き換え，展開式(2.40)と(2.41)を代入し，ε のベキについて整理する．(2.31)より

$$\phi^{(1)}{}_{yy} = 0, \qquad \phi^{(n)}{}_{yy} + \phi^{(n-1)}{}_{\xi\xi} = 0 \qquad (n \geqq 2, \ 0 \leqq y \leqq h) \tag{2.42}$$

(2.34)より

$$\phi^{(n)}{}_y = 0 \qquad (n \geqq 1, \ y = 0) \tag{2.43}$$

(2.42)と(2.43)から，a と b を任意関数として，

$$\begin{aligned}
\phi^{(1)} &= \phi^{(1)}(\xi, \tau) \\
\phi^{(2)} &= -\frac{1}{2} y^2 \phi^{(1)}{}_{\xi\xi} + a(\xi, \tau) \\
\phi^{(3)} &= \frac{1}{24} y^4 \phi^{(1)}{}_{\xi\xi\xi\xi} - \frac{1}{2} y^2 a_{\xi\xi}(\xi, \tau) + b(\xi, \tau)
\end{aligned} \tag{2.44}$$

 $y = \eta$ についての境界条件は，$y = h$ からの展開として考える．

$$\phi(\xi, \eta, \tau) = \phi(\xi, h, \tau) + \phi_y(\xi, h, \tau) \cdot (\eta - h) + \frac{1}{2} \phi_{yy}(\xi, h, \tau) \cdot (\eta - h)^2 + \cdots \tag{2.45}$$

この展開を考慮して，(2.32)より，

$$-c_0 \phi^{(1)}{}_\xi + g \eta^{(1)} = 0 \qquad (y = h) \tag{2.46a}$$

$$\phi^{(1)}{}_\tau - c_0 \phi^{(2)}{}_\xi + \frac{1}{2}(\phi^{(1)}{}_\xi)^2 + g \eta^{(2)} = 0 \qquad (y = h) \tag{2.46b}$$

また，(2.33)より，

$$\phi^{(2)}{}_y = -c_0 \eta^{(1)}{}_\xi \qquad (y = h) \tag{2.47a}$$

$$\phi^{(3)}{}_y + \eta^{(1)} \phi^{(2)}{}_{yy} = \eta^{(1)}{}_\tau - c_0 \eta^{(2)}{}_\xi + \phi^{(1)}{}_\xi \eta^{(1)}{}_\xi \qquad (y = h) \tag{2.47b}$$

を得る.

すこし式が込みいってきたが，すべての準備は終わっている．(2.47b)の各項が $\eta^{(1)}$ で表わされることがわかり，閉じた方程式として次のように KdV 方程式が導かれる．まず，(2.46a)を使って，

$$\phi^{(1)}{}_\xi \eta^{(1)}{}_\xi = \frac{g}{c_0}\eta^{(1)}\eta^{(1)}{}_\xi = \frac{c_0}{h}\eta^{(1)}\eta^{(1)}{}_\xi \tag{2.48}$$

(2.44)と(2.46a)より，

$$\phi^{(3)}{}_y(\xi,h,\tau) = \frac{1}{6}h^3\phi^{(1)}{}_{\xi\xi\xi\xi} - ha_{\xi\xi} = \frac{1}{6}c_0h^2\eta^{(1)}{}_{\xi\xi\xi} - ha_{\xi\xi} \tag{2.49}$$

また，同様に，(2.44)と(2.46a)から，

$$\eta^{(1)}\phi^{(2)}{}_{yy}(\xi,h,\tau) = -\eta^{(1)}\phi^{(1)}{}_{\xi\xi} = -\frac{c_0}{h}\eta^{(1)}\eta^{(1)}{}_\xi \tag{2.50}$$

(2.46b),(2.44),(2.46a)から，

$$\begin{aligned}-c_0\eta^{(2)}{}_\xi &= \frac{c_0}{g}\left\{\phi^{(1)}{}_{\xi\tau} - c_0\phi^{(2)}{}_{\xi\xi} + \phi^{(1)}{}_\xi\phi^{(1)}{}_{\xi\xi}\right\} \\ &= \eta^{(1)}{}_\tau + \frac{1}{2}c_0h^2\eta^{(1)}{}_{\xi\xi\xi} - ha_{\xi\xi} + \frac{c_0}{h}\eta^{(1)}\eta^{(1)}{}_\xi \end{aligned} \tag{2.51}$$

(2.48)〜(2.51)を(2.47b)に代入して整理すると，

$$\frac{\partial\eta^{(1)}}{\partial\tau} + \frac{3}{2}\frac{c_0}{h}\eta^{(1)}\frac{\partial\eta^{(1)}}{\partial\xi} + \frac{1}{6}c_0h^2\frac{\partial^3\eta^{(1)}}{\partial\xi^3} = 0 \tag{2.52}$$

すなわち，浅い水の水面のゆっくりした運動は，KdV 方程式で記述されることが示された．

浅い水という言葉を何度も用いてきたが，途中でもすこし触れたように，「浅い」とは水深 h が波長 $\lambda=2\pi/k$ と比べて小さいことを意味している．海の波を例にとると，遠浅の海岸に打ち寄せる波はこの条件をみたしている．また，大洋を伝わる津波では，水深は数 km であるが，波長は非常に長く(数十 km)，やはり，浅い水の波である．こうして，津波もソリトンとみなすことができる．

2-4 孤立波とソリトン

KdV 方程式は,$u(x,t)$ を波動場として,

$$u_t + auu_x + bu_{xxx} = 0 \quad (a, b \text{ は定数}) \tag{2.53}$$

の形をしている.u, x, t をそれぞれ定数倍することによって,KdV 方程式の係数は符号まで含めて任意にとれる.例えば,$x \to b^{1/3}x$, $u \to (6b^{1/3}/a)u$ と変換すると,(2.53)は

$$u_t + 6uu_x + u_{xxx} = 0 \tag{2.54}$$

となる.この節では,(2.54)の形で KdV 方程式を議論する.

KdV 方程式は,非線形項 $6uu_x$ と分散項 u_{xxx} をもつ非線形発展方程式である.まず,非線形項がない場合の線形方程式

$$u_t + u_{xxx} = 0 \tag{2.55}$$

を考えよう.この方程式の一般解は,Fourier 積分法によって,

$$u(x, t) = \int_{-\infty}^{\infty} \frac{dk}{2\pi} A(k) e^{i(kx + k^3 t)} \tag{2.56a}$$

$$A(k) = \int_{-\infty}^{\infty} dx\, u(x, 0) e^{-ikx} \tag{2.56b}$$

と求まる.各波数成分は異なる速さで動くので,初期波形 $u(x, 0)$ は時間とともにくずれ,波は広がる(図 2-3).次に,分散項がない場合

$$u_t + 6uu_x = 0 \tag{2.57}$$

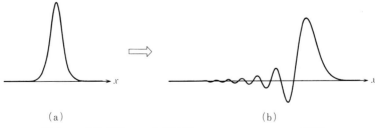

(a) (b)

図 2-3 分散効果.(a) 初期波形 $u(x, 0)$,(b) $t > 0$ での波形.

を考える．この方程式の解は，$f(x)$ を任意関数として，
$$u = f(x-6ut) \qquad (2.58)$$
と書ける．なぜならば，(2.58)を偏微分して，
$$u_t = -(6u+6tu_t)f', \qquad u_x = (1-6tu_x)f'$$
が得られ，これより
$$u_t + 6uu_x = -6t(u_t + 6uu_x)f' = 0$$
となるからである．解(2.58)は，u が大きいところでは速度 $v=6u$ が大きいことを示している．したがって，初期波形は，図2-4のように，時間とともに山の前方がだんだんと急になる(波の突ったち)．

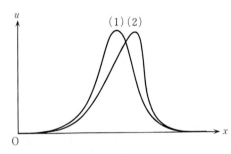

図 2-4 非線形効果．$u_t + 6uu_x = 0$ の時間発展，(1)→(2)．u が大きいところが速く進む．

分散項と非線形項が共存するときはどうであろうか．実際に，KdV方程式(2.54)の**進行波**(progressive wave)解，
$$u(x,t) = u(y), \qquad y = x-\lambda t \qquad (\lambda > 0) \qquad (2.59)$$
を求めてみよう．(2.59)を(2.54)に代入すると，
$$-\lambda u' + 6uu' + u''' = 0 \qquad (2.60)$$
この方程式は，2度積分できる．その結果は，A と B を積分定数として，
$$\frac{1}{2}u'^2 + u^3 - \frac{1}{2}\lambda u^2 + Au + B = 0 \qquad (2.61)$$
となる．(2.61)は，ポテンシャル $V(u) = u^3 - (1/2)\lambda u^2 + Au + B$ での1次元粒子(質量 $m=1$)のエネルギー保存則と同じである(図2-5)．A と B の値は，境界条件に依存する．ポテンシャル $V(u)$ の零点を $a, b, c \, (a>b>c)$ としよう．
$$V(u) = (u-a)(u-b)(u-c) \qquad (2.62)$$

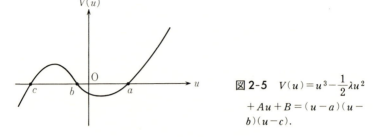

図 2-5 $V(u) = u^3 - \frac{1}{2}\lambda u^2 + Au + B = (u-a)(u-b)(u-c)$.

図2-5からわかるように, $a > u > b$ の範囲で振動する解がある. (2.61)と(2.62)より,

$$\int_a^u \frac{du}{\sqrt{(a-u)(u-b)(u-c)}} = \pm \int_{y_0}^y \sqrt{2}\, dy \qquad (b < u < a) \qquad (2.63)$$

を得る. この左辺の積分は, 初等関数では書けないが, Jacobi の**楕円関数** $\mathrm{sn}(z, k)$ によって,

$$\frac{2}{\sqrt{a-c}} \mathrm{sn}^{-1}\left(\sqrt{\frac{a-u}{a-b}}, k\right) = \pm\sqrt{2}\,(y-y_0) \qquad \left(k = \sqrt{\frac{a-b}{a-c}}\right) \quad (2.64)$$

と表わされる. $\mathrm{sn}^{-1}(z, k)$ は $\mathrm{sn}(z, k)$ の逆関数を意味し, k は sn 関数の母数 (modulus) とよばれる. (2.64)を書き直すと,

$$\frac{a-u}{a-b} = \mathrm{sn}^2\left(\sqrt{\frac{a-c}{2}}(y-y_0), k\right)$$

となる. $\mathrm{sn}^2(z, k) + \mathrm{cn}^2(z, k) = 1$ の関係にある cn 関数を用いて,

$$u(x, t) = b + (a-b)\,\mathrm{cn}^2\left(\sqrt{\frac{a-c}{2}}(x - \lambda t - x_0), k\right) \qquad (\lambda > 0) \quad (2.65)$$

を得る. このような進行波を**クノイダル波**(cnoidal wave)という.

楕円関数に不慣れな人は, 最初に次のような場合を考えるとよい. (2.60)で, $|y| \to \infty$ のとき, u とその微係数が0となるような解を求める. この条件より, $A = B = 0$, よって, $b = c = 0$, $a = \lambda/2$ であり, (2.63)は初等関数で積分できて,

$$u(x, t) = \frac{1}{2}\lambda\,\mathrm{sech}^2\left(\frac{1}{2}\sqrt{\lambda}(x - \lambda t - x_0)\right) \qquad (\lambda > 0) \qquad (2.66)$$

を得る.これが孤立波である.この解は,1つのパラメーター λ をもっている.非線形波では,波の形と速度は独立ではないことに注意しよう.速度は λ,波高は $\lambda/2$,幅は $2/\sqrt{\lambda}$ である.すなわち,λ が大きいときには,孤立波のピークは高く,幅は狭く,速度は速い(図2-6).クノイダル波(2.65)は,孤立波(2.66)が周期的に連なったものである.sn関数の性質

$$\mathrm{sn}(z,k) = \begin{cases} \sin z & (k=0) \\ \tanh z & (k=1) \end{cases} \tag{2.67}$$

を用いれば,(2.65)の極限($k=1$)として,孤立波(2.66)が得られる.こうして,分散効果と非線形効果とのつり合いによって,孤立波が伝播することがわかった.

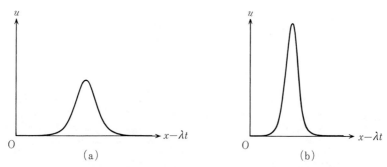

図2-6 孤立波 $u(x,t) = \frac{1}{2}\lambda \,\mathrm{sech}^2\!\left(\frac{1}{2}\sqrt{\lambda}\,(x-\lambda t - x_0)\right)$. (a) 小さい λ,(b) 大きい λ.

この孤立波がソリトンとしての性質,すなわち,互いの衝突に対する安定性をもっていることを示そう.2つのパラメーター κ_1 と κ_2 をもつ解は,$A_1>0$,$A_2>0$ として,

$$u(x,t) = 2\frac{\partial^2}{\partial x^2} \log f(x,t) \tag{2.68}$$

$$f(x,t) = 1 + A_1 e^{2\theta_1} + A_2 e^{2\theta_2} + \left(\frac{\kappa_1-\kappa_2}{\kappa_1+\kappa_2}\right)^2 A_1 A_2 e^{2(\theta_1+\theta_2)} \tag{2.69a}$$

$$\theta_i = \kappa_i x - 4\kappa_i^3 t \quad (i=1,2) \tag{2.69b}$$

と書かれる.このような解を求める方法はいろいろ開発されている.ここでは,

次のような手順で，(2.68)と(2.69)が実際に解であることを確かめることにする(**広田の方法***)．(2.68)を KdV 方程式に代入すると，f に対する方程式は，

$$ff_{xt} - f_x f_t + 3f_{xx}^2 - 4f_x f_{xxx} + ff_{xxxx} = 0 \qquad (2.70)$$

となる．$f = 1 + Ae^{2\theta}$，$\theta = \kappa x - 4\kappa^3 t$ が(2.70)をみたすことは簡単にたしかめられる．これは孤立波解である．(2.69)が(2.70)をみたすことを示すには，やや手間がかかるが初等的な計算である．各自の演習としよう．

(2.68)と(2.69)で与えられる解(2 ソリトン解という)の振舞いを調べる．$\kappa_2 > \kappa_1 > 0$ とする．まず，$\theta_2 = \kappa_2 x - 4\kappa_2^3 t$ で動く座標系で解(2.69)を観察する．

$$\theta_1 = \kappa_1 x - 4\kappa_1^3 t = \frac{\kappa_1}{\kappa_2}\theta_2 + 4\kappa_1(\kappa_2^2 - \kappa_1^2)t \qquad (2.71)$$

と書けるから，$t \to -\infty$ では，$e^{2\theta_1} \to 0$ であり，

$$\begin{aligned} f &= 1 + e^{2\theta_2 - 2\delta_2^{(-)}}, \quad \delta_2^{(-)} = -\frac{1}{2}\log A_2 \\ u &= 2\kappa_2^2 \operatorname{sech}^2(\kappa_2 x - 4\kappa_2^3 t - \delta_2^{(-)}) \end{aligned} \qquad (2.72)$$

$t \to \infty$ では，$e^{2\theta_1} \to \infty$ であり，

$$\begin{aligned} f &= (1 + e^{2\theta_2 - 2\delta_2^{(+)}}) A_1 e^{2\theta_1}, \quad \delta_2^{(+)} = -\frac{1}{2}\log A_2 - \log\frac{\kappa_2 - \kappa_1}{\kappa_2 + \kappa_1} \\ u &= 2\kappa_2^2 \operatorname{sech}^2(\kappa_2 x - 4\kappa_2^3 t - \delta_2^{(+)}) \end{aligned} \qquad (2.73)$$

となる．同様に，$\theta_1 = \kappa_1 x - 4\kappa_1^3 t$ で動く座標系では

$$\begin{aligned} u &= 2\kappa_1^2 \operatorname{sech}^2(\kappa_1 x - 4\kappa_1^3 t - \delta_1^{(\pm)}) \qquad (t \to \pm\infty) \\ \delta_1^{(-)} &= -\frac{1}{2}\log A_1 - \log\frac{\kappa_2 - \kappa_1}{\kappa_2 + \kappa_1}, \quad \delta_1^{(+)} = -\frac{1}{2}\log A_1 \end{aligned} \qquad (2.74)$$

となる．以上をまとめると，2 ソリトン解は，$t \to \pm\infty$ で漸近的に

$$u(x, t) = \begin{cases} \sum_{j=1}^{2} 2\kappa_j^2 \operatorname{sech}^2(\kappa_j x - 4\kappa_j^3 t - \delta_j^{(-)}) & (t \to -\infty) \\ \sum_{j=1}^{2} 2\kappa_j^2 \operatorname{sech}^2(\kappa_j x - 4\kappa_j^3 t - \delta_j^{(+)}) & (t \to \infty) \end{cases} \qquad (2.75)$$

---

* R. Hirota : Phys. Rev. Lett. 27 (1971) 1192.

と表わされる.(2.75)は,衝突前($t=-\infty$)に2個あったソリトンが,衝突後($t=\infty$)にも同じ形で2個存在することを示している(図2-7).すなわち,互いの衝突に対して安定である.

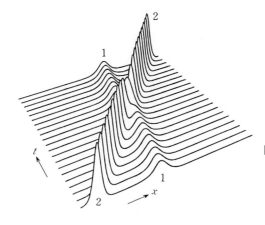

図 2-7 KdV方程式の2ソリトン解.定規をあてて,衝突前後でのソリトンの位置のずれを確かめてみよう.

ソリトン同士の相互作用の影響は,各ソリトンの**位置のずれ**(position shift)として現われる.パラメーター κ_i をもつソリトンの位置のずれを $\varDelta_i$ とすると,

$$\varDelta_1 \equiv \frac{1}{\kappa_1}(\delta_1^{(+)}-\delta_1^{(-)}) = \frac{1}{\kappa_1}\log\frac{\kappa_2-\kappa_1}{\kappa_2+\kappa_1} < 0$$
$$\varDelta_2 \equiv \frac{1}{\kappa_2}(\delta_2^{(+)}-\delta_2^{(-)}) = -\frac{1}{\kappa_2}\log\frac{\kappa_2-\kappa_1}{\kappa_2+\kappa_1} > 0$$
(2.76)

である.(2.76)より,次のことがわかる.

速いソリトンは追い抜くときに前へ加速され,遅いソリトンは後へ引き戻される.また,$\varDelta_2<|\varDelta_1|$ であるから,小さなソリトンでは大きなソリトンより位置のずれが大きい(図2-8).これらの様子は,いくつソリトンがあっても同様である*(第4章).

---

* M. Wadati and M. Toda : J. Phys. Soc. Jpn. 32 (1972) 1403.

2 分散媒質における非線形波動

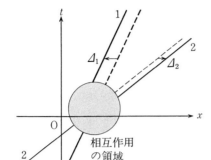

図 2-8 2個のソリトンの軌跡.

2-5 振幅方程式

これまで,ばねの伸縮や水面の変位が局在する波動現象を考察してきた.非線形波動において,もう1つ重要課題がある.それは,平面波 $e^{i(kx-\omega t)}$ が,非線形性と分散性によってどのように変調されるかを調べることである.波動場を

$$u(x,t) = A(x,t)e^{i(kx-\omega t)} + A^*(x,t)e^{-i(kx-\omega t)} \qquad (2.77)$$

と表わすとき,$e^{i(kx-\omega t)}$ を**搬送波**(carrier wave),$A(x,t)$ を振幅,または**包絡線**(envelope)という.記号 * によって,複素共役量を表わすことにする.

この問題を考える際に,すでにわれわれが知っている事実をまとめてみよう.線形波の場合,搬送波が伝わる速度は位相速度 $v_p = \omega(k)/k$ であり,包絡線の伝わる速度は群速度 $v_g = \partial \omega(k)/\partial k$ である.これは,振幅が同じで,波数がほぼ等しい2つの正弦波を足し合わせてみれば,すぐにわかる.

$$u(x,t) = a\cos(k_1 x - \omega_1 t) + a\cos(k_2 x - \omega_2 t)$$
$$= 2a\cos\left\{\frac{1}{2}(k_1-k_2)x - \frac{1}{2}(\omega_1-\omega_2)t\right\}\cos\left\{\frac{1}{2}(k_1+k_2)x - \frac{1}{2}(\omega_1+\omega_2)t\right\}$$

ここで,$k_1 = k + \Delta k$, $k_2 = k - \Delta k$, $\omega_1 = \omega + \Delta\omega$, $\omega_2 = \omega - \Delta\omega$ とおけば,搬送波 $\cos\{(k_1+k_2)x/2 - (\omega_1+\omega_2)t/2\}$ の速さは $\frac{1}{2}(\omega_1+\omega_2) \Big/ \frac{1}{2}(k_1+k_2) = \omega/k$,包絡線 $2a\cos\{(k_1-k_2)x/2 - (\omega_1-\omega_2)t/2\}$ の速さは $\frac{1}{2}(\omega_1-\omega_2) \Big/ \frac{1}{2}(k_1-k_2) =$

2-5 振幅方程式

$\Delta\omega/\Delta k = \partial\omega/\partial k$ となる.また,2-4 節で次のようなことを知った.非線形効果による波の突ったちは分散効果で抑えられる.これを波数成分で考えると,非線形効果による波数 $2k, 3k, \cdots$ の波(**高調波**)の励起は無制限に続かず,分散効果によって抑えられる.

以上の考察から,包絡線の時間発展を記述する方程式(**振幅方程式**,amplitude equation)を導く.振幅は小さいが有限であるとしよう.包絡線はだいたい群速度 v_g で進む.よって,v_g で動く座標系を導入すると,この座標系では包絡線の変化はゆっくりしたものになる.この変化と,非線形項が同じ大きさの程度ならば,そのオーダーで包絡線に対する閉じた方程式が得られる.

力が (2.27),すなわち,$F = \kappa(\Delta + \alpha^2 \Delta^3)$ で与えられる非線形のばねで結ばれた 1 次元格子を例にとる.2-2 節と同じ物理系を選んだが,違う種類の波動を考察していることを注意しておこう.連続体近似での運動方程式は(a は格子間隔,c_0 は音速 $c_0 = \sqrt{\kappa/m} \cdot a$)

$$y_{tt} = c_0^2 \left[y_{xx} + \frac{a^2}{12} y_{xxxx} + \cdots + 3\alpha^2 a^2 y_x{}^2 y_{xx} + \cdots \right] \qquad (2.78)$$

である.小さな無次元パラメーターを ε として,変換

$$\xi = \varepsilon^{1/2}(x - Vt), \quad \tau = \varepsilon t \qquad (2.79)$$

$$y(x, t) = \varepsilon^{1/2}(\phi(\xi, \tau) e^{i(kx-\omega t)} + \phi^*(\xi, \tau) e^{-i(kx-\omega t)}) \qquad (2.80)$$

を行なう.(2.79) の V は,後で決められる.(2.79) より,

$$\frac{\partial}{\partial t} = -\varepsilon^{1/2} V \frac{\partial}{\partial \xi} + \varepsilon \frac{\partial}{\partial \tau}, \quad \frac{\partial}{\partial x} = \varepsilon^{1/2} \frac{\partial}{\partial \xi} \qquad (2.81)$$

である.(2.78) に,(2.80) と (2.81) を代入し,同じ ε のオーダーの項に整理する.$\varepsilon^{1/2}$ のオーダーの係数から,

$$\omega^2(k) = c_0^2 \left(k^2 - \frac{1}{12} a^2 k^4 + \cdots \right) \qquad (2.82)$$

を得る.これは,分散関係式である.ε のオーダーの係数から,

$$V = \frac{k - k^3 a^2/6}{\omega} c_0^2 = c_0 \left(1 - \frac{1}{8}(ka)^2 + \cdots \right) = v_g \qquad (2.83)$$

そして，$\varepsilon^{3/2}$ のオーダーの係数から，

$$i\frac{\partial \phi}{\partial \tau}+p\frac{\partial^2 \phi}{\partial \xi^2}+q|\phi|^2\phi = 0 \tag{2.84}$$

$$p \equiv \frac{c_0^2(1-k^2a^2/2)-V^2}{2\omega} = -\frac{1}{8}c_0ka^2 = \frac{1}{2}\frac{\partial^2\omega}{\partial k^2} \tag{2.85a}$$

$$q \equiv \frac{3c_0^2\alpha^2a^2k^4}{2\omega} = \frac{3}{2}c_0\alpha^2a^2k^3 \tag{2.85b}$$

が得られる．

方程式(2.84)を，**非線形 Schrödinger 方程式**(nonlinear Schrödinger equation)という．こう呼ばれるのは，量子力学の1次元 Schrödinger 方程式で，ポテンシャル U が $-q|\phi|^2$ ($p>0$ とする) に置きかわったものになっているからである．この方程式は，KdV 方程式とともに非常に多くの応用をもつ(第6章)．また，ϕ を演算子とした量子論でも明確な意味があり，ソリトン理論で重要な役割をはたしている(第7章)．

非線形 Schrödinger 方程式(以下，略して **NLS 方程式**とよぶ)は，次のような直観的な方法で導くこともできる．線形系では，振幅に関係なく，同じ分散関係式をもっている．一方，非線形系では，その分散関係式は振幅 $|A|$ に依存する．

$$\omega = \omega(k:|A|^2) \tag{2.86}$$

搬送波が $e^{i(k_0x-\omega_0t)}$ であるとして，波数 k_0，角周波数 ω_0 のまわりで分散関係式を Taylor 展開すると，

$$\omega-\omega_0 = \left(\frac{\partial\omega}{\partial k}\right)_0(k-k_0)+\frac{1}{2}\left(\frac{\partial^2\omega}{\partial k^2}\right)_0(k-k_0)^2+\left(\frac{\partial\omega}{\partial|A|^2}\right)_0|A|^2+\cdots \tag{2.87}$$

となる．この式を，$\omega-\omega_0 \sim i\partial/\partial t$，$k-k_0 \sim -i\partial/\partial x$ の規則で，振幅 $A(x,t)$ に演算する方程式とみなすと，

$$i\left\{\frac{\partial A}{\partial t}+\left(\frac{\partial \omega}{\partial k}\right)_0\frac{\partial A}{\partial x}\right\}+\frac{1}{2}\left(\frac{\partial^2\omega}{\partial k^2}\right)_0\frac{\partial^2 A}{\partial x^2}-\left(\frac{\partial\omega}{\partial|A|^2}\right)_0|A|^2A = 0 \tag{2.88}$$

を得る．群速度で動く座標系に移れば，(2.88)は(2.84)と同じである．(2.88)

に現われる係数は，すべて実験で決められることに注意しよう．

NLS 方程式を議論するには，

$$i\phi_t + \phi_{xx} + 2\epsilon |\phi|^2 \phi = 0 \quad (\epsilon = \pm 1) \tag{2.89}$$

の形にしておくのが便利である．符号 ϵ は，(2.84)の pq の符号に対応している．

$\epsilon = +1$ の場合の孤立波解は次のようにして求められる．解の形を

$$\phi(x,t) = f(x)e^{i\Omega t} \quad (\Omega > 0) \tag{2.90}$$

と仮定する．境界条件として，$|x| \to \infty$ のとき，$f(x) \to 0$ とする．(2.90)を NLS 方程式(2.89)に代入して，

$$-\Omega f + f'' + 2f^3 = 0 \tag{2.91}$$

両辺に f' をかけて一度積分すると，$(f')^2 - \Omega f^2 + f^4 =$ 定数．境界条件より，この定数は 0 だから，

$$\frac{df}{f\sqrt{\Omega - f^2}} = \pm dx \tag{2.92}$$

となる．これを積分すると，$f(x) = \sqrt{\Omega}\,\text{sech}\sqrt{\Omega}\,(x - x_0)$ であるから，結局，次の形の解が求まる．

$$\phi(x,t) = \sqrt{\Omega}\,\text{sech}\sqrt{\Omega}\,(x - x_0) \cdot e^{i\Omega t} \quad (\Omega > 0) \tag{2.93}$$

この解は静止している．進行していく解にするには，動く座標系に移ればよい．NLS 方程式(2.89)は，Galilei 変換

$$t' = t, \quad x' = x - Vt, \quad \phi' = \phi \exp\left(-\frac{i}{2}Vx + \frac{i}{4}V^2 t\right) \tag{2.94}$$

に対して不変である．よって，(2.93)に Galilei 変換をほどこすことにより，進行波解(1 ソリトン解)

$$\phi(x,t) = \sqrt{\Omega}\,\text{sech}\sqrt{\Omega}\,(x - Vt - x_0) \cdot \exp\left[i\frac{V}{2}x - i\left(\frac{V^2}{4} - \Omega\right)t\right] \tag{2.95}$$

が得られる．ソリトン解(2.95)は，速さを決めるパラメーター V と，波形を決めるパラメーター Ω の，2つのパラメーターをもっている．KdV 方程式のソリトンが 1 つのパラメーターで記述されるのに比べて，自由度が多いと思わ

れるかもしれないが，NLS方程式の波動場 ϕ は複素場であり，事情は同じである.

(2.95)の包絡線は孤立波の形をしており，このようなソリトンを**包絡ソリトン**(envelope soliton)という(図2-9). 非線形光学では ϕ は電場に相当し，この形のソリトンは中心部が明るく見えるので，**明るいソリトン**(bright soliton)という*.

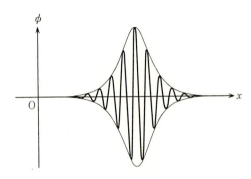

図 2-9 明るいソリトン.

$\epsilon = -1$ の場合はすこし計算が込み入るので，結果だけを書く. 進行波解は3つのパラメーター k, ρ_0, a を使って，

$$\phi(x,t) = \rho_0 e^{i(kx-\omega t)}\frac{1+ce^{ax-bt}}{1+e^{ax-bt}} \tag{2.96}$$

$$\begin{aligned}\omega &= k^2+2\rho_0^2, \quad b = a(2k\pm\sqrt{4\rho_0^2-k^2})\\ c &= -[a^2+i(b-2ka)]/[a^2-i(b-2ka)]\end{aligned} \tag{2.97}$$

で与えられる. その包絡線の形は，

$$|\phi|^2 = \rho_0^2\left[1-\frac{a^2}{4\rho_0^2}\text{sech}^2\frac{1}{2}(ax-bt)\right] \tag{2.98}$$

となる. 中心付近では ϕ の振幅は小さいので，この場合の包絡ソリトンは**暗いソリトン**(dark soliton)とよばれる(図2-10).

NLS方程式(2.89)における ϵ の符号は，平面波の安定性と関係し，実験に

---

* A. Hasegawa and F. Tappert : Appl. Phys. Lett. **23** (1973) 171.

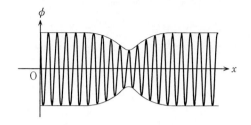

図 2-10 暗いソリトン．

よって容易に観測できる．(2.89)は，A_0, K, Ω を実数の定数として，平面波解

$$\phi(x,t) = A_0 \exp i(Kx - \Omega t), \quad \Omega = K^2 - 2\epsilon A_0^2 \quad (2.99)$$

をもつ．この平面波の振幅と位相に摂動，A と θ，を加えるとしよう．

$$\phi(x,t) = (A_0 + A) \exp i(Kx - \Omega t + \theta) \quad (2.100)$$

$$A = \Delta A \cdot \mathrm{Re}[\exp i(\mu x - \nu t)], \quad \theta = \Delta\theta \cdot \mathrm{Re}[\exp i(\mu x - \nu t)] \quad (2.101)$$

ただし，ΔA と $\Delta\theta$ は実数の定数である．(2.89)に(2.100)を代入し，実数部と虚数部にわける．その2つの式に，(2.101)を代入し，ΔA と $\Delta\theta$ について線形化すると，

$$\begin{aligned}(4\epsilon A_0^2 - \mu^2)\Delta A + i(\nu - 2K\mu)A_0\Delta\theta &= 0 \\ i(\nu - 2K\mu)\Delta A + A_0\mu^2\Delta\theta &= 0\end{aligned} \quad (2.102)$$

となる．ΔA と $\Delta\theta$ が同時に0にならないためには，

$$(\nu - 2K\mu)^2 = \mu^2(-4\epsilon A_0^2 + \mu^2) \quad (2.103)$$

という条件が必要である．$\epsilon = +1$ の場合，$\mu^2 < 4A_0^2$ のとき右辺は負になり，ν は複素数になる．よって，摂動 A と θ は指数関数的に増大する．これを，**変調不安定**(modulation instability)という．$\epsilon = -1$ の場合は，右辺はつねに正で，変調不安定は起こらない．

2-6　2次元 KdV 方程式

2-3節の浅水波の議論では，水の運動は1次元的であるとした．幅の狭い水槽での実験(例えば Scott-Russell の実験)では，この条件はみたされる．十分遠浅の浜辺で，海岸に平行に波が打ち寄せる場合にも，このような記述が成り立

つ.しかし,より一般には,斜めに伝播する自由度も取り入れたい.

ほとんど一方向(x方向とする)に波が伝播しているが,その横方向(z方向とする)にも運動があるとする.ふたたび,浅い水の波を考える.水面は,曲面 $y=\eta(x,z,t)$ で表わされるとする.新しい独立変数として,(2.39)と $r=\varepsilon z$ ($\varepsilon \ll 1$)をとり,2-3節と同様の計算をすると,(2.52)の代りに,

$$\frac{\partial}{\partial \xi}\left(\frac{\partial \eta^{(1)}}{\partial \tau}+\frac{3}{2}\frac{c_0}{h}\eta^{(1)}\frac{\partial \eta^{(1)}}{\partial \xi}+\frac{1}{6}c_0 h^2\frac{\partial^3 \eta^{(1)}}{\partial \xi^3}\right)+\frac{h^2}{2}\frac{\partial^2 \eta^{(1)}}{\partial r^2}=0 \quad (2.104)$$

が得られる.上の式の( )内は KdV 方程式であり,新たに,左辺の最後の項がつけ加えられた.

このような KdV 方程式の空間 2 次元への拡張は,他の物理系でも簡単に行なえて,多くの応用をもっている.

見やすくするために変数を書き換え,また,横方向の分散関係の符号を考慮すると,(2.104)は

$$(u_t+6uu_x+u_{xxx})_x+\alpha u_{yy}=0 \quad (\alpha=\pm 1) \quad (2.105)$$

となる.この方程式は,**2次元 KdV 方程式**または **Kadomtsev-Petviashvili**(略して,**KP**)**方程式**とよばれる*.特に,$\alpha=-1$ の場合を KP 1 方程式,$\alpha=1$ の場合を KP 2 方程式という.

(2.105)のソリトン解は,KdV 方程式と同じ形に求められる.

$$u(x,y,t)=2\frac{\partial^2}{\partial x^2}\log f(x,y,t) \quad (2.106)$$

1 ソリトン解は,

$$f=1+e^{\eta} \quad (2.107\text{a})$$

$$\eta=k(x+py-\omega t), \quad \omega=k^2+\alpha p^2 \quad (2.107\text{b})$$

で与えられる.(x,y) 平面を x 軸に対して $\tan^{-1}p$ の角度で斜めに等速伝播し,その断面は KdV 方程式と同じ形である.

2 ソリトン解は,

---

* B. B. Kadomtsev and V. I. Petviashvili: Soviet Phys. Doklady 15 (1970) 539.

$$f = 1 + e^{\eta_1} + e^{\eta_2} + A_{12}e^{\eta_1+\eta_2} \tag{2.108a}$$

$$\eta_i = k_i(x + p_i y - \omega_i t), \quad \omega_i = k_i{}^2 + \alpha p_i{}^2 \tag{2.108b}$$

$$A_{12} = \frac{3(k_1 - k_2)^2 - \alpha(p_1 - p_2)^2}{3(k_1 + k_2)^2 - \alpha(p_1 - p_2)^2} \tag{2.108c}$$

で与えられる.図2-11には,$\alpha=1$の場合の2ソリトン解を図示した.時間とともに,このパターンが平行移動する.

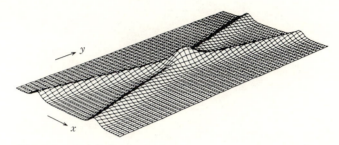

図2-11 KP方程式 $(u_t + 6uu_x + u_{xxx})_x + u_{yy} = 0$ の2ソリトン解.

空間2次元への拡張は,NLS方程式に対しても発見されている.水面波で,水の深さが波長に比べて大きい(深水波)とき,搬送波の変調はNLS方程式で記述される[*].この解析を2次元水面に拡張すると,浅い水に対して方程式系

$$\begin{aligned} iu_t - u_{xx} - \sigma^2 u_{yy} + u|u|^2 - 2uv &= 0 \\ -\sigma^2 v_{xx} + v_{yy} - (|u|^2)_{yy} &= 0 \end{aligned} \quad (\sigma^2 = \pm 1) \tag{2.109}$$

を得る[**].この方程式は,**Davey-Stewartson方程式**とよばれる.(2.109)でy依存性をなくすと,NLS方程式に帰着されることに注意しよう.とくに,$\sigma^2 = 1$の場合をDS 1方程式,$\sigma^2 = -1$の場合をDS 2方程式という.

この章では,非線形波動を記述する方程式がどのように導かれるかを見てきた.得られた方程式は普遍性をもち,いろいろな分野での非線形分散波動を議論するのに用いられる.

---

[*] H. Hasimoto and H. Ono : J. Phys. Soc. Jpn. **33** (1972) 805.
[**] A. Davey and K. Stewartson : Proc. Roy. Soc. Lond. **A338** (1974) 101.

3

モデル方程式

第2章では,非線形分散媒質を伝わる波動を記述する方程式として,KdV方程式,変形 KdV 方程式,NLS 方程式などを導いた.これらの方程式は,非線形波動の本質をうまくとらえている.しかし,振幅が大きくなると近似の度合いが悪くなる等の限界もあるので,厳密な議論が行なえるように理想化した方程式(これを模型,または**モデル方程式**とよぶ)を用意しておく必要がある.そのいくつかを紹介しよう.

3-1 Sine-Gordon 方程式

場の理論において(以下,光速度 $c=1$ とする),

$$\phi_{tt} - \phi_{xx} + m^2\phi = 0 \tag{3.1}$$

を1次元 **Klein-Gordon 方程式**という.この方程式の質量項 $m^2\phi$ を非線形な項 $m^2 \sin \phi$ にした **Sine-Gordon 方程式**

$$\phi_{tt} - \phi_{xx} + m^2 \sin \phi = 0 \tag{3.2}$$

は,ソリトン現象の特徴を記述するモデル方程式としてよく知られている.(3.2)は単に非線形 Klein-Gordon 方程式と呼ばれていた時期もあるが,D.

Finkelstein(または,M. D. Kruskal との説もある)のジョークにより,有名な物理学者 Klein が Sine に置き換わってしまった.

1960年ごろ,J. K. Perring と T. H. R. Skyrme は,素粒子の模型として,Sine-Gordon 方程式(以下,略して **SG 方程式**)を考察した*.古典場の理論を使って記述しよう.ラグランジアン密度 $\mathcal{L}$ を,

$$\mathcal{L} = \frac{1}{2}(\phi_t{}^2 - \phi_x{}^2) - m^2(1 - \cos\phi) \tag{3.3}$$

とおく.Euler-Lagrange 方程式は,

$$\frac{\partial}{\partial t}\left(\frac{\partial \mathcal{L}}{\partial \phi_t}\right) + \frac{\partial}{\partial x}\left(\frac{\partial \mathcal{L}}{\partial \phi_x}\right) - \frac{\partial \mathcal{L}}{\partial \phi} = 0 \tag{3.4}$$

であり,これに(3.3)を代入すると,(3.2)が得られる.運動量密度 $\pi(x,t)$ は $\pi \equiv \partial \mathcal{L}/\partial \phi_t = \phi_t$ だから,ハミルトニアン密度 $\mathcal{H}$ は,

$$\mathcal{H} = \pi\phi_t - \mathcal{L} = \frac{1}{2}(\phi_t{}^2 + \phi_x{}^2) + m^2(1 - \cos\phi) \tag{3.5}$$

となる.

SG 方程式は,KdV 方程式などとは異なる次の2つの特徴をもっている.第1に,SG 方程式は Lorentz 変換

$$x' = \gamma(x - vt), \quad t' = \gamma(t - vx), \quad \gamma = (1 - v^2)^{-1/2} \tag{3.6}$$

に対して不変である(**Lorentz 不変性**).第2に,基底状態(最低エネルギー状態)は縮退している.すなわち,$\phi(x,t) = 2\pi n$ $(n = 0, \pm 1, \pm 2, \cdots)$ は,すべて $H = \int dx \mathcal{H} = 0$ を与える.これらの特徴は,SG 方程式を応用する際に,常に興味深い結果を与える.

まず,(3.2)の孤立波解(1ソリトン解)を求める.ϕ は時間によらないとしよう.

$$\phi_{xx} - m^2 \sin\phi = 0 \tag{3.7}$$

境界条件として,$|x| \to \infty$ で ϕ は基底状態とする.

---

* T. H. R. Skyrme : Proc. Roy. Soc. **A247** (1958) 260.
J. K. Perring and T. H. R. Skyrme : Nucl. Phys. **31** (1962) 550.

$$\phi(x) \to 0 \pmod{2\pi} \quad (|x| \to \infty) \tag{3.8}$$

記号 mod 2π は，2π の整数倍の任意性をもっていることを表わす．(3.8)を考慮して，(3.7)を積分すると，

$$\frac{1}{2}\phi_x^2 - m^2(1-\cos\phi) = 0 \tag{3.9}$$

これをもう一度積分して，$\log|\tan\phi/4| = \pm m(x-x_0)$，すなわち，

$$\phi(x) = 4\arctan[e^{\pm m(x-x_0)}] \tag{3.10}$$

となる．進行波解は，この静止している解をLorentz変換することによって得られる．

$$\phi(x,t) = 4\arctan[e^{\pm m\gamma(x-vt-x_0)}], \quad \gamma = (1-v^2)^{-1/2} \tag{3.11}$$

+ 符号の解は，$x=-\infty$ から $+\infty$ で 0 から 2π まで，- 符号の解は，$x=-\infty$ から $+\infty$ で 2π から 0 まで変わる(図3-1)．前者を**キンク**(kink，ねじれ)，後者を**反キンク**(anti-kink)とよぶ．ソリトン，反ソリトンとよぶこともある．このように，1ソリトン解は1つの基底状態 $2n\pi$ と，他の基底状態 $(2n\pm 2)\pi$ を結ぶ配置を表わしている．

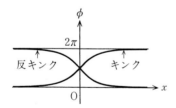

図3-1 キンクと反キンク．

キンクのエネルギーは，静止しているとき，

$$E_0 = \int_{-\infty}^{\infty} dx \left\{ \frac{1}{2}\phi_x^2 + m^2(1-\cos\phi) \right\} \\ = 4m^2 \int_{-\infty}^{\infty} dx\,\text{sech}^2 mx = 8m \tag{3.12}$$

である．速度 v で動いているときは，Lorentz変換(または，エネルギーを直接に計算)により

$$E = 8m\gamma, \quad \gamma = (1-v^2)^{-1/2} \tag{3.13}$$

となる.

　Perring と Skyrme は，キンク-(反)キンクの衝突を調べ，キンクが粒子的安定性をもっていることを示した．キンクを核子，そのまわりの線形波を π 中間子と解釈している．この研究は，ソリトンの発見より 5 年ほど前のことである．しかし，歴史的なことを言い出すときりがない．ドイツの物理学者 A. Seeger, H. Donth, A. Kochendörfer は，すでに 1953 年に，SG 方程式のキンク-(反)キンク解を発見していた*．

　Skyrme の研究は，さらに重要な概念を含んでいる．すなわち，

$$Q = \frac{1}{2\pi}\int_{-\infty}^{\infty}\frac{\partial \phi(x,t)}{\partial x}dx = \frac{1}{2\pi}[\phi(\infty,t)-\phi(-\infty,t)] \quad (3.14)$$

で定義される**トポロジー的電荷**(topological charge)が導入された．SG 方程式のキンクは $Q=1$，反キンクは $Q=-1$ の電荷をもつと解釈される．トポロジー的電荷は，運動方程式から導かれるものではなく，場の配置に課せられた境界条件による保存量である**．このトポロジー的電荷をバリオン数とみなして原子核の模型とする**スキルミオン**(skyrmion)模型は，現在活発に研究されている．

3-2　Sine-Gordon 方程式が現われる物理系

SG 方程式が関与する物理分野は非常に広い．そのいくつかは第 6 章で述べるが，SG 方程式を理解するうえで助けになるような応用例を紹介しておく．

(1) 振り子模型

SG 方程式は，自分で作って楽しむことができる．ゴムひもとマチ針を用意する．ゴムひもの長さは 15~20 cm で，針が刺せるぐらいの幅が必要である．ゴムひもにマチ針を等間隔に刺しこむと，振り子がばねで結ばれた系ができる

---

　*　A. Seeger, H. Donth and A. Kochendörfer : Z. Physik **134** (1953) 173.
　**　J. Arafune, P. G. O. Freund and C. J. Goebel : J. Math. Phys. **16** (1975) 433.
　　　N. S. Mermin : Rev. Mod. Phys. **51** (1979) 591.

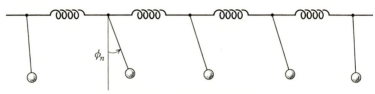

図 3-2 SG 方程式の振り子模型．

(図 3-2)．振り子は，ゴムひもに垂直な面内を運動する．n 番目の振り子の振れの角度を ϕ_n，振り子の慣性モーメントを I，ゴムのねじれ定数を K とする．n 番目の振り子は，次の運動方程式に従う．

$$I\ddot{\phi}_n = K[\phi_{n+1}+\phi_{n-1}-2\phi_n] - T\sin\phi_n \tag{3.15}$$

右辺の $T\sin\phi_n$ は，重力によるトルクを表わす．この方程式の連続体近似を考えよう．振り子の間隔を a とし，$x=na$ を連続変数とみなすと，$\phi_{n\pm1} = \phi \pm a\phi_x + (a^2/2)\phi_{xx} + \cdots$．だから，(3.15)より

$$I\frac{\partial^2\phi}{\partial t^2} = Ka^2\frac{\partial^2\phi}{\partial x^2} - T\sin\phi \tag{3.16}$$

となる．独立変数 x, t の大きさを適当に変えれば，SG 方程式(3.2)が得られる．

ゴムひもの両端を持ち，その一端をひとひねり(2π 回転)すると，キンクが伝播するのが観測できる．この模型は，トポロジー的電荷を実感できる，という利点をもっている．すこし練習すると，キンク-(反)キンクの衝突を自分で確かめることができる．

(2) 転位の運動

1939 年，ソ連の物理学者 J. Frenkel と T. Kontorova は，結晶内を伝播する転位(dislocation)の模型として SG 方程式を提出した．ずれを起こす層を，簡単化のため 1 次元とし，線形なばねで結ばれた原子で表わす．この 1 次元のばねは，周期的な結晶場に置かれている(図 3-3)．

格子間隔を a，ばね定数を K，n 番目の原子の平衡点からのずれを ϕ_n と表わす．周期的ポテンシャルを

$$U(\phi) = A\left(1-\cos\frac{2\pi\phi}{a}\right) \tag{3.17}$$

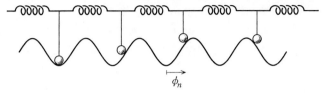

図 3-3 転位の模型.

とすると，n 番目の原子の運動方程式は

$$m\ddot{\phi}_n = K(\phi_{n+1} - 2\phi_n + \phi_{n-1}) - \frac{2\pi A}{a} \sin \frac{2\pi \phi_n}{a} \tag{3.18}$$

で与えられる．$x = na$ とおいて，連続体近似を考える．$2\pi\phi/a$ を ϕ と変数変換して，SG 方程式

$$m \frac{\partial^2 \phi}{\partial t^2} = Ka^2 \frac{\partial^2 \phi}{\partial x^2} - \left(\frac{2\pi}{a}\right)^2 A \sin \phi \tag{3.19}$$

が得られる．

(3) 2準位原子系

物理系としては不慣れな読者もあるかもしれないが，非線形光学での例を考える．各原子は 2 つのエネルギー準位しかとらないとする．そして，原子と電場 $\boldsymbol{E}$ の間には，双極子相互作用 $-\boldsymbol{q}\cdot\boldsymbol{E}$ を仮定する．これらの原子から成る媒質中を，どのように電磁波が伝播するかを調べよう．

原子の 2 つの準位の間隔を $\hbar\omega$（Planck 定数を h として，$\hbar = h/2\pi$）とする．上の状態をとる確率振幅を α，下の状態をとる確率振幅を β で表わすと，Schrödinger 方程式は，行列の形で

$$i\hbar \frac{\partial}{\partial t}\begin{pmatrix}\alpha\\\beta\end{pmatrix} = \begin{pmatrix}\hbar\omega/2 & -\boldsymbol{q}\cdot\boldsymbol{E}\\ -\boldsymbol{q}\cdot\boldsymbol{E} & -\hbar\omega/2\end{pmatrix}\begin{pmatrix}\alpha\\\beta\end{pmatrix} \tag{3.20}$$

となる．一方，電場 $\boldsymbol{E}$ は，伝播方向を x 方向として Maxwell 方程式

$$\left(\frac{\partial^2}{\partial t^2} - c^2 \frac{\partial^2}{\partial x^2}\right)\boldsymbol{E} = -4\pi \frac{\partial^2}{\partial t^2}\boldsymbol{P} \tag{3.21}$$

に従う．巨視的分極 $\boldsymbol{P}$ は，電場 $\boldsymbol{E}$ によって 2 準位原子系に誘起されたもので

あり，原子系の密度を n_0 として，

$$\boldsymbol{P}(x,t) = n_0 \langle \boldsymbol{p}(x,t) \rangle, \qquad \boldsymbol{p} = \boldsymbol{q}(\alpha\beta^* + \alpha^*\beta) \qquad (3.22)$$

で与えられる．平均〈　〉は，微視的双極子から巨視的分極を得る操作を意味する．

方程式系(3.20)～(3.22)は，$(\alpha, \beta, \boldsymbol{E})$ に対して閉じた関係式を与えている．さらに議論を進めるためには，次のような従属変数を導入するのが便利である．

$$\begin{aligned}
T &= \alpha\alpha^* + \beta\beta^*, & N &= \alpha\alpha^* - \beta\beta^* \\
P_+ &= \alpha\beta^* + \alpha^*\beta, & P_- &= i(\alpha\beta^* - \alpha^*\beta)
\end{aligned} \qquad (3.23)$$

これらの変数を用いると，(3.20)～(3.22)は

$$\frac{\partial T}{\partial t} = 0, \qquad \frac{\partial N}{\partial t} = -\frac{2}{\hbar}(\boldsymbol{q}\cdot\boldsymbol{E})P_-$$

$$\frac{\partial P_+}{\partial t} = -\omega P_-, \qquad \frac{\partial P_-}{\partial t} = \omega P_+ + \frac{2}{\hbar}(\boldsymbol{q}\cdot\boldsymbol{E})N \qquad (3.24)$$

$$\left(\frac{\partial^2}{\partial t^2} - c^2\frac{\partial^2}{\partial x^2}\right)\boldsymbol{E} = 4\pi n_0 \omega^2 \langle P_+ \boldsymbol{q}\rangle + 4\pi n_0 \frac{2\omega}{\hbar}\langle(\boldsymbol{q}\cdot\boldsymbol{E})N\boldsymbol{q}\rangle$$

となる．この方程式系を，**Maxwell-Bloch 方程式**という．(3.23)で定義された T, N, P_+, P_- はすべて実数値であることに注意しよう．

Maxwell-Bloch 方程式において，電場と媒質がほぼ共鳴状態にある，すなわち，電場の搬送波周波数 ω_c がエネルギー間隔に相当する周波数 ω に近い場合を考える．通常，$\omega \approx \omega_c$ は非常に大きいので，(3.24)の最後の式で，右辺の第2項は無視してよい．また，平均〈　〉を，次のように指定する．各原子は実際には静止しているのではなく，並進運動しているので，Doppler 効果により，エネルギー間隔はある分布をもつ．この分布は，ω_c を中心とする密度関数 $g(\varDelta\omega)$，$\omega = \omega_c + \varDelta\omega$ で表わされるとする．したがって，

$$\langle F \rangle = \int_{-\infty}^{\infty} d(\varDelta\omega)\, F(\varDelta\omega)\, g(\varDelta\omega) \qquad (3.25)$$

Maxwell-Bloch 方程式(3.24)は，最初のモデル化を除いて，厳密な式である．分極はあまり強くないとするならば，第2章で述べたように，ゆっくり変化する振幅と位相を導入することができる．よって，

3-2 Sine-Gordon 方程式が現われる物理系 ◆ *41*

$$E = \frac{\hbar}{q} \mathcal{E}(x,t) \cos(k_c x - \omega_c t + \phi(x,t)), \quad \omega_c = ck_c$$

$$N = \mathcal{N}(x,t;\Delta\omega)$$

$$P_+ = \mathcal{Q}(x,t;\Delta\omega) \cos(k_c x - \omega_c t + \phi(x,t))$$

$$+ \mathcal{R}(x,t;\Delta\omega) \sin(k_c x - \omega_c t + \phi(x,t))$$

(3.26)

とおく. これらを(3.24)に代入し, 包絡部分の2階導関数と高調波成分を無視すると,

$$\frac{\partial \mathcal{E}}{\partial t} + c\frac{\partial \mathcal{E}}{\partial x} = ca\langle \mathcal{R}\rangle, \quad \mathcal{E}\left(\frac{\partial \phi}{\partial t} + c\frac{\partial \phi}{\partial x}\right) = ca\langle \mathcal{Q}\rangle$$

$$\frac{\partial \mathcal{R}}{\partial t} = \mathcal{E}\mathcal{N} + \left(\Delta\omega + \frac{\partial \phi}{\partial t}\right)\mathcal{Q}, \quad \frac{\partial \mathcal{N}}{\partial t} = -\mathcal{E}\mathcal{R}$$

$$\frac{\partial \mathcal{Q}}{\partial t} = -\left(\Delta\omega + \frac{\partial \phi}{\partial t}\right)\mathcal{R}$$

(3.27)

が得られる. ただし, $a = 2\pi n_0 \omega_c q^2/\hbar c$ とおいた.

すこし式が続いたので, この解析から説明される現象について述べておこう. パルス波が原子系に伝播すると, パルスの先端部分は下の準位にある原子を上の準位に反転させ, 一方, 後端部分は誘導放出によって上の準位にある原子を元の下の準位におろす. この過程は, パルス幅が十分短く, また, その強度が十分強いならば実現可能であり, 定常的なパルス波形が観測されることになる. このようなコヒーレントパルスの伝播を**自己誘導透過**(self-induced transparency, SIT)という*.

SG 方程式は, (3.27)において, $g(\Delta\omega) = \delta(\Delta\omega)$, $\phi = 0$ とすることによって得られる. ただし, $\delta(x)$ は Dirac の δ 関数である. 新しい独立変数を, $\xi = ax$, $\tau = t - x/c$ とすると,

$$\frac{\partial \mathcal{E}}{\partial \xi} = \mathcal{R}, \quad \frac{\partial \mathcal{R}}{\partial \tau} = \mathcal{E}\mathcal{N}, \quad \frac{\partial \mathcal{N}}{\partial \tau} = -\mathcal{E}\mathcal{R}$$

(3.28)

さらに, $\mathcal{R} = \pm\sin\sigma$, $\mathcal{N} = \pm\cos\sigma$ とおいて,

---

* S. L. McCall and E. L. Hahn : Phys. Rev. Lett. **18** (1967) 908.

$$\mathcal{E} = \frac{\partial \sigma}{\partial \tau}, \quad \frac{\partial^2 \sigma}{\partial \xi \partial \tau} = \pm \sin \sigma \tag{3.29}$$

が得られる．こうして，Doppler 効果による周波数分布の広がりがないならば，Maxwell-Bloch 方程式は SG 方程式に帰着されることが示された．共鳴的相互作用が起きない場合の電磁波の伝播は，6-2 節に述べる．

3-3 Bäcklund 変換

非線形問題を勉強していると，その発端が非常に古い歴史をもつことをしばしば経験する．KdV 方程式(1895 年)，Boussinesq 方程式(1872 年)などについてはすでに述べた．Sine-Gordon(SG)方程式も実は前世紀に知られていた．今世紀に入り，物理学では量子力学の発見と相対論の発見という 2 大革命が相続いた．特に量子力学の発展とともに，非線形問題の研究は表舞台から姿を消してしまっていたのである．

ソリトン解を構成する方法の 1 つに Bäcklund 変換がある．1875 年，A. V. Bäcklund は微分幾何学において，曲面間の変換を議論した．SG 方程式は，一定負曲率の曲面を表わすので，その曲面間の変換は SG 方程式の解の変換に相当する*．以下では，微分幾何学的な意味づけには立ち入らず，扱いやすい形で Bäcklund 変換を定義しよう．

2 つの偏微分方程式

$$u_{xt} = f(u, u_x, u_{xx}, \cdots) \tag{3.30a}$$
$$v_{xt} = g(v, v_x, v_{xx}, \cdots) \tag{3.30b}$$

があるとしよう．このとき，(3.30)から，次の形の関係式が導かれたとする．

$$\begin{aligned} F(u_x, v_x, \cdots) &= 0 \\ G(u_t, v_t, \cdots) &= 0 \end{aligned} \tag{3.31}$$

(3.31)では，t 微分を含む項が 1 階偏微分の方程式系になっていることに注意

---

* L. P. Eisenhart : *A Treatise on the Differential Geometry of Curves and Surfaces* (Dover, New York, 1960).

しよう．関係式(3.31)を，(3.30a)の解 u から(3.30b)の解 v への変換とみて，**Bäcklund 変換**という．u と v とが同じ方程式の解である場合に，特に自己(auto-)Bäcklund 変換ということもある．

SG 方程式の Bäcklund 変換を実際に求めてみよう．以下の議論では，SG 方程式 $\phi_{TT}-\phi_{XX}+\sin\phi=0$ を，光錐 (light cone) 座標系 $t=(T+X)/2$, $x=(T-X)/2$ での式

$$\phi_{xt}+\sin\phi=0 \tag{3.32}$$

にしておいた方が扱いやすい．目的は，(3.31)のような形の方程式系を導くことにあるのだから，

$$\begin{aligned}\phi_t{}' &= \phi_t+F(\phi',\phi)\\ \phi_x{}' &= -\phi_x+G(\phi',\phi)\end{aligned} \tag{3.33}$$

とおく．F と G の関数形は，次の2つの条件から決めることができる．

(1) 可積分条件，$(\phi_t{}')_x=(\phi_x{}')_t$．
(2) ϕ と ϕ' は，ともに SG 方程式の解である．

まず，条件(1)に(3.33)と条件(2)を用いて，

$$\begin{aligned}\Omega &\equiv \frac{\partial}{\partial x}\phi_t{}' - \frac{\partial}{\partial t}\phi_x{}' = 0\\ &= \phi_{tx}+\phi_x{}'\frac{\partial F}{\partial \phi'}+\phi_x\frac{\partial F}{\partial \phi}-\left(-\phi_{xt}+\phi_t{}'\frac{\partial G}{\partial \phi'}+\phi_t\frac{\partial G}{\partial \phi}\right)\\ &= -2\sin\phi+(-\phi_x+G)\frac{\partial F}{\partial \phi'}+\phi_x\frac{\partial F}{\partial \phi}-(\phi_t+F)\frac{\partial G}{\partial \phi'}-\phi_t\frac{\partial G}{\partial \phi}\end{aligned} \tag{3.34}$$

となる．恒等的に $\Omega=0$ であるから，

$$\frac{\partial \Omega}{\partial \phi_x}=-\frac{\partial F}{\partial \phi'}+\frac{\partial F}{\partial \phi}=0, \quad \frac{\partial \Omega}{\partial \phi_t}=-\frac{\partial G}{\partial \phi'}-\frac{\partial G}{\partial \phi}=0$$

よって，$F=F(\phi+\phi')$, $G=G(\phi'-\phi)$．この結果を(3.34)に代入すると，

$$\Omega = -2\sin\phi+G\frac{\partial F}{\partial \phi'}-F\frac{\partial G}{\partial \phi'}=0$$

であり，ふたたび，$\Omega=0$ を用いて，

$$\frac{\partial \Omega}{\partial \phi'} = G\frac{\partial^2 F}{\partial \phi'^2} - F\frac{\partial^2 G}{\partial \phi'^2} = 0$$

すなわち

$$\frac{1}{F}\frac{\partial^2 F}{\partial \phi'^2} = \frac{1}{G}\frac{\partial^2 G}{\partial \phi'^2} \tag{3.35}$$

を得る. $F=F(\phi+\phi')$, $G=G(\phi'-\phi)$ であることを思いだすと, (3.35) の両辺は定数でなければならない. この定数を $-\kappa^2$ とおく. (3.35) より, $\alpha, \beta, \gamma, \delta$ を定数として,

$$\begin{aligned} F &= \alpha e^{i\kappa(\phi'+\phi)} + \beta e^{-i\kappa(\phi'+\phi)} \\ G &= \gamma e^{i\kappa(\phi'-\phi)} + \delta e^{-i\kappa(\phi'-\phi)} \end{aligned} \tag{3.36}$$

となる. こうして, F と G の関数形がわかった. 残された仕事は, 定数 $\alpha, \beta, \gamma, \delta$ を決めることである. $\phi'_t = \phi_t + F(\phi'+\phi)$ を x で微分し, ϕ' と ϕ はともに SG 方程式の解であることを用いると, 次の式を得る.

$$-\sin\phi' = -\sin\phi + G\frac{\partial F}{\partial \phi'} \tag{3.37}$$

この式に, (3.36) を代入して, 係数を比較すると

$$\kappa = 1/2, \quad \alpha\gamma = \beta\delta, \quad \alpha\delta = \beta\gamma, \quad \alpha\gamma = 1, \quad \alpha\delta = -1$$

が得られる. すなわち, a を任意定数として,

$$\alpha = -ia, \quad \beta = ia, \quad \gamma = \frac{i}{a}, \quad \delta = -\frac{i}{a} \tag{3.38}$$

となる. 結局, (3.33), (3.36), (3.38) より

$$\begin{cases} (\phi'-\phi)_t = 2a\sin\frac{1}{2}(\phi'+\phi) \\ (\phi'+\phi)_x = -\frac{2}{a}\sin\frac{1}{2}(\phi'-\phi) \end{cases} \tag{3.39}$$

を得る. (3.39) が, SG 方程式の Bäcklund 変換である. 実際に, ϕ' が解ならば ϕ も解である (または, ϕ が解ならば ϕ' も解である) ことが簡単に確かめられる.

このようにして Bäcklund 変換を求める方法を **Clairin の方法**という．式に書いてみると，やや長くなるが，特別な手法を用いているわけではないので，わかりやすい方法である．

さらに話を進める前に，Bäcklund 変換によって線形化される例を1つ挙げておこう．

$$\phi_{xt}' = e^{\phi'} \quad \text{(Liouville 方程式)} \tag{3.40}$$

$$\phi_{xt} = 0 \quad \text{(波動方程式)} \tag{3.41}$$

の間の Bäcklund 変換は，β を任意定数として，

$$\begin{aligned}\phi_x &= \phi_x' + \beta e^{(\phi'+\phi)/2} \\ \phi_t &= -\phi_t' - \frac{2}{\beta} e^{(\phi'-\phi)/2}\end{aligned} \tag{3.42}$$

で与えられる．各自，ϕ が(3.41)の解ならば，ϕ' は(3.40)の解であることを確かめてみよ．$\phi_{xt}=0$ の解は，X と T を任意関数として，$\phi = X(x) + T(t)$ と表わされる(d'Alembert の解，11ページ)．よって，(3.42)より，Liouville 方程式(3.40)の一般解は，$e^X = (2/\beta)\theta'(x)$，$e^{-T} = \beta\chi'(t)$ として

$$e^{\phi'} = 2\frac{\theta'(x)\chi'(t)}{[\theta(x)+\chi(t)]^2} \tag{3.43}$$

と求められる．

元に戻り，Bäcklund 変換(3.39)を使って，SG 方程式 $\phi_{xt} + \sin\phi = 0$ のソリトン解を構成しよう．ϕ_1 と ϕ_0 を SG 方程式の解として，

$$\begin{aligned}\frac{\partial}{\partial t}\frac{1}{2}(\phi_1-\phi_0) &= a\sin\frac{1}{2}(\phi_1+\phi_0) \\ \frac{\partial}{\partial x}\frac{1}{2}(\phi_1+\phi_0) &= -\frac{1}{a}\sin\frac{1}{2}(\phi_1-\phi_0)\end{aligned} \tag{3.44}$$

が得られる．

$\phi_0 = 0$（真空解）は明らかに SG 方程式の解であるから，

$$\frac{1}{2}\frac{\partial\phi_1}{\partial t} = a\sin\frac{1}{2}\phi_1, \quad \frac{1}{2}\frac{\partial\phi_1}{\partial x} = -\frac{1}{a}\sin\frac{1}{2}\phi_1 \tag{3.45}$$

である.(3.45)は,すぐに積分できる.ϕ_1 は $\xi = x - a^2 t$ の関数で,$d\phi_1/d\xi = -(2/a)\sin(\phi_1/2)$ であるので,この解は

$$\phi_1(\xi) = 4\arctan[e^{-(\xi-\xi_0)/a}], \qquad \xi = x - a^2 t \qquad (3.46)$$

となる.a は任意定数であり,$a<0$ はキンク,$a>0$ は反キンクに対応する.

一般には,既知の解 ϕ_0 を(3.44)に代入して,積分によって ϕ_1 を求めることは簡単には実行できない.しかし,積分せずに次つぎと解を構成する巧妙な方法がある.Bäcklund 変換(3.44)をダイヤグラム(図 3-4(a))で表わす.

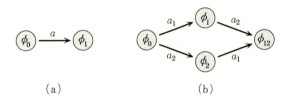

(a) (b)

図 3-4 (a) 解 ϕ_0 から解 ϕ_1 への Bäcklund 変換.
(b) 4つの解 ϕ_0, ϕ_1, ϕ_2, ϕ_{12} の間の Bäcklund 変換.

図 3-4(b)のように関係づけられた,4つの解 $\phi_0, \phi_1, \phi_2, \phi_{12}$ を考える.

$$\begin{aligned}
\frac{\partial}{\partial x}\frac{1}{2}(\phi_1+\phi_0) &= -\frac{1}{a_1}\sin\frac{1}{2}(\phi_1-\phi_0) \\
\frac{\partial}{\partial x}\frac{1}{2}(\phi_2+\phi_0) &= -\frac{1}{a_2}\sin\frac{1}{2}(\phi_2-\phi_0) \\
\frac{\partial}{\partial x}\frac{1}{2}(\phi_{12}+\phi_1) &= -\frac{1}{a_2}\sin\frac{1}{2}(\phi_{12}-\phi_1) \\
\frac{\partial}{\partial x}\frac{1}{2}(\phi_{12}+\phi_2) &= -\frac{1}{a_1}\sin\frac{1}{2}(\phi_{12}-\phi_2)
\end{aligned} \qquad (3.47)$$

この4つの関係式から,x に関する微分の項を消去して,

$$\phi_{12} = \phi_0 + 4\arctan\left(\frac{a_1+a_2}{a_1-a_2}\tan\frac{1}{4}(\phi_1-\phi_2)\right) \qquad (3.48)$$

が得られる.公式(3.48)は単に代数的関係式であるから,新しい解を容易に構成することができる.

(3.48)に,真空解 $\phi_0 = 0$,1ソリトン解 $\phi_i = 4\arctan[\exp(-\xi_i/a_i)]$,$\xi_i =$

$x - a_i{}^2 t - \xi_{i0}$ ($i=1, 2$) を代入すると，

$$\phi_{12} = 4 \arctan\left[\frac{a_1+a_2}{a_1-a_2} \frac{-\sinh\frac{1}{2}(\xi_1/a_1 - \xi_2/a_2)}{\cosh\frac{1}{2}(\xi_1/a_1 + \xi_2/a_2)}\right] \tag{3.49}$$

となる．この解は，2ソリトン解である．この操作を繰り返すことにより，N ソリトン解をつくることができる．arctan の和は再び arctan の形になるので，ソリトン解は一般に $\phi = 4\arctan(f/g)$ の形に書かれる．この解の形をはじめから仮定すれば，広田の方法による解法となる．

実験室系 $X = t-x$, $T = t+x$ に戻り，SG 方程式 $\phi_{TT} - \phi_{XX} + \sin\phi = 0$ の解を求める．式を見やすくするために，キンク1は速度 v，キンク2は速度 $-v$ をもつように(すなわち，重心系)，パラメーター a_1, a_2 を選ぶ．

$$a_1 = \epsilon_1 \sqrt{\frac{1-v}{1+v}}, \quad a_2 = \epsilon_2 \sqrt{\frac{1+v}{1-v}} \quad (\epsilon_1 = \pm 1, \ \epsilon_2 = \pm 1)$$
$$\gamma \equiv (1-v^2)^{-1/2} \tag{3.50}$$

(3.50)を(3.49)に代入して，

$$\phi_{12} = \pm 4 \arctan\left[\frac{1}{v} \frac{\sinh(\gamma v T)}{\cosh(\gamma X)}\right] \quad (\epsilon_1\epsilon_2 = 1) \tag{3.51}$$

$$\phi_{12} = \pm 4 \arctan\left[\frac{v \sinh(\gamma X)}{\cosh(\gamma v T)}\right] \quad (\epsilon_1\epsilon_2 = -1) \tag{3.52}$$

を得る．(3.51)は，キンク-反キンク解を表わす．(3.52)は，＋のときキンク-キンク解，－のとき反キンク-反キンク解を表わしている．

(3.51)のキンク-反キンク解で，速度 v を純虚数 $v = iu$ (u は実数)にすると，振動解が得られる．

$$\phi_{\rm B}(X, T) = 4 \arctan\left[\frac{\eta \sin \omega T}{\cosh(\omega \eta X)}\right]$$
$$\omega = u(1+u^2)^{-1/2}, \quad \eta = (1-\omega^2)^{1/2}/\omega \tag{3.53}$$

この解を，ブリーザー(breather)解という．空間的に局在化した振動を表わし，キンク-反キンクの束縛状態と解釈できる．エネルギーは，

$$E_{\rm B} = 16(1+u^2)^{-1/2} = 16(1-\omega^2)^{1/2} \qquad (3.54)$$

で,低いエネルギーでも存在するので励起されやすい.図3-5は,(3.53)を図示したものである.ブリーザーのトポロジー的電荷は,$Q=0$である.SG方程式の振り子模型(図3-2)を用いれば,簡単にブリーザーモードが励起されるのを理解できるであろう.

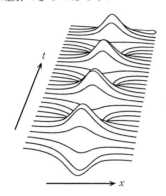

図3-5 SG方程式のブリーザー解.

3-4 戸田格子

1次元格子において,原子間の相互作用ポテンシャルをうまく選ぶと,連続体近似を考えることなしに,ソリトンを厳密に議論できるような系が得られる.n番目の粒子の平衡点からの変位をy_n,相対変位を

$$r_n = y_{n+1} - y_n \qquad (3.55)$$

とする(図3-6).相互作用ポテンシャルを$\phi(r)$で表わすと,n番目の粒子に対する運動方程式は,質量をmとして

$$m \frac{d^2 y_n}{dt^2} = -\phi'(r_{n-1}) + \phi'(r_n) \qquad (3.56)$$

と書ける.

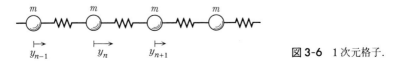

図3-6 1次元格子.

ここで，指数型相互作用ポテンシャル

$$\phi(r) = \frac{a}{b}e^{-br} + ar - \frac{a}{b} \quad (ab>0) \tag{3.57}$$

を導入する．このような1次元格子を，**戸田格子**(Toda lattice)という*．(3.57)において，積abを一定に保ち，$b\to 0$の極限をとると$\phi(r)=(ab/2)r^2$となり，$b\to\infty$の極限をとると$\phi(r)=\infty$ ($r<0$)，$\phi(r)=0$ ($r>0$)となる．すなわち，戸田格子のポテンシャルは，調和ポテンシャルと剛体球ポテンシャルを極限として含んでいる(図 3-7)．

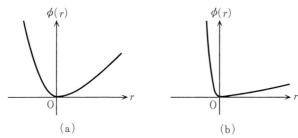

図 3-7 $\phi(r) = \dfrac{a}{b}e^{-br} + ar - \dfrac{a}{b}$ ($ab>0$)．(a) b が小さいとき，(b) b が大きいとき．

運動方程式は，(3.57)を代入して，

$$m\frac{d^2 y_n}{dt^2} = a[e^{-b(y_n - y_{n-1})} - e^{-b(y_{n+1} - y_n)}] \tag{3.58}$$

そして，相対変位に対しては，

$$m\frac{d^2 r_n}{dt^2} = a[2e^{-br_n} - e^{-br_{n+1}} - e^{-br_{n-1}}] \tag{3.59}$$

となる．運動方程式(3.59)を，解きやすい形に変形する．まず，相対変位rとばねの力fの関係

$$f = -\phi'(r) = a(e^{-br} - 1) \tag{3.60}$$

---

* M. Toda : J. Phys. Soc. Jpn. **22** (1967) 431.
 M. Toda : *Theory of Nonlinear Lattices* (Springer-Verlag, Berlin-Heidelberg, 1981).

を用いると，運動方程式(3.59)は

$$\frac{d^2}{dt^2}\log\left(1+\frac{f_n}{a}\right) = \frac{b}{m}(f_{n+1}+f_{n-1}-2f_n) \tag{3.61}$$

と書ける．そして，

$$f_n = \frac{d}{dt}s_n = \dot{s}_n \tag{3.62}$$

とおき，(3.61)を積分すると

$$\frac{d}{dt}\log\left(1+\frac{\dot{s}_n}{a}\right) = \frac{b}{m}(s_{n+1}+s_{n-1}-2s_n) \tag{3.63}$$

となる．さらに，

$$S_n = \int^t s_n\, dt$$

とおき，(3.63)を積分すると

$$\log\left(1+\frac{\ddot{S}_n}{a}\right) = \frac{b}{m}(S_{n+1}+S_{n-1}-2S_n) \tag{3.64}$$

となる．(3.64)を解くには，さらに

$$S_n = \frac{m}{b}\log\phi_n \tag{3.65}$$

とおくのが都合がよく，

$$\frac{m}{ab}(\phi_n\ddot{\phi}_n-\dot{\phi}_n{}^2) = \phi_{n+1}\phi_{n-1}-\phi_n{}^2 \tag{3.66}$$

を得る．何度も書きかえをしたが，目的に応じて扱いやすい形を用いる．(3.66)は，特に，特解を求めやすい形になっていることに注意しよう．

結局，戸田格子の運動方程式の解は，(3.66)の解 ϕ_n を使って，

$$e^{-br_n}-1 = \frac{m}{ab}\frac{d^2}{dt^2}\log\phi_n \tag{3.67}$$

と表わされる．

1ソリトン解は，

$$\psi_n = 1 + e^{2\theta_n}, \quad \theta_n = \kappa n - \beta t + \delta$$
$$\beta = \pm \sqrt{\frac{ab}{m}} \sinh \kappa \tag{3.68}$$

より,

$$e^{-br_n} - 1 = \sinh^2 \kappa \operatorname{sech}^2(\kappa n - \beta t + \delta) \tag{3.69}$$

である. 2ソリトン解は,

$$\psi_n = 1 + A_1 e^{2\theta_1} + A_2 e^{2\theta_2} + A_3 e^{2(\theta_1 + \theta_2)}$$
$$\theta_i = \kappa_i n - \beta_i t + \delta_i \quad (i=1,2)$$
$$\beta_i = \pm \sqrt{\frac{ab}{m}} \sinh \kappa_i \quad (i=1,2) \tag{3.70}$$
$$\frac{A_3}{A_1 A_2} = \frac{\sinh^2(\kappa_1 - \kappa_2) - \frac{m}{ab}(\beta_1 - \beta_2)^2}{\frac{m}{ab}(\beta_1 + \beta_2)^2 - \sinh^2(\kappa_1 + \kappa_2)}$$

を, (3.67)に代入して得られる. これらのソリトン解は, KdV方程式と似た形をしており, また, 衝突の様子も極めてよく似ている*. 戸田格子の運動方程式は時間反転に対して不変であるから, 各ソリトンは左右両方向に伝播できる. 一方, KdV方程式では一方向に伝播するソリトンを選びだして記述している.

戸田格子はソリトン理論の発展に大きな役割をはたした. また, 簡単に等価な電気回路を作って実験できるという長所がある. 図3-8のような, はしご型(ladder type)のLC回路を考えよう. インダクタンスを流れる電流I_nと, そ

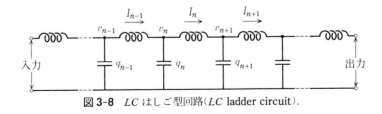

図3-8 LCはしご型回路(LC ladder circuit).

---

* M. Toda and M. Wadati : J. Phys. Soc. Jpn. 34 (1973) 18.

の両端の電圧の関係は，

$$L \frac{dI_n}{dt} = v_n - v_{n+1} \qquad (3.71)$$

キャパシタンスに貯えられる電荷 q_n と，その両端を流れる電流の関係は，

$$\frac{dq_n}{dt} = I_{n-1} - I_n \qquad (3.72)$$

で与えられる．ところで，キャパシタンスに加わる電圧 v_n と，そこに貯えられる電荷 q_n との間には，

$$q_n = \int_0^{v_n} C(V) dV \qquad (3.73)$$

の関係がある．いま，容量 $C(V)$ は，電圧 V の関数として(すなわち，このキャパシタンスは非線形性をもっている)，

$$C(V) = \frac{Q(V_0)}{F(V_0) + V - V_0} \qquad (3.74)$$

で与えられるとする．ここで，V_0 はキャパシタンスに加えた直流バイアス電圧である．$v_n = V_n + V_0$ とすると，(3.73)と(3.74)から，

$$q_n = Q(V_0) \log\left(1 + \frac{V_n}{F(V_0)}\right) + 定数 \qquad (3.75)$$

を得る．よって，(3.71),(3.72),(3.75)から

$$\frac{d^2}{dt^2} \log\left(1 + \frac{V_n}{F(V_0)}\right) = \frac{1}{LQ(V_0)} (V_{n-1} + V_{n+1} - 2V_n) \qquad (3.76)$$

を得る．これは，戸田格子の運動方程式(3.61)と同じである．

このような非線形 LC はしご型回路は，素子が安価であり，ソリトンが伝わる様子をオシロスコープで見ることができるので，非常に便利である．再帰現象，ソリトンの衝突，不純物や散逸の効果等の実験も行なうことができる*

---

* R. Hirota and K. Suzuki : Proc. IEEE 61 (1973) 1483.
H. Nagashima and Y. Amagishi : J. Phys. Soc. Jpn. 45 (1978) 680.
S. Watanabe : J. Phys. Soc. Jpn. 45 (1978) 276.

3-5 戸田格子の拡張

周期的条件,$q_{j+n+1}\equiv q_j$, をみたす戸田格子のハミルトニアンは,質量を $m=1$,共役運動量を $p_j=\dot{q}_j$ として,

$$H = \frac{1}{2}\sum_{j=1}^{n+1} p_j{}^2 + V(q_1, q_2, \cdots, q_{n+1}) \qquad (3.77)$$

$$V = \sum_{j=1}^{n} \exp(q_j - q_{j+1}) + \exp(q_{n+1} - q_1) \qquad (3.78)$$

で与えられる.Bogoyavlensky は,このハミルトニアンを Lie 代数の立場で解釈し,いろいろな Lie 代数を考えることによって,さらに一般化できることを示した*.

ポテンシャル V は,定数 d_{jk} を用いて

$$V = \sum_{j=1}^{n+1} \exp\left(\sum_{k=1}^{n+1} d_{jk} q_k\right) \qquad (3.79)$$

と表わされるとしよう.周期的戸田格子を得るには,以下のように d_{jk} を選べばよい.まず,$e_1, \cdots, e_n, e_{n+1}$ を直交基底ベクトルとする.そして,ベクトル $\alpha_1, \cdots, \alpha_n, \alpha_{n+1}$ をつくる.

$$\alpha_i = e_i - e_{i+1} \qquad (1 \leq i \leq n) \qquad (3.80\text{a})$$

$$\alpha_{n+1} \equiv -\delta = e_{n+1} - e_1 \qquad (3.80\text{b})$$

これらの α_j を基底 $\{e_i\}$ で展開したときの係数を d_{jk} とする.

$$\alpha_j = d_{j1} e_1 + d_{j2} e_2 + \cdots + d_{j,n+1} e_{n+1} \qquad (3.81)$$

実際に戸田格子がこのように記述できることを確かめてみよう.(3.80)と(3.81)から,

$$d_{jk} = \delta_{jk} - \delta_{j+1,k} \qquad (1 \leq j \leq n) \qquad (3.82\text{a})$$

$$d_{n+1,k} = -\delta_{k1} + \delta_{k,n+1} \qquad (3.82\text{b})$$

---

* O. I. Bogoyavlensky : Commun. Math. Phys. 51 (1976) 201.

ここで，δ_{ij} は Kronecker の δ 記号である．(3.82)を(3.79)に代入すると，(3.78)が得られる．

Lie 代数の用語で解釈すると，次のようになる．A_n 型(特殊ユニタリー $su(n+1)$) Lie 代数において，(3.80a)の $\alpha_1, \alpha_2, \cdots, \alpha_n$ は単純ルート系(simple root system)，(3.80b)の δ は最高ルート(maximal root または highest root)に他ならない*．すなわち，周期的戸田格子は，A_n 型 Lie 代数に対応する模型と解釈される．E. Cartan の分類によって異なるタイプの代数をとれば，異なるモデル方程式が得られることが確かめられる．

数学に不慣れな人には興味ある発展とは思われないかもしれない．しかし，理論物理と数学が現在，このような方法で影響し合っているのを知ることも重要であろう．ある理論的発見があったとする．その発見のカギを数学的構造のなかに求めることによって，より多様な理論をつくりあげる．戸田格子の場合を例にとり，もう一度くり返すと，周期的戸田格子のポテンシャルには，A_n 型 Lie 代数の構造が存在している．これに気づいたとき，他の Lie 代数を選ぶことによって，周期的戸田格子とは異なる新しい系を導入しようという考え方である．こうして得られた一般化は，必ずしも物理的に興味深いという保証はないが，多くの場合に成功を収めている．

やや数式の羅列になるが，他の Lie 代数を用いると，次のような結果が得られる(単純ルート系は，Lie 群の教科書に与えられているので，それを使えばよい)．少なくとも，得られたポテンシャルがどのようになったかに注目してほしい．

B_n 型($so(2n+1)$) ($n \geqq 2$)；

$$\alpha_i = e_i - e_{i+1} \quad (1 \leqq i \leqq n-1) \tag{3.83a}$$

$$\alpha_n = e_n \tag{3.83b}$$

$$\alpha_{n+1} = -\delta = -e_1 - e_2 \tag{3.83c}$$

---

* 例えば，S. Helgason: *Differential Geometry, Lie Groups and Symmetric Spaces* (Academic Press, 1978).

$$V = \sum_{j=1}^{n-1} \exp(q_j - q_{j+1}) + \exp(q_n) + \exp(-q_1 - q_2) \tag{3.84}$$

C_n 型 ($sp(n)$) ($n \geq 3$);

$$\alpha_i = e_i - e_{i+1} \quad (1 \leq i \leq n-1) \tag{3.85a}$$
$$\alpha_n = 2e_n \tag{3.85b}$$
$$\alpha_{n+1} \equiv -\delta = -2e_1 \tag{3.85c}$$
$$V = \sum_{j=1}^{n-1} \exp(q_j - q_{j+1}) + \exp(2q_n) + \exp(-2q_1) \tag{3.86}$$

D_n 型 ($so(2n)$) ($n \geq 4$);

$$\alpha_i = e_i - e_{i+1} \quad (1 \leq i \leq n-1) \tag{3.87a}$$
$$\alpha_n = e_{n-1} + e_n \tag{3.87b}$$
$$\alpha_{n+1} \equiv -\delta = -e_1 - e_2 \tag{3.87c}$$
$$V = \sum_{j=1}^{n-1} \exp(q_j - q_{j+1}) + \exp(q_{n-1} + q_n) + \exp(-q_1 - q_2) \tag{3.88}$$

他の単純 Lie 代数 E_6, E_7, E_8, F_4, G_2(これらを例外群という)を用いても,同様にしてソリトン系(完全積分可能系)が構成できる.

さらに大きな発展は,時間 t の他に,もう1つ独立変数 x を入れても完全積分可能系が得られることである*. すなわち,次のハミルトニアン系

$$\mathcal{H} = \sum_{j=1}^{n+1} \frac{1}{2}\left[\left(\frac{\partial \varphi_j}{\partial t}\right)^2 + \left(\frac{\partial \varphi_j}{\partial x}\right)^2\right] + V \tag{3.89}$$

$$V = \sum_{j=1}^{n+1} \exp\left(\sum_{k=1}^{n+1} d_{jk} \varphi_k\right) \tag{3.90}$$

は,d_{jk} を Lie 代数の単純ルート系から同じようにして決めると,完全積分可能系である. 例えば,A_n 型の場合の運動方程式は,

$$\frac{\partial^2 \varphi_j}{\partial t^2} - \frac{\partial^2 \varphi_j}{\partial x^2} = e^{-(\varphi_j - \varphi_{j-1})} - e^{-(\varphi_{j+1} - \varphi_j)} \tag{3.91}$$

---

* A. V. Mikhailov, M. A. Olshanetsky and A. M. Perelmov : Commun. Math. Phys. 79 (1981) 473.

$$\varphi_{j+n+1} \equiv \varphi_j \tag{3.92}$$

となる.これを,**2次元戸田格子**という.この命名はやや誤解を招きやすい.独立変数 x は連続変数であり,格子として2次元であるわけではない.むしろ,$\varphi_j(x, t)$ $(j=1, 2, \cdots, n+1)$ を $n+1$ 種の相互作用する非線形場と解釈するのが自然である.最近,(3.89)と(3.90)の系を**戸田場の理論**(Toda field theory)とよぶことが多くなった.場の理論のモデル方程式として,多くの研究がなされている.

4

KdV方程式の解法

非線形波動の理論において，Korteweg-de Vries(KdV)方程式は，もっともよく研究され，またもっとも広い応用をもつ方程式である．この章では，逆散乱法とよばれる解析的方法の紹介を中心に，KdV方程式がもつ著しい性質について述べる．逆散乱法が発見される発端となったMiura変換から話をはじめることにしよう．

4-1 Miura変換

一般に，場の量 $D(x,t)$ と $F(x,t)$ の間の関係式

$$\frac{\partial D}{\partial t}+\frac{\partial F}{\partial x}=0 \tag{4.1}$$

を**保存則**(conservation law)という．物理において，保存則を考えることは，しばしば重要な結果をもたらす．(4.1)の D を**保存密度**(conserved density)，F を**流束**(flux)とよぶ．保存密度と流束が，$|x|\to\infty$ で0となるか，周期的境界条件をみたすならば，

$$I = \int_{-\infty}^{\infty} dx\, D \qquad (4.2)$$

は，時間によらず，**運動の定数**(constant of motion)，または，**積分**(integral)とよばれる．この量が時間によらないことは，

$$\frac{dI}{dt} = \int_{-\infty}^{\infty} dx\, \frac{\partial D}{\partial t} = -\int_{-\infty}^{\infty} dx\, \frac{\partial F}{\partial x} = 0$$

から明らかであろう．(4.2)の積分領域は，周期的境界条件の場合には，その1周期を意味する．

KdV方程式 $u_t - 6uu_x + u_{xxx} = 0$ の保存則を3つほど書くと，

$$\begin{aligned}
D_1 &= u, & F_1 &= -3u^2 + u_{xx} \\
D_2 &= u^2, & F_2 &= -4u^3 + 2uu_{xx} - u_x^2 \\
D_3 &= u^3 + \frac{1}{2}u_x^2, & F_3 &= -\frac{9}{2}u^4 + 3u^2 u_{xx} - 6uu_x^2 + u_{xxx}u_x - \frac{1}{2}u_{xx}^2
\end{aligned} \qquad (4.3)$$

また，変形KdV方程式 $v_t - 6v^2 v_x + v_{xxx} = 0$ の保存則は，例えば，

$$\begin{aligned}
D_{1/2} &= v, & F_{1/2} &= -2v^3 + v_{xx} \\
D_1 &= v^2, & F_1 &= -3v^4 + 2vv_{xx} - v_x^2 \\
D_2 &= v^4 + v_x^2, & F_2 &= -4v^6 + 4v^3 v_{xx} - 12v^2 v_x^2 + 2v_x v_{xxx} - v_{xx}^2 \\
D_3 &= v^6 + 5v^2 v_x^2 + \frac{1}{2}v_{xx}^2 & &
\end{aligned} \qquad (4.4)$$

である．煩雑になるので，F_3 の表式は省略した．また，$D_{1/2}$ や $F_{1/2}$ と添字を1/2にしたのは，v を1/2のオーダーの量とみなしたためであり，また，(4.3)と(4.4)の $D_1, D_2, \cdots$ を比べようという魂胆があるからである．KdV方程式や変形KdV方程式のようなソリトン方程式(ソリトンを記述する方程式)は，場の量の自由度が無限であることに対応して，無限個の保存則をもっている(証明は4-6節)．

1967年ごろ，R. Miuraは，(4.3)と(4.4)の保存則を比べているうちに，次のような事実に気がついた．v を変形KdV方程式 $v_t - 6v^2 v_x + v_{xxx} = 0$ の解とすると，

$$u = v_x + v^2 \tag{4.5}$$

は，KdV 方程式 $u_t - 6uu_x + u_{xxx} = 0$ の解である．なぜならば，

$$u_t - 6uu_x + u_{xxx} = \left(2v + \frac{\partial}{\partial x}\right)(v_t - 6v^2 v_x + v_{xxx}) \tag{4.6}$$

が成り立つ．(4.5)を **Miura 変換**という*．現在の用語でいうと，変形 KdV 方程式と KdV 方程式をつなぐ Bäcklund 変換

$$\begin{cases} v_x = u - v^2 \\ v_t = -2v^2 u - u_{xx} + 2vu_x + 2u^2 \end{cases} \tag{4.7}$$

を見つけたことになる．

Miura 変換 $v_x + v^2 = u$ は，v に対する微分方程式とみなすと，**Riccati 方程式**である．Riccati 方程式を線形化する変換はよく知られていて，

$$v = \phi_x / \phi \tag{4.8}$$

とおくと，(4.5)は

$$\phi_{xx} - u\phi = 0 \tag{4.9}$$

となる．さらに，KdV 方程式は，Galilei 変換

$$x' = x - 6\lambda t, \quad t' = t, \quad u'(x', t') = u(x, t) - \lambda \tag{4.10}$$

に対して不変であるので，(4.9)にパラメーター λ を導入できて，$\phi_{xx} - (u - \lambda)\phi = 0$，すなわち，

$$-\phi_{xx} + u\phi = \lambda \phi \tag{4.11}$$

を得る．

こうして，KdV 方程式の解 u をポテンシャルとする定常的 Schrödinger 方程式が得られた．ふたたび，現在の用語でまとめると，Bäcklund 変換を線形化することによって，逆散乱法の定式化が得られたことになる．

KdV 方程式を直接解く代りに，Schrödinger 方程式(4.11)の性質を使って，ポテンシャル u を構成しようとするのが，逆散乱法の基本方針である．そのために，次の2つの節で，(4.11)のもつ数学的構造を調べることにする．

---

* R. Miura : J. Math. Phys. 60 (1968) 1202.

4-2 散乱の順問題

1次元 Schrödinger 方程式

$$-\psi_{xx}+u(x)\psi = \lambda\psi \tag{4.12}$$

において,ポテンシャル $u(x)$ が与えられたとき,離散固有値,反射係数,透過係数など(これらをまとめて,**散乱データ**とよぶ)を求める問題を,**順問題**(direct problem)という.逆に,散乱データが与えられたとき,ポテンシャルを求める問題を,**逆問題**(inverse problem)という.KdV 方程式を解く際に(4.12)を用いるときは,時間 t を含む場合を考えるのであるが,この問題はしばし横におき,(4.12)の順問題と逆問題を考えることにする.得られる結果は,量子力学を勉強するうえでも,大いに役立つと思う.

境界条件として,$u(x)$ は $|x|\to\infty$ で十分速く 0 になる,すなわち,

$$u(x) \to 0 \quad (|x|\to\infty) \tag{4.13}$$

であるとする.以下で,解析性を議論するときは,ポテンシャル $u(x)$ は,

$$\int_{-\infty}^{\infty}(1+|x|)|u(x)|dx < \infty \tag{4.14a}$$

または,

$$\int_{-\infty}^{\infty}(1+x^2)|u(x)|dx < \infty \tag{4.14b}$$

をみたすと仮定する*.

境界条件(4.13)により,$\lambda=k^2$(k は実数)に対して,次の境界条件をみたす(4.12)の解 $f_1(x,k)$ と $f_2(x,k)$ を導入する.

$$f_1(x,k) = e^{ikx} \quad (x\to\infty) \tag{4.15a}$$

$$f_2(x,k) = e^{-ikx} \quad (x\to-\infty) \tag{4.15b}$$

散乱理論では,f_1 や f_2 を **Jost 関数**という.境界条件(4.15)をみたす(4.12)

---

* (4.14a)の条件は,L. D. Faddeev : Amer. Math. Soc. Trans. Ser. 2, 65 (1968) 139. (4.14b)の条件は,P. Deift and E. Trubowitz : Commun. Pure Appl. Math. 32 (1979) 121.

の解は，次のように，おのおの Volterra 型の積分方程式に書ける．

$$f_1(x,k) = e^{ikx} - \int_x^\infty \frac{\sin k(x-y)}{k} u(y) f_1(y,k) dy$$
$$f_2(x,k) = e^{-ikx} + \int_{-\infty}^x \frac{\sin k(x-y)}{k} u(y) f_2(y,k) dy \quad (4.16)$$

積分方程式(4.16)を逐次近似法で調べることにより，条件(4.14)が成り立つならば，(4.15)をみたす $f_1(x,k)$ と $f_2(x,k)$ は存在し，また，複素上半面 Im k ≧0 で正則（または解析的ともいう）であることが証明される．

Schrödinger 方程式(4.12)は2階微分方程式であり，2つの独立な解が解の基本系をつくる．解が独立であるかどうかを調べるには，ロンスキアン (Wronskian)

$$W[f,g] \equiv f'g - fg' \quad (4.17)$$

を用いるのが便利である．f と g が(4.12)の解ならば，

$$\frac{d}{dx} W[f,g] = f''g - fg'' = (u-\lambda)fg - f(u-\lambda)g = 0 \quad (4.18)$$

すなわち，$W[f,g]$ は x によらない．(4.15)から，

$$W[f_1(x,k), f_1(x,-k)] = 2ik$$
$$W[f_2(x,k), f_2(x,-k)] = -2ik \quad (4.19)$$

が成り立つ．よって，$\{f_1(x,k), f_1(x,-k)\}$ と $\{f_2(x,k), f_2(x,-k)\}$ のおのおのの組は，$k \neq 0$ のとき，解の基本系を構成する．解の基本系であるから，互いに線形結合で表わすことができる（図4-1）．

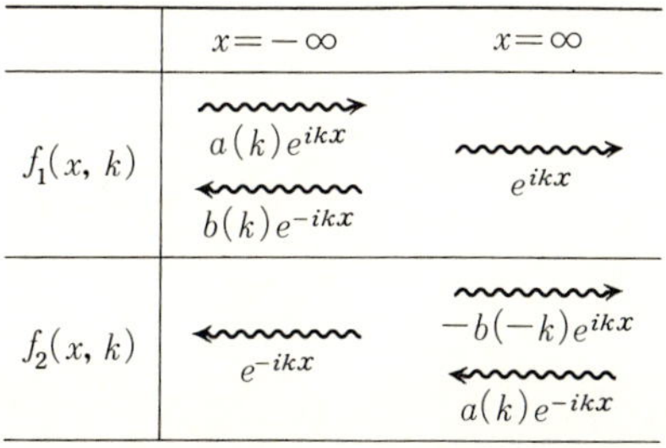

	$x=-\infty$	$x=\infty$
$f_1(x,k)$	$a(k)e^{ikx}$ $b(k)e^{-ikx}$	e^{ikx}
$f_2(x,k)$	e^{-ikx}	$-b(-k)e^{ikx}$ $a(k)e^{-ikx}$

図 4-1　Jost 関数 $f_1(x,k)$ と $f_2(x,k)$ の漸近形．

$$f_1(x,k) = b(k)f_2(x,k) + a(k)f_2(x,-k) \qquad (4.20a)$$

$$f_2(x,k) = -b(-k)f_1(x,k) + a(k)f_1(x,-k) \qquad (4.20b)$$

上の式で導入された係数 $a(k), b(k)$ は，(4.16)と(4.20)から

$$a(-k) = a^*(k), \qquad b(-k) = b^*(k)$$
$$|a(k)|^2 = 1 + |b(k)|^2 \qquad (4.21)$$

をみたすことが示される．また，ロンスキアンを使って表わすことができる．

$$a(k) = \frac{1}{2ik} W[f_1(x,k), f_2(x,k)]$$
$$b(k) = \frac{1}{2ik} W[f_2(x,-k), f_1(x,k)] \qquad (4.22)$$

Jost 関数，$f_1(x,k)$ と $f_2(x,k)$ は $\mathrm{Im}\, k \geqq 0$ で正則であるので，$a(k)$ も複素 k 平面の上半面に解析接続できることになる．

束縛状態(bound state)は，$a(k)$ の零点 $k = k_n$ ($\mathrm{Im}\, k_n > 0$)に対応する．なぜならば，(4.22)から分かるように，$a(k)$ の零点 $k = k_n$ では，$f_2(x, k_n)$ と $f_1(x, k_n)$ は1次従属になる．その比例係数を γ_n とかくと($u(x)$ が有限区間でしか値をもたないならば，$b(k)$ は上半面に解析接続できて，$\gamma_n = b(k_n)$)，

$$f_1(x, k_n) = \gamma_n f_2(x, k_n) \qquad (\gamma_n \neq 0) \qquad (4.23)$$

となる．よって，

$$f_2(x, k_n) = \begin{cases} e^{-ik_n x} & (x \to -\infty) \\ (1/\gamma_n) e^{ik_n x} & (x \to +\infty) \end{cases} \qquad (4.24)$$

であり，$f_2(x, k_n)$ は $|x| \to \infty$ で指数関数的に減少して，

$$\int_{-\infty}^{\infty} f_2^2(x, k_n)\, dx < \infty$$

をみたす固有関数となる．

束縛状態について，次のことが証明できる．$a(k)$ の零点 $k = k_n$ は1位，すなわち，

$$\dot{a}(k_n) \equiv \left. \frac{d}{dk} a(k) \right|_{k=k_n} \neq 0 \qquad (4.25)$$

である．記号 $\cdot$ は，k についての微分を表わすことにする．

［証明］ $f_2(x, k)$ は(4.12)の解であるから，
$$-f_2'' + u f_2 = k^2 f_2$$
$$-\dot{f}_2'' + u \dot{f}_2 = k^2 \dot{f}_2 + 2k f_2$$
が成り立つ．この2つの式から，
$$\frac{d}{dx}(\dot{f}_2 f_2' - \dot{f}_2' f_2) = 2k f_2^2 \tag{4.26}$$

また，$a(k)$ の零点 $k = k_n$ ($\mathrm{Im}\, k_n > 0$) では，漸近形
$$f_2(x, k_n) = \begin{cases} e^{-ik_n x} & (x \to -\infty) \\ (1/\gamma_n) e^{ik_n x} & (x \to \infty) \end{cases}$$
$$\dot{f}_2(x, k_n) = \begin{cases} -ix e^{-ik_n x} & (x \to -\infty) \\ \dot{a}(k_n) e^{-ik_n x} & (x \to \infty) \end{cases}$$
が成り立つ．(4.26)を x について積分し，これらの漸近形を用いると，
$$2k_n \int_{-\infty}^{\infty} dx\, f_2^2(x, k_n) = [\dot{f}_2 f_2' - \dot{f}_2' f_2]_{-\infty}^{\infty}$$
$$= 2i k_n (1/\gamma_n) \cdot \dot{a}(k_n) \tag{4.27}$$
となる．固有関数 $f_2(x, k_n)$ は実数値であるので(一般に，$\mathrm{Im}\, k \geqq 0$ に対して，$f_2(x, k) = [f_2(x, -k^*)]^*$ で，k_n は純虚数)，左辺は 0 でない．また，γ_n は 0 でない($\gamma_n = 0$ は，$f_1 = f_2 = 0$ で自明な場合になる)．こうして，(4.27)より(4.25)が証明された．この結果は，$a(k)$ の零点として求められる束縛状態が縮退していないことを示している． ∎

演算子 $L = -d^2/dx^2 + u(x)$ は Hermite 演算子であるので，固有値問題 $L\psi = \lambda \psi$ の固有値 λ は実数である．よって，固有状態は，次の2種類から成ることがわかる．

(a) $\lambda = k^2$ (k は実数) に対応する連続スペクトル状態．

(b) $\lambda = k_n^2$，$k_n = i\kappa_n$ (κ_n は正の実数；$n = 1, 2, \cdots, N$) に対応する縮退のない離散スペクトル状態．

離散固有値 $k_n = i\kappa_n$ ($\kappa_n > 0$) は有限個である．なぜならば，
(1) $a(k)$ は Im $k \geqq 0$ で解析的であるので，零点 $k_n = i\kappa_n$ は孤立している，
(2) (4.16)と(4.22)から，$a(k) \to 1$ ($|k| \to \infty$) であるので，$a(k)$ の零点は $|k| \to \infty$ に集積しない，
からである．

散乱行列 $S_{ij}(k)$ を次のように定義する(図4-2)．

$$\phi_1(x, k) = \begin{cases} e^{ikx} + S_{12}(k)e^{-ikx} & (x \to -\infty) \\ S_{11}(k)e^{ikx} & (x \to \infty) \end{cases} \quad (4.28a)$$

$$\phi_2(x, k) = \begin{cases} e^{-ikx} + S_{21}(k)e^{ikx} & (x \to \infty) \\ S_{22}(k)e^{-ikx} & (x \to -\infty) \end{cases} \quad (4.28b)$$

$S_{11}(k)$ と $S_{22}(k)$ は透過係数，$S_{12}(k)$ と $S_{21}(k)$ は反射係数を表わしている．

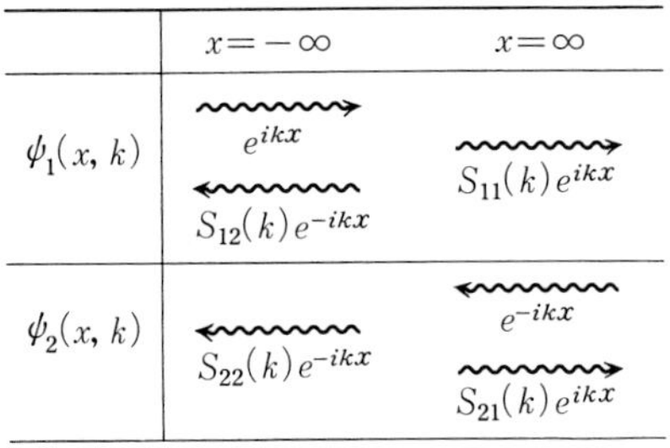

	$x = -\infty$	$x = \infty$
$\phi_1(x, k)$	e^{ikx} → ← $S_{12}(k)e^{-ikx}$	$S_{11}(k)e^{ikx}$ →
$\phi_2(x, k)$	← $S_{22}(k)e^{-ikx}$	← e^{-ikx} $S_{21}(k)e^{ikx}$ →

図4-2 固有関数 $\phi_1(x, k)$, $\phi_2(x, k)$ と散乱行列 $S_{ij}(k)$．

Jost 関数に対する境界条件(4.15)と比べると，

$$\phi_1(x, k) = f_2(x, -k) + S_{12}(k)f_2(x, k)$$
$$= S_{11}(k)f_1(x, k) \quad (4.29a)$$

$$\phi_2(x, k) = f_1(x, -k) + S_{21}(k)f_1(x, k)$$
$$= S_{22}(k)f_2(x, k) \quad (4.29b)$$

である．(4.20)を用いると，

$$S_{11}(k) = S_{22}(k) = \frac{1}{a(k)}$$
$$S_{12}(k) = \frac{b(k)}{a(k)}, \quad S_{21}(k) = -\frac{b(-k)}{a(k)} \quad (4.30)$$

を得る. $a(k)$ の零点は, $S_{ij}(k)$ の極に対応していることに注意しよう.

こうして, 束縛状態と散乱行列の極は 1 対 1 に対応していることがわかる. 3 次元 Schrödinger 方程式の場合は, 束縛状態は散乱行列の極に対応しているが, その逆は必ずしも成り立たない*.

$|k|\to\infty$ のときの Jost 関数などの漸近形を, 次節の準備としてまとめておこう. (4.16)から,

$$f_1(x,k) = e^{ikx}+O(|k|^{-1}), \quad f_2(x,k) = e^{-ikx}+O(|k|^{-1})$$
$$a(k) = 1+O(|k|^{-1}), \quad b(k) = O(|k|^{-1}) \quad (4.31)$$

と示すことができる. $|k|\to\infty$ ならば, ポテンシャル $u(x)$ が無視できるので, (4.31)の物理的意味が理解できるであろう.

4-3 散乱の逆問題

4-2 節では, 1 次元 Schrödinger 方程式(4.12)において, ポテンシャル $u(x)$ が境界条件(4.13)をみたすとき, 固有状態はどのような性質をもつかを調べた. こんどは, 逆に, 散乱データ(散乱行列, 離散固有値など)から, どのようにポテンシャルが構成できるかを考える.

Jost 関数間の関係式(4.20a)を思い出そう.

$$\frac{1}{a(k)}f_1(x,k) = f_2(x,-k)+\frac{b(k)}{a(k)}f_2(x,k) \quad (4.32)$$

Jost 関数 $f_2(x,k)$ を次のように積分表示する.

$$f_2(x,k) = e^{-ikx}+\int_{-\infty}^{x} K(x,y)e^{-iky}dy \quad (4.33)$$

この $f_2(x,k)$ が, (4.12)をみたすためには

$$u(x) = 2\frac{d}{dx}K(x,x) \quad (4.34)$$

---

* 例えば, R. G. Newton : *Scattering Theory of Waves and Particles* (McGraw-Hill, New York, 1982).

$$-K_{xx}(x,y)+K_{yy}(x,y)+u(x)K(x,y) = 0 \quad (4.35)$$

でなければならない.以下では,$K(x,y)$と散乱データとの関係を導く.その$K(x,y)$を用いれば,(4.34)により$u(x)$が求まることになる.

(4.33)を(4.32)に代入して,次のように書きかえる.

$$\left[\frac{1}{a(k)}-1\right]f_1(x,k)+f_1(x,k)-e^{ikx}$$
$$= \frac{b(k)}{a(k)}e^{-ikx}+\int_{-\infty}^{x}K(x,z)e^{ikz}dz+\frac{b(k)}{a(k)}\int_{-\infty}^{x}K(x,z)e^{-ikz}dz \quad (4.36)$$

この両辺にe^{-iky} ($x>y$) をかけて,kについて$-\infty$から∞まで積分する.

$$I_1+I_2 = I_3+I_4+I_5 \quad (4.37)$$

ただし,

$$\begin{aligned}I_1 &= \int_{-\infty}^{\infty}dk\left[\frac{1}{a(k)}-1\right]f_1(x,k)e^{-iky}\\ I_2 &= \int_{-\infty}^{\infty}dk[f_1(x,k)-e^{ikx}]e^{-iky}\\ I_3 &= \int_{-\infty}^{\infty}dk\frac{b(k)}{a(k)}e^{-ik(x+y)} \quad (4.38)\\ I_4 &= \int_{-\infty}^{\infty}dk\int_{-\infty}^{x}dz\,K(x,z)e^{ik(z-y)}\\ I_5 &= \int_{-\infty}^{\infty}dk\frac{b(k)}{a(k)}\int_{-\infty}^{x}dz\,K(x,z)e^{-ik(y+z)}\end{aligned}$$

まず,積分I_1について.被積分関数は,$k=i\kappa_n$,$\kappa_n>0$ ($n=1,2,\cdots,N$) にある極($a(k)$の零点)以外では,上半面$\mathrm{Im}\,k\geqq 0$で正則である.そして,$|k|\to\infty$では(4.31)をみたすので,積分路を上半面で閉じることができる.よって,留数定理により,

$$\begin{aligned}I_1 &= 2\pi i\sum_{n=1}^{N}\frac{1}{\dot{a}(i\kappa_n)}f_1(x,i\kappa_n)e^{\kappa_n y}\\ &= 2\pi i\sum_{n=1}^{N}\frac{\gamma_n}{\dot{a}(i\kappa_n)}f_2(x,i\kappa_n)e^{\kappa_n y}\end{aligned}$$

$$= 2\pi i \sum_{n=1}^{N} \frac{\gamma_n}{\dot{a}(i\kappa_n)} \left[e^{\kappa_n(x+y)} + \int_{-\infty}^{x} dz\, K(x,z) e^{\kappa_n(y+z)} \right] \quad (4.39)$$

積分 I_2 について．被積分関数は上半面 Im $k>0$ で正則であり，$|k|\to\infty$ では (4.31)をみたすので，

$$I_2 = 0 \quad (4.40)$$

積分 I_4 について．k の積分は δ 関数を与え，$x>y$ であるから，

$$I_4 = \int_{-\infty}^{x} dz\, K(x,z) 2\pi \delta(z-y) = 2\pi K(x,y) \quad (4.41)$$

積分 I_3, I_5 は(4.38)の表式のまま用いる．

以上の計算結果を，(4.37)に代入してまとめ直すと，次の積分方程式が得られる．

$$K(x,y) + F(x+y) + \int_{-\infty}^{x} dz\, K(x,z) F(z+y) = 0 \quad (x \geqq y) \quad (4.42)$$

ここで，

$$F(x) = \frac{1}{2\pi} \int_{-\infty}^{\infty} dk \frac{b(k)}{a(k)} e^{-ikx} - i \sum_{n=1}^{N} \frac{\gamma_n}{\dot{a}(i\kappa_n)} e^{\kappa_n x} \quad (4.43)$$

である．(4.42)と(4.43)を，**Gel'fand-Levitan 方程式**，または，Gel'fand-Levitan-Marchenko 方程式という*．これを略して，**GL 方程式**とよぶことにする．

(4.43)に現われた量をもう一度考え直してみよう．$S_{21}(k) = b(k)/a(k)$ は反射係数(reflection coefficient)であるので，

$$\frac{b(k)}{a(k)} = S_{12}(k) = r(k) \quad (4.44)$$

とかく．また，(4.27)より，

$$-i \frac{\gamma_n}{\dot{a}(i\kappa_n)} = \left[\int_{-\infty}^{\infty} dx\, f_2^2(x, i\kappa_n) \right]^{-1} \equiv c_n^2 \quad (4.45)$$

---

* I. M. Gel'fand and B. M. Levitan : Amer. Math. Soc. Trans. 1 (1955) 253.

固有関数 $f_2(x, i\kappa_n)$ は実数値であるから，c_n は実数である．また，c_n は固有関数の規格化定数であることがわかる．よって，(4.43)を

$$F(x) = \frac{1}{2\pi}\int_{-\infty}^{\infty} dk\, r(k)e^{-ikx} + \sum_{n=1}^{N} c_n{}^2 e^{\kappa_n x} \qquad (4.46)$$

とかく．

この節で示したことをまとめる．反射係数 $r(k)$，離散固有値 κ_n，規格化定数 c_n の組を**散乱データ** S とよぶことにする．

$$S = \{r(k), \kappa_n, c_n{}^2, \; n = 1, 2, \cdots, N\} \qquad (4.47)$$

散乱データ S が与えられたならば，(4.46)の $F(x)$ を GL 方程式(4.42)に代入して積分方程式を解き，$K(x,y)$ を求める．その $K(x,y)$ を(4.34)に用いれば，ポテンシャル $u(x)$ が散乱データ S から構成されたことになる．こうして，散乱の逆問題を解くことができた．

逆問題という問題設定は，散乱問題に関するものだけではない．よく引き合いに出される例として，「太鼓の音を聞いて，その太鼓の形が決められるか(Can one hear the shape of a drum? M. Kac, 1966)」という設問がある．すこし設定を変えて，「弦の振動スペクトルから，その弦の質量分布が決められるか」という問題にすれば，この節の結果をそのまま用いることができる．最近では，いろいろな分野で逆問題の手法が用いられるようになった．特に地球物理では，地震波の観測から地震源の分布を推測する，津波の測定から海底変化を算定する，等の興味ある応用例が知られている．

4-4 逆散乱法による解法

逆散乱法(inverse scattering method)は，KdV 方程式を解く手法として，Gardner, Greene, Kruskal, Miura によって導入された[*]．Miura 変換によって得られた Schrödinger 方程式に対して，逆問題の結果を用いてポテンシ

---

[*] C. S. Gardner, J. M. Greene, M. D. Kruskal and R. M. Miura : Phys. Rev. Lett. **19** (1967) 1095.

ャル(すなわち,KdV方程式の解)を構成した.Lax は,Schrödinger 方程式の固有値問題に帰着される一連のソリトン方程式(高次 KdV 方程式とよばれる)が存在することを示した*.ここでは,Lax による定式化を一般化して紹介する.

いま,$n \times n$ 行列で表わされる非線形発展方程式

$$U_t = K[U] \tag{4.48}$$

があるとする.U は $n \times n$ 行列,K は非線形演算子である.2つの演算子 L と B を選び,(4.48)を

$$L_t = [B, L] = BL - LB \tag{4.49}$$

の形にかく.(4.49)を **Lax 方程式**という.また,演算子 L と B は,**Lax 対**(Lax pair)ともよばれる.このとき,演算子 L と B を用いて,次の線形方程式系を考える.

$$L\psi = \lambda\psi \tag{4.50}$$

$$\psi_t = B\psi \tag{4.51}$$

一般に,λ を**スペクトルパラメーター**(spectral parameter)とよぶ.(4.50)を時間 t で微分すると,

$$L_t\psi + L\psi_t = \lambda_t\psi + \lambda\psi_t$$

この式に,(4.50)と(4.51)を用いると,$(L_t + LB - BL)\psi = \lambda_t\psi$ が得られる.よって,(4.50)と(4.51)に

$$\lambda_t = 0 \tag{4.52}$$

をつけ加えた系は,(4.49)を与える.すなわち,非線形発展方程式(4.48)を解くには,方程式系(4.50)〜(4.52)を考えればよいことになる.

例として,

$$L = -D^2 + u, \quad D = \partial/\partial x$$

と選んでみよう.x と t は独立だから,$L_t = u_t$ である.

i) $B_1 = -D$ とすると,$[B_1, L] = -u_x$.よって,(4.49)から,$u_t + u_x = 0$.

---

* P. D. Lax : Commun. Pure Appl. Math. 21 (1968) 159.

ii) $B_2 = -4D^3 + 3Du + 3uD$ とすると, $[B_2, L] = -u_{xxx} + 6uu_x$. よって, (4.49)から, $u_t - 6uu_x + u_{xxx} = 0$. すなわち, KdV 方程式である.

iii) $B_3 = -16D^5 + 20(uD^3 + D^3u) - 30uDu - 5(u_{xx}D + Du_{xx})$ とすると, $[B_3, L] = -u_{xxxxx} + 10u_{xxx}u + 20u_{xx}u_x - 30u^2u_x$. よって, (4.49)から

$$u_t - 10(u_{xxx}u + 2u_{xx}u_x) + 30u^2u_x + u_{xxxxx} = 0 \qquad (4.53)$$

このように B_n ($n = 3, 4, 5, \cdots$) を考えることによって, 無限個の**高次 KdV 方程式**(KdV ヒエラルキー)を作ることができる.

逆散乱法による初期値問題の解法を, 図4-3にまとめる.

1) ステップ1. 初期値 $U(x, 0)$ に対して $L\psi = \lambda\psi$ を解き, $t = 0$ での散乱データを求める.

2) ステップ2. 散乱データの時間変化を, $\phi_t = B\phi$ によって求める. 散乱データは $|x| \to \infty$ での情報であるので, この計算は簡単である.

3) ステップ3. $t > 0$ での散乱データから $L\psi = \lambda\psi$ の逆問題として, 求める解 $U(x, t)$ が得られる.

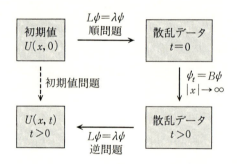

図 4-3 逆散乱法による初期値問題の解法.

この解法において,「散乱データ」を「Fourier 成分」とおきかえると, 線形発展方程式を Fourier 変換で解くことと全く同じであることに気づく. 順問題が Fourier 変換, 逆問題が Fourier 逆変換に相当している. したがって, 逆散乱法は, Fourier 変換法を非線形問題に拡張したものとみなすことができる.

以上を KdV 方程式に適用して, その初期値問題を解くことにする. すでに述べたように, KdV 方程式

$$u_t - 6uu_x + u_{xxx} = 0 \tag{4.54}$$

は，

$$L = -D^2 + u, \quad D = \partial/\partial x \tag{4.55a}$$

$$B = -4D^3 + 3(Du + uD) \tag{4.55b}$$

と選ぶことによって，Lax方程式(4.49)の形に書ける．したがって，KdV方程式を解くには，方程式系

$$-\psi_{xx} + u(x,t)\psi = \lambda\psi \tag{4.56}$$

$$\psi_t = -4\psi_{xxx} + 3(u\psi)_x + 3u\psi_x \tag{4.57}$$

$$\lambda_t = 0 \tag{4.58}$$

を考えればよい．順問題と逆問題については，4-2節と4-3節ですでに述べた．さらに必要なことは，散乱データ(4.47)の時間変化の計算である．(4.58)から，離散固有値は時間によらない．

$$\frac{d}{dt}\kappa_n = 0 \quad (n=1,2,\cdots,N) \tag{4.59}$$

次に，反射係数 $r(k,t)$ と規格化定数 $c_n(t)$ の時間変化を計算する．(4.20a)に時間依存性を入れた式

$$f_1(x,k;t) = b(k,t)f_2(x,k;t) + a(k,t)f_2(x,-k;t) \tag{4.60}$$

に対して，境界条件(4.15)を考慮すると，Jost関数の漸近形は

$$f_1(x,k) = \begin{cases} e^{i(kx-\omega t)} & (x \to \infty) \\ b(k,t)e^{-ikx-i\omega t} + a(k,t)e^{i(kx-\omega t)} & (x \to -\infty) \end{cases} \tag{4.61}$$

となる．この式を(4.57)に代入して，$a(k,t)$ と $b(k,t)$ の時間変化を求めるのであるが，$|x| \to \infty$ では $u(x) \to 0$ であるから，(4.57)の代りに，

$$\frac{\partial f_1}{\partial t} = -4\frac{\partial^3 f_1}{\partial x^3} \tag{4.62}$$

を考えればよい．結局，(4.61)と(4.62)から

$$\begin{aligned} \omega &= -4k^3, \quad \frac{d}{dt}a(k,t) = 0 \\ \frac{d}{dt}b(k,t) &= -8ik^3 b(k,t) \end{aligned} \tag{4.63}$$

が得られる．よって，

$$a(k,t) = a(k), \quad b(k,t) = b(k)e^{-8ik^3t}$$
$$r(k,t) = b(k,t)/a(k,t) = r(k)e^{-8ik^3t} \tag{4.64}$$

と求められた．同様にして，$c_n(t)$ の時間変化を次のように計算できる．(4.23)に時間依存性を入れた式

$$f_1(x, i\kappa_n ; t) = \gamma_n(t) f_2(x, i\kappa_n ; t)$$
$$= \begin{cases} e^{-\kappa_n x} e^{-i\omega_n t} & (x \to \infty) \\ \gamma_n(t) e^{\kappa_n x} e^{-i\omega_n t} & (x \to -\infty) \end{cases} \tag{4.65}$$

を考え，これを(4.62)に代入して

$$\omega_n = 4i\kappa_n^3, \quad \frac{d}{dt}\gamma_n(t) = -8\kappa_n^3 \gamma_n(t) \tag{4.66}$$

が得られる．(4.45)と(4.66)から

$$c_n^2(t) = c_n^2 e^{-8\kappa_n^3 t} \tag{4.67}$$

となる．

こうして，KdV 方程式(4.54)の初期値問題の解は次のように与えられることが示された．

$$u(x,t) = 2\frac{\partial}{\partial x} K(x,x ; t) \tag{4.68}$$

$$K(x,y ; t) + F(x+y ; t) + \int_{-\infty}^{x} F(y+z ; t) K(x,z ; t) dz = 0 \tag{4.69}$$

ここで，

$$F(x ; t) = \frac{1}{2\pi} \int_{-\infty}^{\infty} dk\, r(k,t) e^{-ikx} + \sum_{n=1}^{N} c_n^2(t) e^{\kappa_n x} \tag{4.70}$$

$$r(k,t) = r(k) e^{-8ik^3 t} \tag{4.71}$$

$$c_n^2(t) = c_n^2 e^{-8\kappa_n^3 t} \tag{4.72}$$

である．初期値 $u(x,0)$ に対して，$\{r(k), \kappa_n, c_n^2, \ n=1,2,\cdots,N\}$ を求め，それを(4.70)〜(4.72)に代入し，GL 方程式(4.69)を解くことによって，$u(x,t)$ が求められるのである．

4-5 N ソリトン解

特に，反射係数 $r(k)=0$ であるような初期値 $u(x,0)$（無反射ポテンシャルという）に対しては，GL方程式(4.69)が代数的に解けて，ソリトン解が簡単に求められる．

まず，$r(k)=0$ で，離散固有値が1個だけあるとしよう．

$$\lambda = -\kappa^2 \quad (\kappa > 0) \tag{4.73}$$

このとき，(4.70)〜(4.72)から，

$$F(x,t) = c^2(t)e^{\kappa x}, \quad c^2(t) = c^2 e^{-8\kappa^3 t} \tag{4.74}$$

である．GL方程式(4.69)を解くために，

$$K(x,y;t) = c(t)f(x,t)e^{\kappa y} \tag{4.75}$$

とおく．(4.74)と(4.75)を(4.69)に代入すると，

$$f(x,t) + c(t)e^{\kappa x} + \frac{c^2(t)}{2\kappa}e^{2\kappa x}f(x,t) = 0 \tag{4.76}$$

となる．よって，$f(x,t)$ が求まり，

$$\begin{aligned}
K(x,x;t) = c(t)f(x,t)e^{\kappa x} &= -\frac{c^2(t)e^{2\kappa x}}{1+\frac{1}{2\kappa}c^2(t)e^{2\kappa x}} \\
&= -\frac{\partial}{\partial x}\log\left(1+\frac{1}{2\kappa}c^2(t)e^{2\kappa x}\right) \\
u(x,t) = -2\frac{\partial^2}{\partial x^2}&\log\left(1+\frac{1}{2\kappa}c^2(t)e^{2\kappa x}\right) \\
&= -2\kappa^2 \operatorname{sech}^2(\kappa x - 4\kappa^3 t + \delta)
\end{aligned} \tag{4.77}$$

が得られる．ただし，

$$\delta = \frac{1}{2}\log\frac{c^2}{2\kappa}$$

これは，1ソリトン解である．ソリトンの速さ $4\kappa^2$，高さ $-2\kappa^2$，幅 $1/\kappa$ は，離散固有値 $\lambda = -\kappa^2$ によって決められている．

さらに一般に, $r(k)=0$ で, 離散固有値が N 個あり,

$$\lambda_n = -\kappa_n{}^2 \qquad (\kappa_n>0, \ n=1,2,\cdots,N) \tag{4.78}$$

であるとしよう. 縮退はないので(4-2節), 一般性を失うことなしに,

$$0 < \kappa_1 < \kappa_2 < \cdots < \kappa_N \tag{4.79}$$

とする. いま,

$$F(x,t) = \sum_{n=1}^{N} c_n{}^2(t) e^{\kappa_n x} \tag{4.80}$$

である. (4.75)にならって,

$$K(x,y\,;\,t) = \sum_{n=1}^{N} c_n(t) f_n(x,t) e^{\kappa_n y} \tag{4.81}$$

とおく. (4.80)と(4.81)を, GL方程式(4.69)に代入すると,

$$f_n(x,t) + c_n(t) e^{\kappa_n x} + \sum_{l=1}^{N} \frac{c_n(t) c_l(t)}{\kappa_l + \kappa_n} e^{(\kappa_l + \kappa_n)x} f_l(x,t) = 0 \tag{4.82}$$

を得る. f_n を縦に並べた列ベクトルを ψ, $c_n(t) e^{\kappa_n x}$ を縦に並べた列ベクトルを E とかく. また, (m,n) 成分が

$$D_{mn} = \frac{c_m(t) c_n(t)}{\kappa_m + \kappa_n} e^{(\kappa_m + \kappa_n)x} \tag{4.83}$$

である $N \times N$ 行列を D とする. これらの記法を用いると, (4.82)は, I を単位行列として, 次の形に書ける.

$$(I+D)\psi = -E$$

$\det(I+D)$ は正であることが示せる. よって, Cramerの公式により, Q_{mn} を行列 $I+D$ の (m,n) 余因子として,

$$f_n(x,t) = -\frac{1}{\Delta} \sum_{m=1}^{N} c_m(t) e^{\kappa_m x} Q_{mn} \tag{4.84}$$

と求まる. ただし,

$$\Delta = \det(I+D) \tag{4.85}$$

(4.81)に, これを代入すると

$$K(x,x\,;\,t) = -\frac{1}{\varDelta}\sum_{m=1}^{N}\sum_{n=1}^{N}c_m(t)c_n(t)e^{(\kappa_m+\kappa_n)x}Q_{mn} \qquad (4.86)$$

となる．ところが，

$$\frac{d\varDelta}{dx} = \sum_{m=1}^{N}\sum_{n=1}^{N}c_m(t)c_n(t)e^{(\kappa_m+\kappa_n)x}Q_{mn} \qquad (4.87)$$

であるから，(4.86)から

$$K(x,x\,;\,t) = -\frac{1}{\varDelta}\frac{d\varDelta}{dx} = -\frac{\partial}{\partial x}\log\varDelta(x,t) \qquad (4.88)$$

が成り立つ．こうして，

$$u(x,t) = -2\frac{\partial^2}{\partial x^2}\log\varDelta(x,t) \qquad (4.89)$$

を得る．これは，KdV 方程式の N ソリトン解である．離散固有値のおのおのが，ソリトンに対応していることがわかる．

$|t|\to\infty$ での漸近形を求める方法は，2-4 節で述べたので繰り返さない．その結果だけを書くと*，$|t|\to\infty$ での N ソリトン解(4.89)は次の漸近形をもつ．

$$u(x,t) = \begin{cases} -2\sum_{n=1}^{N}\kappa_n^2\,\text{sech}^2(\kappa_n x - 4\kappa_n^3 t + \delta_n^+) & (t\to\infty) \\ -2\sum_{n=1}^{N}\kappa_n^2\,\text{sech}^2(\kappa_n x - 4\kappa_n^3 t + \delta_n^-) & (t\to-\infty) \end{cases} \qquad (4.90)$$

ただし，

$$\delta_n^+ = \frac{1}{2}\log\frac{c_n^2}{2\kappa_n} + \sum_{j=1}^{n-1}\log\frac{\kappa_n-\kappa_j}{\kappa_n+\kappa_j} \qquad (4.91\text{a})$$

$$\delta_n^- = \frac{1}{2}\log\frac{c_n^2}{2\kappa_n} + \sum_{j=n+1}^{N}\log\frac{\kappa_j-\kappa_n}{\kappa_j+\kappa_n} \qquad (4.91\text{b})$$

すこし数式が続いたので，以上で示されたことの物理的意味をまとめてみよう．

---

* M. Wadati and M. Toda : J. Phys. Soc. Jpn. 32 (1972) 1403.

(1) $|t|\to\infty$ では,速度 $-4\kappa_n{}^2$ の N 個のソリトンが伝播している.これは,ソリトンが互いの衝突に対して安定であることを示している.

(2) ソリトンの速度は振幅に比例するから,$t\to-\infty$ では右から振幅の小さい順に N 個のソリトンが存在し,$N(N-1)/2$ 回の衝突をへて,$t\to\infty$ では右から振幅の大きい順に N 個のソリトンが並ぶ(図 4-4).

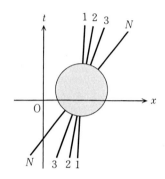

図 4-4　N ソリトンの軌跡.

(3) ソリトンは衝突により性質(形や速度)を変えない.しかし,位置のずれ $\Delta x_n=(\delta_n{}^+-\delta_n{}^-)/\kappa_n$ を生ずる.また,(4.91)が示すように,衝突は 2 体衝突の重ね合わせであり,多体効果はない.

これらの性質が量子論的モデルに対しても成り立ち,非常に重要な発展をもたらすことを,第 7〜第 8 章で示す.

これまで,初期値 $u(x,0)$ が無反射ポテンシャル($r(k)=0$)である場合について述べてきた.$r(k)\ne 0$ の場合には,ソリトン以外に,連続スペクトルからの寄与がある(図 4-5).この波は,**振動するしっぽ**(oscillating tail)あるいは**輻射**(radiation)とよばれる.振幅が小さいので,ほとんど線形波とみなすことができる.

以上は,境界条件 $u(x,t)\to 0$ ($|x|\to\infty$) をみたす場合の解析である.周期的境界条件 $u(x+L,t)=u(x,t)$ の場合は,数学的に高度になりすぎるので,結果だけを述べておく.1 次元 Schrödinger 方程式のスペクトルは,バンド構造になる.N 個のバンドがあるとしよう.散乱の逆問題は Jacobi の逆問題となり,解は Riemann のテータ関数 Θ を使って

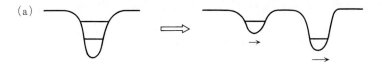

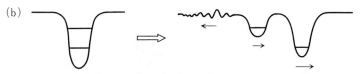

図 4-5 KdV 方程式の初期値からの時間発展の模式図(離散固有値が2個の場合). (a) $r(k)=0$, (b) $r(k) \neq 0$.

$$u = -2\frac{\partial^2}{\partial x^2}\log\Theta(\eta_1, \eta_2, \cdots, \eta_N)$$

と書かれる*. $N=1$ の場合が(2.65)に示したクノイダル波である.

4-6 KdV 方程式の Bäcklund 変換

KdV 方程式 $u_t - 6uu_x + u_{xxx} = 0$ に対する Bäcklund 変換は,

$$u(x,t) = w_x(x,t), \qquad u'(x,t) = w'_x(x,t) \qquad (4.92)$$

(以降, 記号 ' は微分ではないことに注意)として,

$$w_x + w'_x = -2\eta^2 + \frac{1}{2}(w-w')^2 \qquad (4.93\mathrm{a})$$

$$w_t + w'_t = 2(w_x^2 + w_x w'_x + w'^2_x) - (w-w')(w_{xx} - w'_{xx}) \qquad (4.93\mathrm{b})$$

で与えられる**. ただし, η は定数. 実際, w'_x が KdV 方程式の解ならば, w_x も KdV 方程式の解である. Bäcklund 変換によって解を求める方法は, 第 3 章で SG 方程式の場合に述べたので繰り返さない.

まず, Bäcklund 変換を用いて, 保存則を求めてみよう***. そのためには,

---

* B.A. Dubrovin, V.B. Matveev and S.P. Novikov : Russ. Math. Surveys **31** (1976) 59.
** H. D. Wahlquist and F. B. Estabrook : Phys. Rev. Lett. **31** (1973) 1386.
*** M. Wadati, H. Sanuki and K. Konno : Prog. Theor. Phys. **53** (1975) 419.

Bäcklund 変換(4.93)を次の形に書き直しておくのが便利である.

$$w_x + w'_x = -2\eta^2 + \frac{1}{2}(w-w')^2 \tag{4.94a}$$

$$w_t - w'_t = -[2w_{xx} - 2w_x(w-w') + 4\eta^2(w-w')]_x \tag{4.94b}$$

$w-w'$ を $1/\eta$ のベキに展開する.

$$w - w' = 2\eta + \sum_{n=1}^{\infty} f_n \eta^{-n} \tag{4.95}$$

これを(4.94a)に代入して, $1/\eta$ の同じベキの係数を集めると, f_n に対する漸化式

$$f_{n+1} = u\delta_{n,0} - \frac{1}{2} f_{n,x} - \frac{1}{4} \sum_{m=1}^{n-1} f_m f_{n-m} \tag{4.96}$$

を得る. この f_n は保存密度である. なぜならば, (4.95)を(4.94b)に代入すると, 保存則

$$\frac{\partial}{\partial t} f_n + \frac{\partial}{\partial x}(-2uf_n + 4f_{n+2}) = 0 \qquad (n=1,2,\cdots) \tag{4.97}$$

が導かれるからである. (4.96)から, $f_1 \sim f_5$ は

$$f_1 = u, \quad f_2 = -\frac{1}{2} u_x, \quad f_3 = -\left(\frac{1}{2}\right)^2 (u^2 - u_{xx})$$
$$f_4 = \left(\frac{1}{2}\right)^3 (2u^2 - u_{xx})_x, \quad f_5 = \left(\frac{1}{2}\right)^4 [2u^3 + u_x^2 - (6uu_x - u_{xxx})_x] \tag{4.98}$$

となる. 上の例からわかるように, 偶数 m に対する f_m は, x 微分の形に書かれているので, 自明な保存密度である. 一方, $f_1, f_3, f_5, \cdots$ は互いに独立な保存密度となっている. こうして, KdV 方程式は, 無限個の保存則をもつことが示された.

これらの保存則は, 系の対称性(無限小変換)と関係している. KdV 方程式 $u_t - 6uu_x + u_{xxx} = 0$ を, ポテンシャル ϕ ($u = \phi_x$) で書くと, 境界条件を $\phi(x,t) \to$ 定数 ($|x| \to \infty$) として

$$\phi_t - 3\phi_x^2 + \phi_{xxx} = 0 \tag{4.99}$$

である．(4.99)が，無限小変換

$$\phi(x,t) \to \phi(x,t)+\theta y(x,t) \qquad (4.100)$$

(θ は無限小パラメーター)に対して不変であるためには，

$$y_t - 6\phi_x y_x + y_{xxx} = 0 \qquad (4.101)$$

でなければならない．(4.101)をみたすような $y(x,t)$ はいくつもあり，漸化式

$$y_{n+1,x} = \frac{2(n+1)}{2n-1}\phi_x y_{n,x} + \frac{n+1}{2n-1}\phi_{xx} y_n - \frac{1}{2}\frac{n+1}{2n-1}y_{n,xxx}$$
$$y_1 \equiv 1 \qquad (4.102)$$

で構成できる*．すなわち，KdV 方程式を不変に保つ無限小変換が y_n, $n=1, 2, \cdots$, のように無限個存在することがわかる．そして，無限小変換 y_n と保存密度 f_n には

$$y_n = A_n \frac{Df_n}{D\phi_x} \quad (A_n \text{ は定数}) \qquad (4.103)$$

$$\frac{Df_n}{D\phi_x} = \frac{\partial f_n}{\partial \phi_x} - \frac{\partial}{\partial x}\left(\frac{\partial f_n}{\partial \phi_{xx}}\right) + \frac{\partial^2}{\partial x^2}\left(\frac{\partial f_n}{\partial \phi_{xxx}}\right) - \cdots \qquad (4.104)$$

の1対1の対応があることが示される．保存密度 f_n は，x 微分の項を足しても，また，定数倍しても，保存密度であることを注意しておこう．

Bäcklund 変換の議論にもどり，逆散乱法との関係を調べてみよう．(4.94)に，

$$w' - w = -2(\log \psi)_x \qquad (4.105)$$

を代入すると，

$$\begin{cases} -\psi_{xx} + u\psi = -\eta^2 \psi & (4.106a) \\ \psi_t = -u_x \psi + (2u - 4\eta^2)\psi_x + C\psi & (4.106b) \end{cases}$$

が得られる．上の式で，定数 C は $C=0$ と取ることができる(例えば，$\psi \to \psi \exp(Ct)$ と変換する)．(4.106)は，逆散乱法の基本式(4.56)~(4.57)と同じである．

---

* M. Wadati : Stud. Appl. Math. **59** (1978) 153.

4 KdV 方程式の解法

Bäcklund 変換と逆散乱法の関係をさらに詳しく調べて,「なぜ Bäcklund 変換によって,ソリトンの個数をふやすことができるのか」を考えてみよう.

Schrödinger 方程式(4.106a)を考える. $\psi_0(x)$ を $\eta = \eta_0$ に対する(4.106a)の解, $\psi(x)$ を(4.106a)の任意の解とする. そして,

$$\psi'(x,\eta) = \frac{W[\psi(x,\eta),\psi_0(x)]}{(\eta^2-\eta_0{}^2)\psi_0(x)} \tag{4.107}$$

ただし $W[f,g] = f_x g - f g_x$

を定義する. このとき, 次のことが成りたつ. (4.107)によって定義された $\psi'(x)$ は, ポテンシャルを

$$u'(x) = u(x) - 2(\log \psi_0(x))_{xx} \tag{4.108}$$

とする(4.106a)の解である. 変換(4.107)と(4.108)を **Crum 変換**, または, **Darboux-Crum 変換**という.

いま, $u^{(N)}(x,t)$ を N ソリトン解, $u^{(N+1)}(x,t)$ を $N+1$ ソリトン解としよう. 固有値方程式は, おのおの

$$\left.\begin{array}{l} -\dfrac{\partial^2 \psi_i}{\partial x^2} + u^{(N)} \psi_i = -\eta_i{}^2 \psi_i \\[4pt] \psi_i(x) \to 0 \quad (|x| \to \infty) \end{array}\right\} \quad (i=1,2,\cdots,N) \tag{4.109}$$

$$\left.\begin{array}{l} -\dfrac{\partial^2 \phi_i}{\partial x^2} + u^{(N+1)} \phi_i = -\eta_i{}^2 \phi_i \\[4pt] \phi_i(x) \to 0 \quad (|x| \to \infty) \end{array}\right\} \quad (i=1,2,\cdots,N+1) \tag{4.110}$$

である. 縮退はないので,

$$-\eta_{N+1}{}^2 < -\eta_N{}^2 < \cdots < -\eta_2{}^2 < -\eta_1{}^2 \tag{4.111}$$

と仮定できる. N ソリトン解は N 個の束縛状態をもつから,

$$-\frac{\partial^2 \psi_{N+1}}{\partial x^2} + u^{(N)} \psi_{N+1} = -\eta_{N+1}{}^2 \psi_{N+1} \tag{4.112}$$

をみたす ψ_{N+1} は束縛状態ではない. すなわち, $\psi_{N+1}(x) \to 0$ ($|x| \to \infty$) となるような解ではない.

Crum 変換, (4.107)と(4.108), を方程式系(4.109)~(4.112)に適用しよう.

$$\eta_0{}^2 = \eta_{N+1}{}^2, \quad u' = w'_x = u^{(N)}, \quad u = w_x = u^{(N+1)}$$
$$\psi_0(x) = \phi_{N+1}(x) = \frac{1}{\psi_{N+1}(x)} \tag{4.113}$$

とみなすと，(4.108)は

$$u^{(N+1)} = u^{(N)} - 2(\log \psi_{N+1}(x))_{xx} \tag{4.114}$$

を与える．(4.114)は，Bäcklund 変換によってどのようにソリトンの個数をふやすことができるかを説明している．すなわち，(4.112)の解 ψ_{N+1} を用いることによって，N ソリトン解から $N+1$ ソリトン解が得られるのである．

ソリトンの個数をふやす操作は，次のように書くこともできる．まず，演算子 $X(p)$ を定義する．

$$X(p) \equiv \exp[\xi(\hat{x}, p)] \exp[-4\xi(\hat{\partial}, p^{-1})] \tag{4.115}$$

$$\xi(\hat{x}, p) \equiv \sum_{\text{奇数 } n} p^n x_n = px_1 + p^3 x_3 + \cdots \tag{4.116}$$

$$\xi(\hat{\partial}, p^{-1}) \equiv \sum_{\text{奇数 } n} \frac{1}{n} p^{-n} \frac{\partial}{\partial x_n} = \frac{1}{p} \frac{\partial}{\partial x_1} + \frac{1}{3} \frac{1}{p^3} \frac{\partial}{\partial x_3} + \cdots \tag{4.117}$$

演算子 $X(p)$ は，

$$X(p_1)X(p_2) = \frac{(p_1 - p_2)^2}{(p_1 + p_2)^2} \exp[\xi(\hat{x}, p_1) + \xi(\hat{x}, p_2)]$$
$$\cdot \exp[-4\xi(\hat{\partial}, p_1^{-1}) - 4\xi(\hat{\partial}, p_2^{-1})] \tag{4.118}$$

特に，

$$X(p)X(p) = 0 \tag{4.119}$$

をみたす．この演算子 $X(p)$ は，**バーテックス演算子**(vertex operator)とよばれる．この演算子が導入されたのは，1970年初期，素粒子の弦理論においてである．弦に外線がついたときの3点相互作用(バーテックスという)をあらわす演算子という意味であり，第7～第8章に登場する統計力学のバーテックス模型とは，直接の関係はない．

バーテックス演算子 $X(p)$ を用いると，KdV 方程式 $u_t - 6uu_x - u_{xxx} = 0$ (係数は符号まで含めて任意にとれることを思い出そう)の2ソリトン解

$$u = 2(\log f)_{xx}$$

$$f = 1 + e^{\xi_1} + e^{\xi_2} + \frac{(p_1 - p_2)^2}{(p_1 + p_2)^2} e^{\xi_1 + \xi_2} \tag{4.120}$$

$$\xi_j = p_j x + p_j^3 t + \xi_j^0 \quad (j=1, 2)$$

は,

$$f = \exp[X(p_1) + X(p_2)] \cdot 1 \tag{4.121}$$

と表わされる. ただし,

$$x_1 \equiv x, \quad x_3 \equiv t, \quad \xi_j^0 \equiv \sum_{n \geq 5, \text{奇数 } n} p_j^n x_n \tag{4.122}$$

なぜならば,

$$\begin{aligned}
f &= \exp[X(p_1) + X(p_2)] \cdot 1 \\
&= \left\{ 1 + (X(p_1) + X(p_2)) + \frac{1}{2!}(X(p_1) + X(p_2))^2 + \cdots \right\} \cdot 1 \\
&= \{1 + X(p_1) + X(p_2) + X(p_1)X(p_2)\} \cdot 1 \\
&= 1 + \exp[\xi(\hat{x}, p_1)] + \exp[\xi(\hat{x}, p_2)] + \frac{(p_1 - p_2)^2}{(p_1 + p_2)^2} \exp[\xi(\hat{x}, p_1) + \xi(\hat{x}, p_2)] \\
&= 1 + e^{\xi_1} + e^{\xi_2} + \frac{(p_1 - p_2)^2}{(p_1 + p_2)^2} e^{\xi_1 + \xi_2}
\end{aligned}$$

を与える. さらに一般に, N ソリトン解は

$$f = \exp\left[\sum_{j=1}^{N} X(p_j)\right] \cdot 1 \tag{4.123}$$

で与えられる*. (4.123)はまた,

$$f = \prod_{j=1}^{N} (1 + X(p_j)) \cdot 1 \tag{4.124}$$

と書けるので, 演算子 $1 + X(p)$ は, ソリトンを1つふやす Bäcklund 変換の演算子と解釈することができる.

---

* E. Date, M. Jimbo, M. Kashiwara and T. Miwa : J. Phys. Soc. Jpn. 50 (1981) 3806.

5

ソリトン理論の発展

ソリトンを記述する方程式(ソリトン方程式)は，共通の性質をもっている．
1) 無限個の保存則をもつ．
2) Bäcklund 変換や広田の方法等により，ソリトン解を構成できる．
3) 逆散乱法を使って，初期値問題を解くことができる．
4) ハミルトニアン力学系として，完全積分可能系である．

これらのことを証明したり，相互関係を明らかにするのが，**ソリトン理論** (soliton theory)である．現在，約 100 のソリトン系が知られている．それらのすべての方程式について議論することは到底不可能であるので，最も典型的な方程式について述べていくことにする．

5-1 2行2列形の定式化

1967 年，KdV 方程式を解く手法として逆散乱法が導入された(第 4 章)．Lax の研究によって，高次 KdV 方程式も同様にして解けることがわかった．しかし，物理的に興味ある方程式としては，KdV 方程式に対してのみ逆散乱法は有効であると思われていた．

その5年後，非線形 Schrödinger (NLS) 方程式*と変形 KdV 方程式**が逆散乱法によって解かれ，情況は一変することとなった．「解く」という言葉を何度も用いたが，ここでの「解く」という意味は，単に特解を求めるというのではなく，その方程式の初期値問題を解くことであることを強調しておこう．

Lax による逆散乱法の定式化（(4.50)と(4.51)），

$$L\phi = \lambda\phi, \quad \phi_t = B\phi$$

を思いだそう．KdV 方程式に対しては，演算子 L を Schrödinger 型演算子，$L = -D^2 + u$, $D = \partial/\partial x$，と選べばよいことをすでに述べた．NLS 方程式や変形 KdV 方程式に対しては，演算子 L として，2×2 行列の1階微分演算子（**Dirac 型演算子**）を選ぶというのが，新しい発展である．

この発展を基にして，Ablowitz たちは，次のように逆散乱法をまとめた***．固有値方程式を

$$\begin{aligned}\phi_{1x} - \eta\phi_1 &= q(x,t)\phi_2 \\ \phi_{2x} + \eta\phi_2 &= r(x,t)\phi_1\end{aligned} \quad (5.1\text{a})$$

固有関数の時間発展を

$$\begin{aligned}\phi_{1t} &= A(x,t,\eta)\phi_1 + B(x,t,\eta)\phi_2 \\ \phi_{2t} &= C(x,t,\eta)\phi_1 - A(x,t,\eta)\phi_2\end{aligned} \quad (5.1\text{b})$$

とおく．(5.1a)と(5.1b)に，固有値 η は時間によらない（$\eta_t = 0$）という条件と，両立条件 $(\phi_{ix})_t = (\phi_{it})_x$ ($i=1,2$) とを課すと，方程式系

$$\begin{aligned}A_x &= qC - rB \\ q_t - 2Aq - B_x + 2\eta B &= 0 \\ r_t + 2Ar - C_x - 2\eta C &= 0\end{aligned} \quad (5.2)$$

が得られる．(5.1b)の A, B, C を選ぶことにより，(5.2)は解くべきソリトン方程式を与える．

この定式化のうまいところは，演算子 L と B を考えるのではなく，はじめ

---

* V. E. Zakharov and A. B. Shabat : JETP **34** (1972) 62.
** M. Wadati : J. Phys. Soc. Jpn. **32** (1972) 1681, **34** (1973) 1289.
*** M. J. Ablowitz, D. J. Kaup, A. C. Newell and H. Segur : Phys. Rev. Lett. **31** (1973) 125 ; Stud. in Appl. Math. **53** (1974) 249.

から線形方程式系を導入してしまうことにある．実際には Dirac 型演算子を考えるのと等価であるが，計算が簡単なので見通しがよい．以下，どのような方程式が含まれているのか，書き下してみよう．

[例1] KdV 方程式 $q_t+6qq_x+q_{xxx}=0$.
$$r = -1, \quad A = -4\eta^3-2\eta q-q_x$$
$$B = -q_{xx}-2\eta q_x-4\eta^2 q-2q^2, \quad C = 4\eta^2+2q \quad (5.3)$$

$r=-1$ では，(5.1a)は Schrödinger 方程式になる．

[例2] Sine-Gordon(SG)方程式 $u_{xt} = \sin u$.
$$r = -q = \frac{u_x}{2}, \quad A = \frac{1}{4\eta}\cos u, \quad B = C = \frac{1}{4\eta}\sin u \quad (5.4)$$

[例3] 変形 KdV 方程式 $q_t+6q^2 q_x+q_{xxx}=0$.
$$r = -q, \quad A = -4\eta^3-2\eta q^2$$
$$B = -q_{xx}-2\eta q_x-4\eta^2 q-2q^3 \quad (5.5)$$
$$C = q_{xx}-2\eta q_x+4\eta^2 q+2q^3$$

[例4] NLS 方程式 $iq_t+q_{xx}+2|q|^2 q=0$.
$$r = -q^*, \quad A = 2i\eta^2+i|q|^2$$
$$B = iq_x+2i\eta q, \quad C = iq^*_x-2i\eta q^* \quad (5.6)$$

この定式化は，4人の頭文字を並べて，**AKNS 形式**とよばれる．演算子を使わずに，η のベキ展開を用いたので，SG 方程式に対する逆散乱形式を簡単に導入することができた．また，(5.1a)は，**Zakharov-Shabat の固有値問題**とよばれることも多い．

AKNS 形式は無限個の保存則を与えることが，すぐにわかる*．新しい従属変数 $\Gamma=\psi_2/\psi_1$ を用いると，(5.1)は，おのおの次の Riccati 型方程式となる．
$$\Gamma_x = -2\eta\Gamma+r-q\Gamma^2 \quad (5.7a)$$
$$\Gamma_t = C-2A\Gamma-B\Gamma^2 \quad (5.7b)$$

(5.7a)に，

---
* M. Wadati, H. Sanuki and K. Konno : Prog. Theor. Phys. **53** (1975) 419.

$$q\Gamma = \sum_{n=1}^{\infty} f_n \eta^{-n} \tag{5.8}$$

を代入して，$1/\eta$ の同じベキの項を集めると，f_n に対する漸化式を得る．

$$f_{n+1} = \frac{1}{2}\left[(rq)\delta_{n0} - \sum_{k=1}^{n-1} f_k f_{n-k} - q(f_n/q)_x\right] \tag{5.9}$$

(5.7b)は，(5.2)を用いると，保存則の形になる．

$$(q\Gamma)_t - [A + B(q\Gamma)/q]_x = 0 \tag{5.10}$$

よって，AKNS 形式に書ける非線形発展方程式に対して，保存則を求めることができる．漸化式(5.9)で与えられる f_n が保存密度である．こうして得られる無限個の保存量は，系の対称性と関係し，ソリトンがいくつでも存在できることに対応している．

AKNS 形式は，次のように一般化できる*．線形方程式系として(ここでは，固有値を λ とする)，

$$\begin{cases} \psi_{1x} + F(\lambda)\psi_1 = G(\lambda)q(x,t)\psi_2 \\ \psi_{2x} - F(\lambda)\psi_2 = G(\lambda)r(x,t)\psi_1 \end{cases} \tag{5.11a}$$

$$\begin{cases} \psi_{1t} = A(\lambda,r,q)\psi_1 + B(\lambda,r,q)\psi_2 \\ \psi_{2t} = C(\lambda,r,q)\psi_1 - A(\lambda,r,q)\psi_2 \end{cases} \tag{5.11b}$$

とおく．$\lambda_t = 0$ と両立条件 $(\psi_{ix})_t = (\psi_{it})_x$ $(i=1,2)$ から

$$\begin{cases} A_x + G(rB - qC) = 0 \\ Gq_t - B_x - 2FB - 2GqA = 0 \\ Gr_t - C_x + 2FC + 2GrA = 0 \end{cases} \tag{5.12}$$

が得られる．固有値方程式(5.11a)の $F(\lambda)$ と $G(\lambda)$ を，いろいろ選ぶことにより，さらに多くのソリトン方程式が逆散乱形式に書かれることになる．

1) $F(\lambda) = i\lambda$, $G(\lambda) = 1$. これは，AKNS 形式である．
2) $F(\lambda) = i\lambda^2$, $G(\lambda) = \lambda$. **微分型非線形 Schrödinger**(derivative nonlinear Schrödinger)**方程式**

---

* M. Wadati, K. Konno and Y. H. Ichikawa : J. Phys. Soc. Jpn. 46 (1979) 1965, 47 (1979) 1698.

に対しては,

$$q_t - iq_{xx} \mp (|q|^2 q)_x = 0 \tag{5.13}$$

$$\begin{aligned} A &= -2i\lambda^4 - irq\lambda^2, \quad B = 2q\lambda^3 + (iq_x + rq^2)\lambda \\ C &= 2r\lambda^3 + (-ir_x + r^2q)\lambda, \quad r = \pm q^* \end{aligned} \tag{5.14}$$

と選ぶ. また, **質量項のある Thirring 模型**(massive Thirring model)

$$\begin{aligned} \partial_t \chi_1 &= im\chi_2 - 2ig\chi_2^* \chi_2 \chi_1 \\ \partial_x \chi_2 &= -im\chi_1 + 2ig\chi_1^* \chi_1 \chi_2 \end{aligned} \tag{5.15}$$

に対しては,

$$\begin{aligned} A &= i\left(\frac{m^2}{4\lambda^2} - 2g\chi_2^* \chi_2\right), \quad B = \frac{m}{\lambda}(|g|)^{1/2} \chi_2 e^{-i\mu^+} \\ C &= -\frac{mg}{\lambda(|g|)^{1/2}} \chi_2^* e^{i\mu^+}, \quad \mu^+ = -2g \int_x^\infty \chi_1^* \chi_1 \, dx \end{aligned} \tag{5.16}$$

とする. ただし $q = 2(|g|)^{1/2} \chi_1 e^{-i\mu^+}$, $r = -(g/|g|)q^*$. $F(\lambda) = i\lambda^2$, $G(\lambda) = \lambda$ とした固有値問題(5.11a)は, Kaup-Newell(略して, **KN**)形式とよばれる.

3) $F(\lambda) = i\lambda$, $G(\lambda) = \lambda$.

$$\begin{aligned} A &= -\frac{2i}{\sqrt{1-rq}}\lambda^2, \quad B = \frac{2q}{\sqrt{1-rq}}\lambda^2 + i\left(\frac{q}{\sqrt{1-rq}}\right)_x \lambda \\ C &= \frac{2r}{\sqrt{1-rq}}\lambda^2 - i\left(\frac{r}{\sqrt{1-rq}}\right)_x \lambda \end{aligned} \tag{5.17}$$

とおくと,

$$r_t + i\left(\frac{r}{\sqrt{1-rq}}\right)_{xx} = 0, \quad q_t - i\left(\frac{q}{\sqrt{1-rq}}\right)_{xx} = 0 \tag{5.18}$$

を得る. また, A, B, C を λ^3 からはじめると,

$$r_t + \left(\frac{r_x}{(1-rq)^{3/2}}\right)_{xx} = 0, \quad q_t + \left(\frac{q_x}{(1-rq)^{3/2}}\right)_{xx} = 0 \tag{5.19}$$

を得る. $F(\lambda) = i\lambda$, $G(\lambda) = \lambda$ とした固有値問題(5.11b)は, **WKI**形式とよばれている. こうして得られた非線形発展方程式は, 弾性棒内を伝わる波動など, 曲率を含む物理現象を記述するのに用いられる.

おおまかに, 逆散乱法における線形方程式系の役割を説明しておこう. 固有

値問題(Lax 形式では,演算子 L)は,解の形を決める. Schrödinger 型ならば sech^2, Dirac 型ならば sech, のソリトン解が得られる.一方,固有関数の時間発展(Lax 形式では,演算子 B)は,解くべき方程式の分散関係を与える. AKNS 形式(5.3)~(5.6)を例にとると,A における η のベキと非線形方程式の x 微分の階数が一致していることがわかるであろう.

5-2 完全積分可能性の証明

初期値問題を解くことができるとき,力学系は完全積分可能系(略して,積分可能系,可積分系)であるという.ソリトンを記述する方程式は逆散乱法によって初期値問題を解くことができるので,完全積分可能系である.この節では,非線形 Schrödinger(NLS)方程式

$$iq_t + q_{xx} + 2|q|^2 q = 0$$
$$q(x,t) \to 0 \quad (|x| \to \infty) \tag{5.20}$$

を例にとり,ハミルトニアン力学系の理論の延長として,ソリトン系は完全積分可能系であることを証明しよう.

一般に,N 個の自由度をもつ力学系は,N 個の独立な保存量をもてば完全積分可能系である.これを,**Liouville の定理**(1855 年)という.より正確に言い直すと,N 個の独立な保存量 I_j ($j=1,2,\cdots,N$)があり,それらが**包含的** (involutive),すなわち,$\{\ ,\ \}$ を Poisson 括弧として,

$$\{I_i, I_j\} = 0 \quad (i,j=1,2,\cdots,N)$$

ならば,完全積分可能系である*.

場の理論の場合には,事情はすこし複雑になる.場の量は無限自由度をもつので,保存量が無限個存在することを示しただけでは,完全積分可能性の証明とはいえない.以下では,NLS 方程式(5.20)に対して,次の2つのステップで完全積分可能性の証明を行なう.(1) 場の量から散乱データへの変換は正準

---

* 解析力学については,例えば,H. Goldstein : *Classical Mechanics* (Addison-Wesley, 1950) (野間進,瀬川富士訳:古典力学,吉岡書店).

変換である.そして,(2)散乱データの空間で作用変数と角変数を選ぶことができる.

a) ハミルトニアン形式

連続体の解析力学の復習からはじめる.NLS 方程式(5.20)に対する Lagrange 密度 $\mathcal{L}$ は,

$$L = \int_{-\infty}^{\infty} dx\, \mathcal{L}, \quad \mathcal{L} = iq^*q_t - q^*_x q_x + |q|^4 \tag{5.21}$$

で与えられる.実際,Euler-Lagrange 方程式

$$\frac{\partial}{\partial t}\left(\frac{\partial \mathcal{L}}{\partial q_t}\right) + \frac{\partial}{\partial x}\left(\frac{\partial \mathcal{L}}{\partial q_x}\right) - \frac{\partial \mathcal{L}}{\partial q} = 0$$

に(5.21)を代入すれば,(5.20)が得られる.場の変数 $q(x,t)$ に共役な変数は,$\pi(x,t) = \partial\mathcal{L}/\partial q_t = iq^*(x,t)$ で定義されるから,ハミルトニアン密度 $\mathcal{H}$ は,

$$H = \int_{-\infty}^{\infty} dx\, \mathcal{H}, \quad \mathcal{H} = \pi q_t - \mathcal{L} = q^*_x q_x - |q|^4 \tag{5.22}$$

となる.

これからの議論では,**汎関数微分**(functional derivative)の記法を用いるのが便利である.いま,独立な 2 つの関数 $q(x,t)$ と $q^*(x,t)$ によって,汎関数

$$A[q, q^*] = \int_{-\infty}^{\infty} \mathcal{A}(q, q^*, q_t, q^*_t, q_x, q^*_x) dx$$

が定義されているとする.汎関数といったのは,この積分の値は q, q^* の関数形によって決まるからである.すなわち,汎関数は,"関数の関数"である.関数 $q(x,t)$ の微小変化 $\delta q(x,t)$ に対する A の値の変化の割合が汎関数微分であり,$\delta A/\delta q$ とかく.部分積分を用いて,

$$A[q+\delta q, q^*] - A[q, q^*] = \int_{-\infty}^{\infty}\left[\frac{\partial \mathcal{A}}{\partial q} - \frac{\partial}{\partial x}\left(\frac{\partial \mathcal{A}}{\partial q_x}\right)\right]\delta q\, dx$$

となるので,A の q による汎関数微分は

$$\frac{\delta A}{\delta q} = \frac{\partial \mathcal{A}}{\partial q} - \frac{\partial}{\partial x}\left(\frac{\partial \mathcal{A}}{\partial q_x}\right)$$

と定義される．ここで，$\mathcal{A}$ が高次導関数 $q_{xx}, q^*_{xx}, \cdots$ を含む場合の拡張は明らかであろう．また，同様にして，$\delta A/\delta q^*$ が定義される．この定義を理解したならば，規則

$$\frac{\delta q(y)}{\delta q(x)} = \frac{\delta q^*(y)}{\delta q^*(x)} = \delta(x-y), \quad \frac{\delta q(y)}{\delta q^*(x)} = \frac{\delta q^*(y)}{\delta q(x)} = 0 \quad (5.23)$$

によって計算するのが便利である（混乱が起きない限り，$q(x,t), q^*(x,t)$ の変数 t は省略する）．

汎関数微分を使って，**Poisson 括弧**(Poisson bracket)を，

$$\begin{aligned}\{A,B\} &= \int_{-\infty}^{\infty} dx \left[\frac{\delta A}{\delta q(x)} \frac{\delta B}{\delta \pi(x)} - \frac{\delta A}{\delta \pi(x)} \frac{\delta B}{\delta q(x)} \right] \\ &= -i \int_{-\infty}^{\infty} dx \left[\frac{\delta A}{\delta q(x)} \frac{\delta B}{\delta q^*(x)} - \frac{\delta A}{\delta q^*(x)} \frac{\delta B}{\delta q(x)} \right] \end{aligned} \quad (5.24)$$

と定義する．よって，

$$\begin{aligned} \{q(x), q^*(y)\} &= -i\delta(x-y) \\ \{q(x), q(y)\} &= \{q^*(x), q^*(y)\} = 0 \end{aligned} \quad (5.25)$$

であり，運動方程式(5.20)は

$$q_t(x,t) = \{q(x), H\} \quad (5.26)$$

と表わされる．

b) 散乱問題

第1の目標は，散乱データ（透過振幅，反射振幅，離散固有値とその固有関数の規格化定数）のみたす Poisson 括弧を計算することにある．そのために，散乱問題の簡単なまとめを行なう．

NLS 方程式に対する逆散乱法の線形方程式系は，ζ を固有値として，

$$\phi_x = U\phi, \quad U = \begin{pmatrix} -i\zeta & iq^* \\ iq & i\zeta \end{pmatrix} \quad (5.27)$$

$$\phi_t = V\phi, \quad V = \begin{pmatrix} 2i\zeta^2 - i|q|^2 & q^*_x - 2i\zeta q^* \\ -q_x - 2i\zeta q & -2i\zeta^2 + i|q|^2 \end{pmatrix} \quad (5.28)$$

で与えられる．Jost 関数 $\varphi(x,\zeta), \chi(x,\zeta)$ を定義する．

$$\phi(x,\zeta) = \begin{pmatrix} \phi_1(x,\zeta) \\ \phi_2(x,\zeta) \end{pmatrix} \to \begin{pmatrix} 1 \\ 0 \end{pmatrix} e^{-i\zeta x} \quad (x \to -\infty) \tag{5.29}$$

$$\chi(x,\zeta) = \begin{pmatrix} \chi_1(x,\zeta) \\ \chi_2(x,\zeta) \end{pmatrix} \to \begin{pmatrix} 0 \\ 1 \end{pmatrix} e^{i\zeta x} \quad (x \to \infty) \tag{5.30}$$

Jost 関数 $\phi(x,\zeta)$, $\chi(x,\zeta)$ に対して,

$$\bar{\phi}(x,\zeta) = \begin{pmatrix} -\phi_2^*(x,\zeta) \\ \phi_1^*(x,\zeta) \end{pmatrix}, \quad \bar{\chi}(x,\zeta) = \begin{pmatrix} \chi_2^*(x,\zeta) \\ -\chi_1^*(x,\zeta) \end{pmatrix} \tag{5.31}$$

で定義される $\bar{\phi}(x,\zeta)$, $\bar{\chi}(x,\zeta)$ も (5.27) の解である.

ロンスキアン $W[f,g] \equiv f_1 g_2 - f_2 g_1$ は, $f = (f_1, f_2)^{\rm t}$, $g = (g_1, g_2)^{\rm t}$ (t は転置) がともに (5.27) の解ならば, x によらない. そして, $W[\phi, \bar{\phi}] = 1$, $W[\chi, \bar{\chi}] = -1$ であるから, 2つの組 $\{\phi, \bar{\phi}\}$ と $\{\chi, \bar{\chi}\}$ は, おのおの解の基本系をつくることがわかる. よって,

$$\begin{aligned} \phi(x,\zeta) &= a(\zeta)\bar{\chi}(x,\zeta) + b(\zeta)\chi(x,\zeta) \\ \bar{\phi}(x,\zeta) &= \bar{a}(\zeta)\chi(x,\zeta) - \bar{b}(\zeta)\bar{\chi}(x,\zeta) \end{aligned} \tag{5.32}$$

また,

$$\begin{aligned} \chi(x,\zeta) &= \bar{b}(\zeta)\phi(x,\zeta) + a(\zeta)\bar{\phi}(x,\zeta) \\ \bar{\chi}(x,\zeta) &= \bar{a}(\zeta)\phi(x,\zeta) - b(\zeta)\bar{\phi}(x,\zeta) \end{aligned} \tag{5.33}$$

と表わすことができる. これらの固有関数がみたす境界条件を, 表 5-1 にまとめる. また, ロンスキアンを用いると,

表 5-1 $\phi, \bar{\phi}, \chi, \bar{\chi}$ に対する境界条件

	$x = -\infty$	$x = \infty$
ϕ	$\begin{pmatrix} 1 \\ 0 \end{pmatrix} e^{-i\zeta x}$	$\begin{pmatrix} a e^{-i\zeta x} \\ b e^{i\zeta x} \end{pmatrix}$
$\bar{\phi}$	$\begin{pmatrix} 0 \\ 1 \end{pmatrix} e^{i\zeta x}$	$\begin{pmatrix} -\bar{b} e^{-i\zeta x} \\ \bar{a} e^{i\zeta x} \end{pmatrix}$
χ	$\begin{pmatrix} \bar{b} e^{-i\zeta x} \\ a e^{i\zeta x} \end{pmatrix}$	$\begin{pmatrix} 0 \\ 1 \end{pmatrix} e^{i\zeta x}$
$\bar{\chi}$	$\begin{pmatrix} \bar{a} e^{-i\zeta x} \\ -b e^{i\zeta x} \end{pmatrix}$	$\begin{pmatrix} 1 \\ 0 \end{pmatrix} e^{-i\zeta x}$

$$a(\zeta) = W[\phi, \chi], \qquad b(\zeta) = -W[\phi, \bar{\chi}]$$
$$\bar{a}(\zeta) = -W[\bar{\phi}, \bar{\chi}], \qquad \bar{b}(\zeta) = -W[\bar{\phi}, \chi] \qquad (5.34)$$

と書ける.

(5.27)と(5.28)から,次のことがわかる.

1) $\phi(x, \zeta)$, $\chi(x, \zeta)$, $a(\zeta)$ は $\mathrm{Im}\,\zeta \geqq 0$ で解析的, $\bar{\phi}(x, \zeta)$, $\bar{\chi}(x, \zeta)$, $\bar{a}(\zeta)$ は $\mathrm{Im}\,\zeta \leqq 0$ で解析的である.

2) $a(\zeta) = 0$ の零点 $\zeta_k = \xi_k + i\eta_k$ ($k = 1, 2, \cdots, M$) は束縛状態を与える.

3) ζ が複素数の場合, $\bar{\phi}(x, \zeta) = (-\phi_2^*(x, \zeta^*), \phi_1^*(x, \zeta^*))^{\mathrm{t}}$, $\bar{\chi}(x, \zeta) = (\chi_2(x, \zeta^*), -\chi_1^*(x, \zeta^*))^{\mathrm{t}}$ と拡張できて,
$$\bar{a}(\zeta) = a^*(\zeta^*), \qquad \bar{b}(\zeta) = b^*(\zeta^*) \qquad (5.35)$$

4) 係数 a, b の時間発展は,(5.28)から,
$$a(\zeta, t) = a(\zeta), \qquad b(\zeta, t) = b(\zeta) \exp(-4i\zeta^2 t)$$
$$b(\zeta_n, t) = b_n \exp(-4i\zeta_n^2 t) \qquad (5.36)$$

簡単化のため, $b(\zeta)$ は $\mathrm{Im}\,\zeta \geqq 0$ に拡張できるとする(初期値に対する制限は, $q(x, 0) = 0$, $|x| \geqq C$).

5) $W[\phi, \bar{\phi}] = 1$, $W[\chi, \bar{\chi}] = -1$ から,
$$a(\zeta)\bar{a}(\zeta) + b(\zeta)\bar{b}(\zeta) = 1 \qquad (5.37)$$

以上の証明は,KdV 方程式(第 4 章)に対するものと,ほとんど同じであるのでくり返さない.

c) Poisson 括弧

散乱データの Poisson 括弧を計算する.まず,連続スペクトル部分について述べる.固有値問題
$$\Psi_x = U\Psi, \qquad \Psi = \begin{pmatrix} \phi_1 & \bar{\phi}_1 \\ \phi_2 & \bar{\phi}_2 \end{pmatrix} \qquad (5.38)$$

において, q と q^* を微小変化させる.それに対する固有関数の変化は,
$$\delta\Psi = \Psi \int_{-\infty}^{x} \Psi^{-1} \delta U \Psi\, dx, \qquad \delta U = \begin{pmatrix} 0 & i\delta q^* \\ i\delta q & 0 \end{pmatrix} \qquad (5.39)$$

と書ける.上の式で $x \to \infty$ とおく.表 5-1 から,

$$\begin{pmatrix} \delta a & -\delta \bar{b} \\ \delta b & \delta \bar{a} \end{pmatrix} = \begin{pmatrix} a & -\bar{b} \\ b & \bar{a} \end{pmatrix} \begin{pmatrix} I(\phi,\bar{\phi}) & I(\bar{\phi},\bar{\phi}) \\ -I(\phi,\phi) & -I(\phi,\bar{\phi}) \end{pmatrix} \tag{5.40}$$

となる.ただし,

$$I(u,v) \equiv i \int_{-\infty}^{\infty} dx (-\delta q u_1 v_1 + \delta q^* u_2 v_2) \tag{5.41}$$

(5.32)と(5.33)を用いると,(5.40)は

$$\begin{aligned} \delta a &= I(\phi,\chi), & \delta b &= -I(\phi,\bar{\chi}) \\ \delta \bar{a} &= -I(\bar{\chi},\bar{\phi}), & \delta \bar{b} &= -I(\chi,\bar{\phi}) \end{aligned} \tag{5.42}$$

を与える.よって,次の関係式を得る.

$$\begin{aligned} \frac{\delta a}{\delta q} &= -i\psi_1\chi_1, & \frac{\delta a}{\delta q^*} &= i\psi_2\chi_2, & \frac{\delta b}{\delta q} &= i\psi_1\bar{\chi}_1, & \frac{\delta b}{\delta q^*} &= -i\psi_2\bar{\chi}_2 \\ \frac{\delta \bar{b}}{\delta q} &= i\bar{\psi}_1\chi_1, & \frac{\delta \bar{b}}{\delta q^*} &= -i\bar{\psi}_2\chi_2, & \frac{\delta \bar{a}}{\delta q} &= i\bar{\psi}_1\bar{\chi}_1, & \frac{\delta \bar{a}}{\delta q^*} &= -i\bar{\psi}_2\bar{\chi}_2 \end{aligned} \tag{5.43}$$

以上の結果を,Poisson 括弧の定義式(5.24)に代入する.そして,次の恒等式を使って,積分を評価する.$\zeta=\zeta_1$ に対する解を $u^{(1)}$ と $u^{(2)}$,$\zeta=\zeta_2$ に対する解を $v^{(1)}$ と $v^{(2)}$ とすると,

$$\begin{aligned} &\frac{i}{2(\zeta_1-\zeta_2)}\frac{d}{dx}\big[(u_1^{(1)}v_2^{(1)}-u_2^{(1)}v_1^{(1)})(u_1^{(2)}v_2^{(2)}-u_2^{(2)}v_1^{(2)})\big] \\ &= u_1^{(1)}u_1^{(2)}v_2^{(1)}v_2^{(2)} - u_2^{(1)}u_2^{(2)}v_1^{(1)}v_1^{(2)} \end{aligned} \tag{5.44}$$

例えば,

$$\begin{aligned} \{a(\xi),b(\xi')\} &= i\int_{-\infty}^{\infty} dx \big[\phi_1(x,\xi)\chi_1(x,\xi)\phi_2(x,\xi')\bar{\chi}_2(x,\xi') \\ &\qquad -\phi_2(x,\xi)\chi_2(x,\xi)\phi_1(x,\xi')\bar{\chi}_1(x,\xi')\big] \\ &= \bigg[-\frac{1}{2(\xi-\xi')}\{\phi_1(x,\xi)\bar{\chi}_2(x,\xi')-\phi_2(x,\xi)\bar{\chi}_1(x,\xi')\} \\ &\qquad \times \{\chi_1(x,\xi)\psi_2(x,\xi')-\chi_2(x,\xi)\psi_1(x,\xi')\}\bigg]_{-\infty}^{\infty} \\ &= \frac{1}{2}\frac{1}{\xi-\xi'}a(\xi)b(\xi') - \frac{1}{2}\pi i a(\xi')b(\xi)\delta(\xi-\xi') \end{aligned} \tag{5.45}$$

ただし，$\lim_{x\to\infty} e^{2iax}/a = \pi i \delta(a)$ を用いた．同様にして，

$$\{a(\xi), b^*(\xi')\} = -\frac{1}{2}\frac{1}{\xi-\xi'}a(\xi)b^*(\xi') + \frac{1}{2}\pi i a(\xi')b^*(\xi)\delta(\xi-\xi')$$

$$\{b(\xi), b^*(\xi')\} = -\pi i \delta(\xi-\xi')a(\xi)a^*(\xi') \tag{5.46}$$

$$\{a(\xi), a(\xi')\} = \{b(\xi), b(\xi')\} = 0$$

が証明される．よって，

$$J_\xi \equiv -\frac{1}{\pi}\log a(\xi)a^*(\xi), \quad \theta_\xi \equiv -\frac{1}{2i}\log \frac{b(\xi)}{b^*(\xi)} \tag{5.47}$$

で定義された J_ξ と θ_ξ は

$$\{\theta_{\xi'}, J_\xi\} = \delta(\xi-\xi') \tag{5.48}$$

をみたすことがわかる．

次に，離散スペクトル部分について述べる．束縛状態は，$a(\zeta_n)=0$, $\mathrm{Im}\,\zeta_n > 0$ $(n=1,2,\cdots,M)$ に対応する．そのとき，

$$\begin{aligned}\psi(x,\zeta_n) &= b_n \chi(x,\zeta_n), & b_n &= b(\zeta_n) \\ \bar\psi(x,\zeta_n) &= -b_n^* \bar\chi(x,\zeta_n), & b_n^* &= \bar b(\zeta_n^*)\end{aligned} \tag{5.49}$$

である．(5.43)から，次の関係式を得る．

$$\begin{aligned}\frac{\delta b_n}{\delta q} &= i\psi_1(x,\zeta_n)\bar\chi_1(x,\zeta_n), & \frac{\delta b_n}{\delta q^*} &= -i\psi_2(x,\zeta_n)\bar\chi_2(x,\zeta_n) \\ \frac{\delta b_n^*}{\delta q} &= i\bar\psi_1(x,\zeta_n^*)\chi_1(x,\zeta_n^*), & \frac{\delta b_n^*}{\delta q^*} &= -i\bar\psi_2(x,\zeta_n^*)\chi_2(x,\zeta_n^*)\end{aligned} \tag{5.50}$$

また，$q \to q+\delta q$ に対する，離散固有値の変化 $\zeta_n \to \zeta_n + \delta\zeta_n$ を考える．このとき，離散固有値でありつづける条件は，$\delta a(\zeta_n) + a'(\zeta_n)\delta\zeta_n = 0$ であるから，$\delta\zeta_n = -\delta a(\zeta_n)/a'(\zeta_n)$．よって，(5.43)より

$$\begin{aligned}\frac{\delta\zeta_n}{\delta q} &= -\frac{1}{a'(\zeta_n)}\frac{\delta a(\zeta_n)}{\delta q} = \frac{i}{a'(\zeta_n)}\psi_1(x,\zeta_n)\chi_1(x,\zeta_n) \\ \frac{\delta\zeta_n}{\delta q^*} &= -\frac{i}{a'(\zeta_n)}\psi_2(x,\zeta_n)\chi_2(x,\zeta_n)\end{aligned} \tag{5.51}$$

これらを，Poisson 括弧(5.24)に代入して，

$$\{\zeta_n, b_{n'}\} = -\frac{1}{2}\delta_{nn'}b_n, \qquad \{\zeta_n, b_{n'}{}^*\} = 0 \qquad (5.52)$$

を示すことができる．計算をすべて書くと長くなるので，(5.52)の第1式を導く．$n \neq n'$ ならば，

$$\{\zeta_n, b_{n'}\} = -i\int_{-\infty}^{\infty} dx \left[\frac{\delta\zeta_n}{\delta q(x)}\frac{\delta b_{n'}}{\delta q^*(x)} - \frac{\delta\zeta_n}{\delta q^*(x)}\frac{\delta b_{n'}}{\delta q(x)}\right]$$

$$= -\frac{i}{a'(\zeta_n)}\int_{-\infty}^{\infty} dx \{\psi_1(x,\zeta_n)\chi_1(x,\zeta_n)\psi_2(x,\zeta_{n'})\bar{\chi}_2(x,\zeta_{n'})$$
$$\quad - \psi_2(x,\zeta_n)\chi_2(x,\zeta_n)\psi_1(x,\zeta_{n'})\bar{\chi}_1(x,\zeta_{n'})\}$$

$$= -\frac{i}{a'(\zeta_n)}\frac{i}{2(\zeta_n-\zeta_{n'})}\Big[\{\psi_1(x,\zeta_n)\bar{\chi}_2(x,\zeta_{n'}) - \psi_2(x,\zeta_n)\bar{\chi}_1(x,\zeta_{n'})\}$$
$$\quad \times \{\chi_1(x,\zeta_n)\psi_2(x,\zeta_{n'}) - \chi_2(x,\zeta_n)\psi_1(x,\zeta_{n'})\}\Big]_{-\infty}^{\infty}$$

$$= 0$$

$n = n'$ ならば，

$$\{\zeta_n, b_n\} = -\frac{i}{a'(\zeta_n)}\int_{-\infty}^{\infty} dx\, \psi_1(x,\zeta_n)\psi_2(x,\zeta_n)\{\chi_1(x,\zeta_n)\bar{\chi}_2(x,\zeta_n)$$
$$\quad - \chi_2(x,\zeta_n)\bar{\chi}_1(x,\zeta_n)\}$$

$$= \frac{i}{a'(\zeta_n)}\int_{-\infty}^{\infty} dx\, \psi_1(x,\zeta_n)\psi_2(x,\zeta_n)$$

$$= -\frac{1}{2}\frac{1}{a'(\zeta_n)}\Big[\dot{\psi}_1(x,\zeta_n)\psi_2(x,\zeta_n) - \psi_1(x,\zeta_n)\dot{\psi}_2(x,\zeta_n)\Big]_{-\infty}^{\infty}$$

$$= -\frac{1}{2}b_n$$

上の式で，ドット・記号は，ζ に関する微分を表わす．

こうして，(5.52)から

$$J_n = 2\zeta_n, \qquad \theta_n = \log b_n \qquad (5.53)$$

で定義された J_n と θ_n は

$$\{\theta_{n'}, J_n\} = \delta_{nn'} \qquad (5.54)$$

をみたすことがわかる．

(5.48)と(5.54)は，θ_ξ と J_ξ，θ_n と J_n が**共役変数**(conjugate variable)であ

ることを示している.こうして,場の変数 $\{q(x), \pi(x) \equiv iq^*(x)\}$ から,散乱データ空間の変数 $\{J_\xi, \theta_\xi, J_n, \theta_n\}$ への変換が正準変換であることが証明された.次に,これらの変数が,作用-角変数(action-angle variable)になっていることを示そう.

d) 作用変数と角変数

固有値問題(5.27)において,Jost 関数(5.29)を $\psi_1(x, \zeta) = \exp(-i\zeta x + F(x))$ とおくと,次の関係式を得る.

$$\log a(\zeta) = \int_{-\infty}^{\infty} dx\, F'(x) \tag{5.55}$$

$$2i\zeta \frac{dF}{dx} = |q|^2 + \left(\frac{dF}{dx}\right)^2 + q^* \frac{d}{dx}\left(\frac{1}{q^*} \frac{dF}{dx}\right) \tag{5.56}$$

$F'(x, \zeta) = \sum_{n=1}^{\infty} f_n(x)/(2i\zeta)^n$ を(5.56)に代入し,$2i\zeta$ の同じベキに整理する.

$$f_{n+1} = q^* \frac{d}{dx}\left(\frac{1}{q^*} f_n\right) + \sum_{j=1}^{n-1} f_j f_{n-j} \tag{5.57}$$

また,(5.55)より

$$\log a(\zeta) = \sum_{m=1}^{\infty} \frac{1}{(2i\zeta)^m} \int_{-\infty}^{\infty} dx\, f_m(x) \tag{5.58}$$

で,$\log a(\zeta)$ は時間によらないから,$f_m(x)$ は保存密度であることがわかる.

一方,$a(\zeta)$ は $\mathrm{Im}\,\zeta \geq 0$ で解析的で,$\zeta = \zeta_n\ (n=1,2,\cdots,M)$ に零点をもち,$\bar{a}(\zeta)$ は $\mathrm{Im}\,\zeta \leq 0$ で解析的で,$\zeta = \zeta_n^*\ (n=1,2,\cdots,M)$ に零点をもつことを思い出そう.いま,

$$f(\zeta) = a(\zeta) \prod_{n=1}^{M} \frac{\zeta - \zeta_n^*}{\zeta - \zeta_n}, \quad \bar{f}(\zeta) = \bar{a}(\zeta) \prod_{n=1}^{M} \frac{\zeta - \zeta_n}{\zeta - \zeta_n^*} \tag{5.59}$$

によって,$f(\zeta)$ と $\bar{f}(\zeta)$ を定義すると,$\mathrm{Im}\,\zeta > 0$ に対して,

$$\log f(\zeta) = \frac{1}{2\pi i} \int_{-\infty}^{\infty} d\xi\, \frac{\log f(\xi)}{\xi - \zeta} \tag{5.60a}$$

$$0 = \frac{1}{2\pi i} \int_{-\infty}^{\infty} d\xi\, \frac{\log \bar{f}(\xi)}{\xi - \zeta} \tag{5.60b}$$

が成りたつ．(5.60a)と(5.60b)の辺々をたし，(5.59)を用いると，

$$\log a(\zeta) = \sum_{n=1}^{M} \log\left(\frac{\zeta-\zeta_n}{\zeta-\zeta_n{}^*}\right) + \frac{1}{2\pi i}\int_{-\infty}^{\infty} d\xi \frac{\log a(\xi)a^*(\xi)}{\xi-\zeta}$$

$$\equiv \sum_{m=1}^{\infty} C_m \zeta^{-m} \qquad (5.61)$$

$$C_m = -\frac{1}{m}\sum_{n=1}^{M}\left(\zeta_n{}^m - \zeta_n{}^{*m}\right) - \frac{1}{2\pi i}\int_{-\infty}^{\infty} d\xi\, \xi^{m-1}\log a(\xi)a^*(\xi) \quad (5.62)$$

となる．以上の式に，(5.47)と(5.53)を用いると，系のハミルトニアンは，

$$H = \int_{-\infty}^{\infty} dx\,(q^*{}_x q_x - |q|^4) = -\int dx\, f_3(x) = 8iC_3$$

$$= 4\int d\xi\, \xi^2 J_\xi - \frac{i}{3}\sum_{n=1}^{M}(J_n{}^3 - J_n{}^{*3}) \qquad (5.63)$$

と書けることがわかる．したがって，

$$\begin{aligned}\frac{dJ_\xi}{dt} &= \{J_\xi, H\} = 0, & \frac{d\theta_\xi}{dt} &= \{\theta_\xi, H\} = 4\xi^2 \\ \frac{dJ_n}{dt} &= \{J_n, H\} = 0, & \frac{d\theta_n}{dt} &= \{\theta_n, H\} = -4i\zeta_n{}^2\end{aligned} \qquad (5.64)$$

であり，J_ξ, J_n は作用変数，θ_ξ, θ_n は角変数であることが証明された．もちろん，(5.64)は(5.36)と一致している．すこし数式が続いたが，以上によってNLS方程式(5.20)は，完全積分可能系であることが証明された．この結果は，たいへん重要である．初期値問題については，補章[A]で述べる．

5-3 Sine-Gordon 方程式の解法

AKNS 形式によって，光錐座標系での Sine-Gordon(SG)方程式 $u_{xt}=\sin u$ を解くことができる．この方程式の解法を紹介してもよいのだが，実験室系での SG 方程式

$$u_{tt} - u_{xx} + \sin u = 0 \qquad (5.65)$$

の方が物理学に自然に現われる．したがって，SG 方程式(5.65)を境界条件

$$u(x,t) \to 0 \pmod{2\pi} \quad (|x| \to \infty) \tag{5.66}$$

の下で解くことを考える．この場合も，逆散乱形式は，2×2行列で書ける．Gel'fand-Levitan 方程式にいたる道筋は，KdV 方程式の場合(第4章)と全く同じである．紙数を節約する上で，できるだけ行列を使って式を表わすが，それらの意味は成分で書いた方がわかりやすい場合が多い．

a) 固有値問題

2行2列型の線形方程式系

$$J\phi_x + A\phi + \frac{1}{\lambda}B\phi = \lambda\phi \tag{5.67a}$$

$$\psi_t = \phi_x - \frac{2}{\lambda}JB\phi \tag{5.67b}$$

を出発点とする*．ここで，行列 J, A, B は，おのおの

$$J = \begin{pmatrix} 0 & -1 \\ 1 & 0 \end{pmatrix}, \quad A = \frac{i}{4}\begin{pmatrix} 0 & u_x+u_t \\ u_x+u_t & 0 \end{pmatrix}, \quad B = \frac{1}{16}\begin{pmatrix} e^{iu} & 0 \\ 0 & e^{-iu} \end{pmatrix} \tag{5.68}$$

である．(5.67)の両立条件と条件 $\lambda_t=0$ は，

$$A_t = A_x + 2[B,J], \quad B_t = -B_x + 2(AJB - BJA)$$

を与える．これは，SG 方程式(5.65)と同じである．

(5.67a)の2つの解の組 F と G を，境界条件

$$F(x,\lambda,t) = E(x,\lambda) \quad (x \to \infty) \tag{5.69}$$

$$G(x,\lambda,t) = E(x,\lambda) \quad (x \to -\infty) \tag{5.70}$$

によって定義する(F, G は行列形の Jost 関数である)．ただし，

$$E(x,\lambda) = \frac{1}{\sqrt{2}}\begin{pmatrix} e_+(x,\lambda) & e_-(x,\lambda) \\ ie_+(x,\lambda) & -ie_-(x,\lambda) \end{pmatrix} \tag{5.71}$$

$$e_+(x,\lambda) = \exp\left\{i\left(\lambda - \frac{1}{16\lambda}\right)x\right\}, \quad e_-(x,\lambda) = e_+{}^*(x,\lambda) \tag{5.72}$$

以下，記号 * は複素共役を表わすことにする(行列に対しては，Hermite 共

---

* V. E. Zakharov, L. A. Takhatazhyan and L. D. Faddeev : Sov. Phys. Dokl. 19 (1975) 824.

役ではないことに注意する).

固有値問題(5.67a)より,次の関係式を示すことができる(すべての t について成り立つ).

$$\det F(x,\lambda) = \det G(x,\lambda) = \det E(x,\lambda) = -i \tag{5.73a}$$

$$\begin{aligned} JE^*(x,\lambda) &= iE(x,\lambda)J, \quad JF^*(x,\lambda) = iF(x,\lambda)J \\ JG^*(x,\lambda) &= iG(x,\lambda)J \end{aligned} \tag{5.73b}$$

$$\begin{aligned} RE^*(x,-\lambda) &= -iE(x,\lambda)S, \quad RF^*(x,-\lambda) = -iF(x,\lambda)S \\ RG^*(x,-\lambda) &= -iG(x,\lambda)S \end{aligned} \tag{5.73c}$$

ここで,

$$R = \begin{pmatrix} 0 & 1 \\ 1 & 0 \end{pmatrix}, \quad S = \begin{pmatrix} 1 & 0 \\ 0 & -1 \end{pmatrix} \tag{5.74}$$

行列解 F と G の列ベクトルは,おのおの独立な解であり,解の基本系をつくる.したがって,

$$G(x,\lambda,t) = F(x,\lambda,t)T(\lambda,t) \tag{5.75}$$

と表わすことができる.この表式に,(5.73)を用いると,行列 $T(\lambda,t)$ の性質として,

$$\begin{aligned} T(\lambda,t) &= -JT^*(\lambda,t)J, \quad ST^*(-\lambda,t)S = T(\lambda,t) \\ \det T(\lambda,t) &= 1 \end{aligned} \tag{5.76}$$

が成り立つ.また,(5.75)に,時間発展の式(5.67b)を用いて,

$$T(\lambda,t) = \exp\left\{i\left(\lambda+\frac{1}{16\lambda}\right)tS\right\} \cdot T(\lambda,0) \cdot \exp\left\{-i\left(\lambda+\frac{1}{16\lambda}\right)tS\right\} \tag{5.77}$$

を得る.よって,散乱係数行列 $T(\lambda,t)$ は

$$T(\lambda,t) = \begin{pmatrix} a^*(\lambda,t) & b(\lambda,t) \\ -b^*(\lambda,t) & a(\lambda,t) \end{pmatrix} \tag{5.78}$$

と書けて,その成分は次の性質をみたすことがわかる.

$$\begin{aligned} a(-\lambda) &= a^*(\lambda), \quad b(-\lambda) = -b^*(\lambda), \quad |a|^2+|b|^2 = 1 \\ a(\lambda,t) &= a(\lambda,0), \quad b(\lambda,t) = b(\lambda,0)\exp\left\{2i\left(\lambda+\frac{1}{16\lambda}\right)t\right\} \end{aligned} \tag{5.79}$$

b) Gel'fand-Levitan 方程式

行列解 F, G と E の成分を，おのおの

$$F(x,\lambda) = (f_1, f_2) = \begin{pmatrix} f_{11} & f_{12} \\ f_{21} & f_{22} \end{pmatrix}, \quad G(x,\lambda) = (g_1, g_2) = \begin{pmatrix} g_{11} & g_{12} \\ g_{21} & g_{22} \end{pmatrix}$$

$$E(x,\lambda) = \begin{pmatrix} e_{11} & e_{12} \\ e_{21} & e_{22} \end{pmatrix} \tag{5.80}$$

とかく．そして，$F(x,\lambda)$ に対する積分表示として，

$$F(x,\lambda) = E(x,\lambda) + \int_x^\infty \begin{pmatrix} M(x,y) & 0 \\ 0 & M^*(x,y) \end{pmatrix} E(y,\lambda)\,dy$$

$$- \frac{i}{\lambda} \int_x^\infty \begin{pmatrix} 0 & N(x,y) \\ N^*(x,y) & 0 \end{pmatrix} E(y,\lambda)\,dy \tag{5.81}$$

とおく．$F(x,\lambda)$ が(5.67a)をみたすためには，

$$u(x,t) = -i \log \frac{1+16i\,N^*(x,x,t)}{1-16i\,N(x,x,t)} \tag{5.82}$$

でなければならない．

(5.75)に(5.78)と(5.80)を用いると，

$$g_{12}(x,\lambda) = b(\lambda)f_{11}(x,\lambda) + a(\lambda)f_{12}(x,\lambda) \tag{5.83}$$

が成り立つ．

境界条件(5.69)と(5.70)から，$f_1(x,\lambda)$ と $g_2(x,\lambda)$ は上半面 $\mathrm{Im}\,\lambda \geqq 0$ で解析的，$f_2(x,\lambda)$ と $g_1(x,\lambda)$ は下半面 $\mathrm{Im}\,\lambda \leqq 0$ で解析的であることがわかる．したがって，

$$a(\lambda) = i(f_{11}(x,\lambda)g_{22}(x,\lambda) - g_{12}(x,\lambda)f_{21}(x,\lambda))$$

は上半面に拡張できる．束縛状態は，$a(\lambda)$ の零点 $a(\lambda_j)=0$ $(j=1,2,\cdots,N)$ に対応し，そこでは，$f_1(x,\lambda)$ と $g_2(x,\lambda)$ は1次従属となる．

$$g_{12}(x,\lambda_j) = b(\lambda_j)f_{11}(x,\lambda_j) \quad (j=1,2,\cdots,N) \tag{5.84}$$

(5.83)を

$$\frac{1}{a(\lambda)}g_{12}(x,\lambda) = f_{12}(x,\lambda) + \frac{b(\lambda)}{a(\lambda)}f_{11}(x,\lambda) \tag{5.85}$$

と書く.両辺に $(1/\sqrt{2})\exp(i(\lambda-1/16\lambda)y)$ $(x<y)$ をかけて,λ について $-\infty$ から ∞ まで積分する.

$$I_1 = I_2+I_3 \tag{5.86}$$

ここで,

$$I_1 = \frac{1}{\sqrt{2}}\int_{-\infty}^{\infty} d\lambda \frac{1}{a(\lambda)} g_{12}(x,\lambda) e^{i(\lambda-1/16\lambda)y} \tag{5.87a}$$

$$I_2 = \frac{1}{\sqrt{2}}\int_{-\infty}^{\infty} d\lambda f_{12}(x,\lambda) e^{i(\lambda-1/16\lambda)y} \tag{5.87b}$$

$$I_3 = \frac{1}{\sqrt{2}}\int_{-\infty}^{\infty} d\lambda \frac{b(\lambda)}{a(\lambda)} f_{11}(x,\lambda) e^{i(\lambda-1/16\lambda)y} \tag{5.87c}$$

積分 I_1 について.$g_{12}(x,\lambda)$ は $\text{Im}\,\lambda \geqq 0$ で解析的であるから,積分路を上に閉じて留数定理を用いる.その結果に,積分表示(5.81)を代入する.

$$\begin{aligned}I_1 &= \frac{1}{\sqrt{2}}\cdot 2\pi i \sum_{j=1}^{N} \frac{1}{\dot{a}(\lambda_j)} g_{12}(x,\lambda_j) e^{i(\lambda_j-1/16\lambda_j)y} \\ &= \frac{1}{\sqrt{2}}\cdot 2\pi i \sum_{j=1}^{N} \frac{b(\lambda_j)}{\dot{a}(\lambda_j)} f_{11}(x,\lambda_j) e^{i(\lambda_j-1/16\lambda_j)y} \\ &= \pi i \sum_{j=1}^{N} \frac{b(\lambda_j)}{\dot{a}(\lambda_j)} \left[e^{i(\lambda_j-1/16\lambda_j)(x+y)} + \int_x^{\infty} dz\, M(x,z) e^{i(\lambda_j-1/16\lambda_j)(y+z)} \right. \\ &\quad \left. + \frac{1}{\lambda_j}\int_x^{\infty} dz\, N(x,z) e^{i(\lambda_j-1/16\lambda_j)(y+z)} \right] \end{aligned} \tag{5.88a}$$

積分 I_2 について.積分表示(5.81)を代入し,恒等式

$$\int_{-\infty}^{\infty} d\lambda\, e^{i(\lambda-1/16\lambda)x} = 2\pi\delta(x), \quad \int_{-\infty}^{\infty} \frac{d\lambda}{\lambda} e^{i(\lambda-1/16\lambda)x} = 0$$

を用いると,

$$I_2 = \pi M(x,y) \quad (x<y) \tag{5.88b}$$

以上の計算結果と(5.87c)を(5.86)に代入し整理すると,次の式が得られる.

$$M(x,y)+F_1(x+y)+\int_x^{\infty} dz\, M(x,z)F_1(z+y)+\int_x^{\infty} dz\, N(x,z)F_2(z+y) = 0 \tag{5.89a}$$

ただし,$r(\lambda)=b(\lambda)/a(\lambda)$,$m_j=b(\lambda_j)/i\dot{a}(\lambda_j)$ として,

$$F_1(z) = \frac{1}{2\pi}\int_{-\infty}^{\infty} r(\lambda) e^{i(\lambda-1/16\lambda)z}\, d\lambda + \sum_{j=1}^{N} m_j e^{i(\lambda_j-1/16\lambda_j)z} \qquad (5.90\text{a})$$

$$F_2(z) = \frac{1}{2\pi}\int_{-\infty}^{\infty} \frac{r(\lambda)}{\lambda} e^{i(\lambda-1/16\lambda)z}\, d\lambda + \sum_{j=1}^{N} \frac{m_j}{\lambda_j} e^{i(\lambda_j-1/16\lambda_j)z} \qquad (5.90\text{b})$$

また,(5.85)の両辺に $(1/\sqrt{2}\lambda)\exp(i(\lambda-1/16\lambda)y)$ $(x<y)$ をかけて, λ について $-\infty$ から ∞ まで積分すると(原点 $\lambda=0$ では,積分路を上にとる),

$$16N(x,y) - F_2(x+y) - \int_x^{\infty} M(x,z) F_2(z+y) dz - \int_x^{\infty} N(x,z) F_3(z+y) dz = 0 \qquad (5.89\text{b})$$

が示される. ただし,

$$F_3(z) = \frac{1}{2\pi}\int_{-\infty}^{\infty} \frac{r(\lambda)}{\lambda^2} e^{i(\lambda-1/16\lambda)z}\, d\lambda + \sum_{j=1}^{N} \frac{m_j}{\lambda_j^2} e^{i(\lambda_j-1/16\lambda_j)z} \qquad (5.90\text{c})$$

(5.89)~(5.90)が,SG 方程式に対する Gel'fand-Levitan 方程式である. 時間依存性は,

$$r(\lambda,t) = r(\lambda)\exp\left\{2i\left(\lambda+\frac{1}{16\lambda}\right)t\right\}, \quad m_j(t) = m_j(0)\exp\left\{2i\left(\lambda_j+\frac{1}{16\lambda_j}\right)t\right\} \qquad (5.91)$$

によって決められる.

結局,境界条件(5.66)の下での SG 方程式(5.65)の初期値問題は,次のように解かれることがわかった.

1) 初期値 $u(x,0)$, $u_t(x,0)$ に対して固有値問題(5.67a)を解き,散乱データ $\{a(\lambda), b(\lambda), \lambda_j, m_j, j=1,2,\cdots,N\}$ を求める.
2) 散乱データの時間発展は(5.91)で与えられるので,これを $F_j(z;t)$ $(j=1,2,3)$ に用いて, Gel'fand-Levitan 方程式(5.89)を解く.
3) その結果を(5.82)に代入して,解 $u(x,t)$ を得る.

KdV 方程式の場合と異なるところは,固有値 λ_j が純虚数に限られないこと, $a(\lambda)$ の零点が1位に限られないこと等がある. この結果,SG 方程式の解は KdV 方程式よりも多様な物理的意味を含むことになる.

c) ソリトン解

(5.79)からわかるように，$a(\lambda)$ の零点，すなわち，束縛状態の固有値 λ_j は，純虚数 $\lambda_j = i\kappa_j$ ($\kappa_j > 0$)，または，虚軸に対称 $\lambda_{j+1} = -\lambda_j^*$ に存在する(図 5-1).

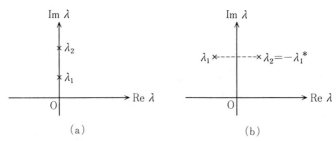

図 5-1 (a)ソリトンは純虚数の零点に対応し，(b)ブリーザーは虚軸に対称な零点に対応する．

N ソリトン解は，KdV 方程式の場合と同様に，無反射 $r(\lambda) \equiv 0$ で，純虚数 λ_j ($j = 1, 2, \cdots, N$) の場合に相当する．Gel'fand-Levitan 方程式を解いて，

$$u(x, t) = -2i \log \frac{\det(I + V(x, t))}{\det(I - V(x, t))} \qquad (5.92)$$

と求められる．ここで，V はその成分が

$$V_{jk}(x, t) = \frac{im_j}{\lambda_j + \lambda_k} \exp\left\{i\left(\lambda_j + \lambda_k - \frac{1}{16\lambda_j} - \frac{1}{16\lambda_k}\right)x + i\left(\lambda_j + \frac{1}{16\lambda_j}\right)t\right\} \qquad (5.93)$$

の $N \times N$ 行列である．

$\lambda_{j+1} = -\lambda_j^*$ の場合には，ブリーザー解が得られる．(5.93)からわかるように，固有値の虚数部分はソリトンの速さを決める．$\lambda_{j+1} = -\lambda_j^*$ の条件は，λ_j と λ_{j+1} に対応する 2 つのソリトンが同じ速度で伝播することを意味し，ブリーザー解はソリトンと反ソリトンの束縛状態であるという解釈と一致する(ソリトンか反ソリトンかは，(5.93)の m_j の符号によって決まる)．

また，$a(\zeta)$ の零点は 1 位に限らず，そのとき，対応する解は，ソリトン・反ソリトンの弱い束縛状態を記述している*．

---

* H. Tsuru and M. Wadati : J. Phys. Soc. Jpn. 53 (1984) 2908. 変形 KdV 方程式に対する同様の考察は，M. Wadati and K. Ohkuma : J. Phys. Soc. Jpn. 51 (1982) 2029.

5-4 逆散乱法の発展

逆散乱法の定式化を発展させることにより、さらに多くの非線形発展方程式が完全積分可能系であることが示される。おのおのの方程式に対して、それを証明する余裕はないが、少なくとも逆散乱形式に書けることを示そう。

a) 戸田格子

戸田格子(Toda lattice)の運動方程式は、無次元の形で

$$\dot{Q}_n = P_n, \quad \dot{P}_n = e^{-(Q_n - Q_{n-1})} - e^{-(Q_{n+1} - Q_n)} \tag{5.94}$$

で与えられる。この運動方程式は、次のように行列 L と B を選ぶと、Lax 形式 $L_t = [B, L]$ に書くことができる。

$$(L\phi)(n) = a_{n-1}\phi(n-1) + a_n\phi(n+1) + b_n\phi(n) \tag{5.95a}$$

$$(B\phi)(n) = a_n\phi(n+1) - a_{n-1}\phi(n-1) \tag{5.95b}$$

$$a_n = \frac{1}{2}\exp\left(-\frac{1}{2}(Q_{n+1} - Q_n)\right), \quad b_n = \frac{1}{2}P_n \tag{5.96}$$

ここで、(5.95a)は、Schrödinger 演算子を離散化したものであることに注意しよう*。

周期的境界条件 $a_{n+N} \equiv a_n$, $b_{n+N} \equiv b_n$ の場合には、少し工夫が必要になる。行列 L は(5.95a)に、$(N,1)$ 成分と $(1,N)$ 成分に a_N をつけ加えた $N \times N$ 行列となる。$L\phi = \lambda\phi$ の固有値は時間によらないから、

$$I_p = \text{Tr}\, L^p = \sum_{j=1}^{N} \lambda_j^p \quad (p=1, 2, \cdots, N) \tag{5.97}$$

は保存量である。

行列 L の具体形はわかっているので、無限の長さの場合 $(N \to \infty)$ と周期的境界条件の場合の保存量が、(5.97)によって簡単に求められる。例えば、周期的3粒子戸田格子では、

---

* H. Flaschka : Prog. Theor. Phys. **51** (1974) 703.
 S. V. Manakov : Sov. Phys. JETP **40** (1974) 269.

$$L = \begin{pmatrix} b_1 & a_1 & a_3 \\ a_1 & b_2 & a_2 \\ a_3 & a_2 & b_3 \end{pmatrix}$$

である. 保存量 I_1, I_2, I_3 の計算は読者の演習問題としよう. また, 展開

$$\det(\lambda I - L) = \lambda^N + J_1 \lambda^{N-1} + \cdots + J_N$$

の係数として, 保存量 J_p ($p=1, 2, \cdots, N$) を求めることができる.

b) 離散系

AKNS 形式に対する離散化方程式として,

$$\begin{cases} v_{1n+1} = zv_{1n} + Q_n(t)v_{2n}, & Q_n(t) = \Delta x \cdot q_n \\ v_{2n+1} = z^{-1}v_{2n} + R_n(t)v_{1n}, & R_n(t) = \Delta x \cdot r_n \end{cases} \quad (5.98\text{a})$$

$$\begin{cases} v_{1n,t} = A_n v_{1n} + B_n v_{2n} \\ v_{2n,t} = C_n v_{1n} + D_n v_{2n} \end{cases} \quad (5.98\text{b})$$

を選ぶ*. 略記法として,

$$E_n v_n \equiv v_{n+1}, \quad \Delta_n A_n \equiv A_{n+1} - A_n \quad (5.99)$$

を用いる. 両立条件 $(E_n v_{in})_t = E_n v_{in,t}$ ($i=1, 2$) と条件 $z_t = 0$ より, 次の方程式系を得る.

$$\begin{aligned} z\Delta_n A_n &= Q_n C_n - R_n B_{n+1} \\ z^{-1} B_{n+1} - z B_n + Q_n(A_{n+1} - D_n) &= Q_{nt} \\ zC_{n+1} - z^{-1} C_n + R_n(D_{n+1} - A_n) &= R_{nt} \\ z^{-1} \Delta_n D_n &= R_n B_n - Q_n C_{n+1} \end{aligned} \quad (5.100)$$

例として,

$$A_n = \frac{i}{(\Delta x)^2}(1 - z^2 \mp Q_n Q_{n-1}^*), \quad B_n = \frac{i}{(\Delta x)^2}(-Q_n z + z^{-1} Q_{n-1})$$

$$C_n = \mp B_n^*, \quad D_n = A_n^* \quad (5.101)$$

とおくと, 離散的(discrete)非線形 **Schrödinger** 方程式

$$iq_{nt} = \frac{1}{(\Delta x)^2}(q_{n+1} + q_{n-1} - 2q_n) \pm q_n q_n^*(q_{n+1} + q_{n-1}) \quad (5.102)$$

---

* M. J. Ablowitz and J. Ladik : J. Math. Phys. **17** (1976) 1011.

が得られる．これらの離散化は，元の方程式の完全積分可能性をそこなわずに数値計算できるという利点をもっている．

c) 粒子系

1次元ハミルトニアン力学系

$$H = \frac{1}{2}\sum_{j=1}^{n} p_j{}^2 + \sum_{j>k=1}^{n} V(x_{jk}), \quad x_{jk} \equiv x_j - x_k \quad (5.103\mathrm{a})$$

$$V(x) = V(-x) \quad (5.103\mathrm{b})$$

で，逆散乱形式に書けるものを探してみよう．戸田格子の場合とは異なり，すべての粒子が互いに相互作用している系を考えていることに注意しよう．行列 L と B を

$$L_{jk} = \delta_{jk}p_k + (1-\delta_{jk})\alpha(x_{jk}) \quad (5.104\mathrm{a})$$

$$B_{jk} = \delta_{jk}\sum_{l=1,l\neq j}^{n}\beta(x_{jl}) - (1-\delta_{jk})\alpha'(x_{jk}) \quad (5.104\mathrm{b})$$

とおいて Lax 形式 $L_t = [B, L]$ に代入する．運動方程式を得るためには，条件

$$\begin{aligned}V(x) &= \alpha(x)\alpha(-x) + 定数, \quad \beta(-x) = \beta(x)\\ \alpha'(y)\alpha(z) &- \alpha(y)\alpha'(z) = \alpha(y+z)[\beta(y) - \beta(z)]\end{aligned} \quad (5.105)$$

をみたさなければならない．(5.105)の解は，A を定数として，

$$V(x) = A\mathscr{P}(ax, \omega, \omega') + 定数 \quad (5.106)$$

で与えられる．ただし，

$$\mathscr{P}(z, \omega, \omega') \equiv \frac{1}{z^2} + \sum_{n,m}{}'\left(\frac{1}{(z-2m\omega-2n\omega')^2} - \frac{1}{(2m\omega+2n\omega')^2}\right) \quad (5.107)$$

は，Weierstrass の $\mathscr{P}$ 関数である（$\sum'$ は $m=n=0$ を除く）．

特別な場合として，(5.106)は

$$V(x) = g^2\frac{1}{x^2} \quad (\omega = i\omega' = \infty) \quad (5.108)$$

$$V(x) = g^2a^2\frac{1}{\sinh^2 ax} \quad (\omega = \infty, \ \omega' = i\pi/2) \quad (5.109)$$

を含んでいる．ポテンシャル(5.108)をもつハミルトニアン力学系(5.103a)を

Calogero-Moser 系，または単に，**Calogero** 系という*．歴史的にいうと，Calogero 系は，むしろ量子力学における解ける模型として導入された**．さらに歴史をさかのぼると，3体問題は Jacobi によって解かれた(1866年)．量子粒子系に対する逆散乱法の定式化は補章[B]を参照されたい．

d) 交換する演算子

逆散乱法の基本方針は，交換する 2 つの演算子 X と Y を見つけること，と考えることができる．

$$[X, Y] = 0 \tag{5.110}$$

実際 Lax 形式 $L_t = [B, L]$ は，$[\partial/\partial t - B, L] = 0$ であるから，$X = \partial/\partial t - B$，$Y = L$ に相当する．

このように考えると，Boussinesq 方程式や KP 方程式などを逆散乱形式に自然に取り入れることができる．いま，

$$L = D^2 + u, \quad D = \partial/\partial x \tag{5.111a}$$

$$A = 4D^3 + 3uD + 3Du + aD + w \quad (a \text{ は定数}) \tag{5.111b}$$

と選ぶと，

$$\begin{aligned}[L, A] &= -\{au_x + 3(u^2)_x + u_{xxx}\} + w_{xx} + 2w_x D \\ [\partial/\partial y, A] &= 3u_{xy} + w_y + 6u_y D\end{aligned} \tag{5.112}$$

である．よって，β を定数として，条件

$$[L + \beta \partial/\partial y, A] = 0 \tag{5.113}$$

を課すと，

$$3\beta u_y = -w_x, \quad \beta w_y = au_x + 3(u^2)_x + u_{xxx} \tag{5.114}$$

となる．w を消去して，$3\beta^2 = -1$ とおけば，u に対する方程式として，

$$u_{yy} = au_{xx} + 3(u^2)_{xx} + u_{xxxx} \tag{5.115}$$

が得られる．この方程式は，y を t とし，$u \sim y_x$ とすれば，**Boussinesq 方程式**(2.18)に他ならない．また，α と β を定数として，条件

$$[L + \beta \partial/\partial y, A + \alpha \partial/\partial t] = 0 \tag{5.116}$$

---

* J. Moser : Advances in Math. **16** (1975) 197.
** F. Calogero : J. Math. Phys. **10** (1969) 2197, **12** (1971) 419.

を課すと,

$$3\beta u_y = -w_x, \quad \beta w_y = \alpha u_t + au_x + 3(u^2)_x + u_{xxx} \quad (5.117)$$

を得る. w を消去すると, u に対する方程式として, **KP方程式**

$$(\alpha u_t + 6uu_x + u_{xxx})_x = -3\beta^2 u_{yy} \quad (5.118)$$

が得られる.

最後に, 4次元 Euclid 空間 (x_1, x_2, x_3, x_4) での例について述べてみよう. λ を固有値, A_μ をゲージ群 G に値をとるゲージポテンシャル, $D_\mu = \partial_\mu + A_\mu$ ($\mu = 1, 2, 3, 4$) として,

$$X = \lambda(D_2 - iD_1) + (D_4 + iD_3), \quad Y = \lambda(D_4 - iD_3) - (D_2 + iD_1)$$
$$(5.119)$$

と選ぶと, $[X, Y] = 0$ は, 自己双対(self-dual) **Yang-Mills 方程式**

$$F_{\mu\nu} = -F_{\mu\nu}^*, \quad F_{\mu\nu}^* \equiv \partial_\mu A_\nu - \partial_\nu A_\mu + [A_\mu, A_\nu]$$
$$F_{\mu\nu}^* = \frac{1}{2}\varepsilon_{\mu\nu\lambda\rho}F_{\lambda\rho} \quad (5.120)$$

を与える*. ここで, $\varepsilon_{\mu\nu\lambda\rho}$ は, $\varepsilon_{1234} = 1$ とする完全反対称テンソルである(例えば, $\varepsilon_{2134} = -1$). 自己双対 Yang-Mills 方程式は, インスタントン(instanton) を記述し, それ自身興味あるばかりでなく, いろいろな群を選び, 変数を制限することによって他のソリトン方程式に帰着させることができる.

e) ゼロ曲率の条件

外微分形式を使って, 逆散乱法の定式化を記述してみよう. このことによって新しい結果が得られるわけではないが, 数学的構造, 特に, 微分幾何学的性質が簡潔に表わされる.

すこしだけ, 用語の定義を行なう**. dx_i $(i = 1, 2, \cdots, n)$ の形式的な1次結合 $\sum_i a_i(x)dx_i$ を1次外微分形式または1形式(one-form)といい, dx_i と dx_j の交代積(外積) $dx_i \wedge dx_j$ の1次結合 $\sum_{i,j} a_{ij}(x)dx_i \wedge dx_j$ を2次外微分形式または

---

* A. A. Belavin and V. E. Zakharov: Phys. Lett. **73B** (1978) 53.
** 外微分形式については, 例えば, フランダース(岩堀長慶訳): 微分形式の理論(岩波書店, 1967).

2形式という．記号∧は，ウェッジ(wedge)といって，$dx_i \wedge dx_j = -dx_j \wedge dx_i$ の性質をもつ．一般に，dx_i の p 次の交代積の1次結合を p 次外微分形式または p 形式という．また，関数を0形式という．これらの外微分形式に対して，外微分 d を次のように定義する．

1) 0形式 $f(x)$ に対して，
$$df = \sum_i (\partial f/\partial x_i) dx_i.$$

2) 微分形式 $\omega \wedge \eta$ に対して，
$$d(\omega \wedge \eta) = d\omega \wedge \eta + (-1)^{\deg \omega} \omega \wedge d\eta \quad (\deg \omega は \omega の次数).$$

このようにすると，上記の dx_i は0形式 x_i の外微分に一致する．また，2階偏導関数が偏微分の順序によらないことに対応して，外微分 d について基本的性質 $dd\omega = d^2\omega = 0$ が成り立つ．

さて，ベクトル v について1形式を考え，次の方程式をみたすとする．
$$dv - \Omega \wedge v = 0 \tag{5.121}$$

これは，逆散乱法の線形方程式に対応している．(5.121)で，Ω は行列の1形式であり，微分幾何学の用語では，v の**接続**(connection)とよばれる．(5.121)の可積分条件は，
$$0 = d^2v = d(\Omega \wedge v) = d\Omega \wedge v - \Omega \wedge dv$$
$$= (d\Omega - \Omega \wedge \Omega) \wedge v \tag{5.122}$$

となる．$\Theta \equiv d\Omega - \Omega \wedge \Omega$ は2形式で，**曲率**(curvature)とよばれる．(5.122)は線形方程式系の両立条件に対応し，逆散乱法によって解かれる非線形発展方程式は，曲率ゼロ $\Theta = d\Omega - \Omega \wedge \Omega = 0$ の接続となっていることがわかる．

以上の定式化は，ゲージ変換
$$v' = gv, \quad \Omega' = dg \cdot g^{-1} + g\Omega g^{-1}, \quad \Theta' = g\Theta g^{-1} \tag{5.123}$$

に対して形を変えない．この性質を使って，ソリトン方程式間の関係や固有値方程式間の関係を議論することができる．例えば，2×2 行列での AKNS 形式，KN 形式，WKI 形式は，このようなゲージ変換で関係づけることができる[*]．

---

[*] M. Wadati and K. Sogo : J. Phys. Soc. Jpn. 52 (1983) 394.

5-5 Painlevé 判定法

与えられた非線形発展方程式の**積分可能性**(integrability)を調べることは, もっとも基本的な問題である. (1)数値解析, (2)保存量または対称性の探索, (3) Bäcklund 変換, 広田の方法, 逆散乱形式の適用など, いろいろな方法がある. しかし, 古典力学の3体問題においてさえ, その系の積分可能性を判定する一般論はない. ここでは, Painlevé 判定法とよばれるひとつの試みを説明する.

時間 t を独立変数とする微分方程式において, 解がもつ特異点が初期条件に依存するとき, その特異点を**動く特異点**(movable singularity)という. そして, すべての動く特異点が極であるならば, 方程式は **Painlevé の性質**をもつという. 特異点には, 分岐点と極があるから(厳密には真性特異点もあるが, それは考えない), Painlevé の性質を, 動く分岐点をもたない, と定義することもできる.

1889年, S. Kovalevskaya は, 固定点のまわりに回転する剛体の運動の解析において, Painlevé の性質と積分可能性が密接に関連していることを示した. 剛体の慣性モーメントや重心の位置がどのような条件の場合に Painlevé の性質が成り立つかを調べ, Euler のコマや Lagrange のコマのほかに, 運動方程式が積分できる場合を見出した. 歴史的には, Painlevé の研究(1893年)よりも前であるから, Painlevé の性質というよりは, Kovalevskaya-Painlevé の性質といった方が適切かもしれない.

P. Painlevé は, 動く分岐点をもたない2階微分方程式

$$\frac{d^2y}{dx^2} = F\left(\frac{dy}{dx}, y, x\right) \tag{5.124}$$

の分類を行なった. ただし, F は dy/dx と y の有理関数とする. 50種の方程式が Painlevé の性質をもち, そのうち44種は既知の関数(例えば, 楕円関数)で解かれる. 残りの6種の方程式(第6種は B. Gambier によって発見され

た)は，**Painlevé 超越方程式**（Painlevé transcendent）とよばれる*．第1種と第2種は，おのおの次の形である．

(Ⅰ)　$y'' = 6y^2 + x$　　　(Ⅱ)　$y'' = 2y^3 + xy + \alpha$　　(α は定数)　　(5.125)

いろいろなソリトン方程式は，Painlevé 方程式に帰着される．例えば，変形 KdV 方程式 $u_t - 6u^2 u_x + u_{xxx} = 0$ の**相似解**（similarity solution）

$$u(x,t) = (3t)^{-1/3} w(z), \quad z = x(3t)^{-1/3} \quad (5.126)$$

は，$w''' - 6w^2 w' - (zw)' = 0$，すなわち，

$$w'' = 2w^3 + zw + \alpha \quad (\alpha \text{ は定数}) \quad (5.127)$$

をみたす．これは，第2種 Painlevé 方程式である．このように，完全積分可能な偏微分方程式から得られる常微分方程式はすべて，Painlevé の性質をもつ，と予想される．しかし，明らかに，常微分方程式に帰着させる方法に一般論はない．

したがって，常微分方程式に帰着させるのではなく，偏微分方程式に Painlevé の性質があるかどうかを直接調べる方法（**Painlevé 判定法**）が提出された**．

一般に，複素変数 $z_1, z_2, \cdots, z_n$ の関数 $f(z_1, z_2, \cdots, z_n)$ の特異点が，ある関数関係式

$$\phi(z_1, z_2, \cdots, z_n) = 0 \quad (5.128)$$

で表わされるとする．(5.128)を**特異多様体**（singular manifold）とよぶ．

非線形発展方程式

$$q_t = K[q], \quad q = q(x,t) \quad (5.129)$$

の解 $q(x,t)$ が，特異多様体 $\phi(x,t) = 0$ のまわりで，極しかもたないならば，(5.129)は Painlevé の性質をもつ．そのためには，解 $q(x,t)$ が

$$q(x,t) = \frac{1}{\phi^\alpha(x,t)} \sum_{j=0}^{\infty} q_j(x,t) \phi^j(x,t) \quad (5.130)$$

と展開できることを示せばよい．ただし，α はある整数，q_j は特異多様体

---

*　E. Ince : *Ordinary Differential Equations* (Dover, 1944).
**　J. Weiss, M. Tabor and G. Carnevale : J. Math. Phys. 24 (1983) 522.

$\phi(x, t)=0$ の近くで正則な関数である.

Burgers 方程式

$$q_t + qq_x = q_{xx} \tag{5.131}$$

を例にとって Painlevé 判定法を説明しよう.

$$q(x,t) = \frac{1}{\phi(x,t)} \sum_{j=0}^{\infty} q_j(x,t) \phi^j(x,t) \tag{5.132}$$

と展開し, (5.132)を(5.131)に代入すると, q_j に対する漸化式

$$q_{j-2,t} + (j-2)q_{j-1}\phi_t + \sum_{m=0}^{j} q_{j-m}(q_{m-1,x} + (m-1)\phi_x q_m)$$
$$= q_{j-2,xx} + 2(j-2)q_{j-1,x}\phi_x + (j-2)q_{j-1}\phi_{xx} + (j-1)(j-2)q_j\phi_x^2 \tag{5.133}$$

を得る. この式を使って, q_j を下から順々に決めていくと,

$$(j-2)(j+1)\phi_x^2 q_j = F(q_{j-1}, \cdots, q_0, \phi_t, \phi_x, \cdots) \tag{5.134}$$

の形になる. $j=-1$ と $j=2$ では, 漸化式は意味を失う(このような j の値をレゾナンスという). $j=-1$ は ϕ 自身の任意性により, どんな方程式に対しても存在するレゾナンスである. (5.133)から,

$$j=0: \quad q_0 = -2\phi_x \tag{5.135a}$$
$$j=1: \quad \phi_t + q_1\phi_x = \phi_{xx} \tag{5.135b}$$
$$j=2: \quad (\phi_t + q_1\phi_x - \phi_{xx})_x = 0 \tag{5.135c}$$

となる. レゾナンス $j=2$ では, q_2 は任意関数に選べ, また, (5.135c)は, (5.135b)により恒等的に成り立つことがわかる. このように展開係数 $q_j(x,t)$ を決めていけるので, Burgers 方程式は, Painlevé の性質をもっていることがわかる.

Burgers 方程式(5.131)の物理的な意味をすこし説明しておこう. この方程式は, 非線形項 qq_x と散逸項 q_{xx} をもち, **衝撃波**(shock wave, 急激に変化する物理量の伝播)に対する最も簡単なモデルとして知られる. (5.131)は, 変換 (**Hopf-Cole 変換**という)

$$q = -2\frac{\partial}{\partial x} \log \psi$$

によって，拡散方程式 $\dot{\psi}_t = \psi_{xx}$ に帰着される．Hopf-Cole 変換も，Bäcklund 変換の一例である．

漸化式とレゾナンスの構造が簡単であるので，Burgers 方程式を例にとり，Painlevé 判定法を説明した．KdV 方程式 $q_t + 6qq_x + q_{xxx} = 0$ では，

$$q(x, t) = \sum_{j=0}^{\infty} q_j \phi^{j-2} \qquad (5.136)$$

と展開すると，$j=-1, 4, 6$ にレゾナンスがある．$j=4$ と $j=6$ では，q_4 と q_6 が任意に選べて，それらの式は恒等的に成り立つ．よって，KdV 方程式は Painlevé の性質をもっていることが示される．

積分可能でない系に同様の展開を行なうと，レゾナンスに伴う q_j は任意でなくなり，展開項として $\phi^j \log \phi$ を含まなければならないようになる．すなわち，Painlevé の性質が失われることがわかる．一般論として，Painlevé 判定法が積分可能性を証明しているかどうかは，まだわかっていない．しかし，実用的に非常に有力な方法であり，多くの研究がなされている．

5-6 ソリトン摂動論

KdV 方程式や NLS 方程式のようなソリトン方程式は，広い応用をもち，また，積分可能系という「よい性質」をもっている．しかし，方程式を導く際には近似をしているし，現実の系には不均一性や散逸などの効果があることを念頭においておかなければならない．

これらの摂動のもとで，ソリトン概念は全く意味を失うのであろうか．有限自由度のハミルトニアン系においては，摂動が充分小さいならば，可積分系の性質はほとんど失われないことが知られている*(**Kolmogorov-Arnold-Moser の定理**．または，略して KAM 定理という)．無限自由度系に対しては，KAM 定理は確立されていない．しかし，そのような定理が，少なくとも

---

* V. I. Arnold and A. Avez : *Ergodic Problems of Classical Mechanics* (Benjamin, 1968).

近似的には成立していると思われる情況がある．2つの例を考えよう．

（1） 戸田格子ソリトンの実験を電気回路を用いて行なうことができる（第3章）．その際，回路素子はすべて同一ではないし，キャパシターの非線形性は厳密に戸田格子を与えるものではない．また，回路には必ず散逸がある．そのような条件にもかかわらず，実験では，ソリトンの高さが数十％減少しても，ソリトンとしての性質はほぼ成り立っている．すなわち，この場合，ソリトンは不均一性や散逸に対して非常に安定である．

（2） KdV方程式の分散項を5階偏微分でおきかえる．

$$u_t + uu_x - u_{xxxxx} = 0 \qquad (5.137)$$

この方程式の解は解析的には求められていない．数値計算や電気回路実験によると，パルス状の解（孤立波）がある（図5-2）．振幅の異なる2個の孤立波の衝突を数値的に調べると，衝突後の振幅は始めの値からずれる．すなわち，2つのソリトンの衝突を$1+2 \to 1+2$と略記すると，(5.137)での衝突では$1+2 \to 1'+2'$となり，非弾性的であるが，孤立波としては安定である．

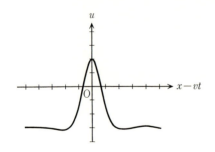

図5-2　(5.137)式の孤立波．LCはしご型回路による実験結果である(H. Nagashima: J. Phys. Soc. Jpn. 47 (1979) 1387)．

このように，厳密な意味ではソリトン系ではないが，ソリトン系（積分可能系）に充分近い系が存在する．これを，**準可積分系**（nearly integrable system）とよぶことにする．ソリトン概念が確立された現在，視野を広げて**非可積分**（non-integrable）系や**カオス**（chaos）系との関係を研究することも重要となってきた．

摂動論は，式を書きはじめると非常に煩雑になるので，一般的な構造から説明する．いま，非線形発展方程式

は逆散乱法で解くことができるとする. 散乱データを $\{S(\lambda), S_n\}$ とかく. ここで, $S(\lambda)$ は透過係数や反射係数, S_n は離散固有値や固有関数の規格化因子を表わす. 散乱データの時間変化は,

$$U_t = K[U] \tag{5.138}$$

$$\frac{\partial S(\lambda, t)}{\partial t} = i\Omega(\lambda) S(\lambda, t), \quad \frac{\partial S_n}{\partial t} = \Omega_n S_n \tag{5.139}$$

の形で簡単に決められる. もちろん, $\Omega(\lambda)$, Ω_n の具体形は方程式によって異なる.

積分可能系(5.138)に摂動項 $\varepsilon P[U]$ が加わった場合

$$U_t = K[U] + \varepsilon P[U] \tag{5.140}$$

を考えよう. このとき, 散乱データの時間変化は,

$$\begin{aligned}\frac{\partial S(\lambda, t)}{\partial t} &= \int_{-\infty}^{\infty} dx \frac{\delta S(\lambda, t)}{\delta U(x, t)} U_t(x, t) \\ &= \int_{-\infty}^{\infty} dx \frac{\delta S(\lambda, t)}{\delta U(x, t)} K[U] + \varepsilon \int_{-\infty}^{\infty} dx \frac{\delta S(\lambda, t)}{\delta U(x, t)} P[U] \\ &= i\Omega(\lambda) S(\lambda, t) + \varepsilon \int_{-\infty}^{\infty} dx \frac{\delta S(\lambda, t)}{\delta U(x, t)} P[U] \end{aligned} \tag{5.141}$$

で与えられる. 同様にして,

$$\frac{\partial S_n(t)}{\partial t} = \Omega_n S_n(t) + \varepsilon \int_{-\infty}^{\infty} dx \frac{\delta S_n(t)}{\delta U(x, t)} P[U] \tag{5.142}$$

となる. ε が小さいならば, 最低次の近似として, (5.141)と(5.142)の右辺第2項を, 摂動のないときの量を使って計算できる. そして, 逐次的に近似を進めることも可能である. このような方法を, ソリトン摂動論(soliton perturbation theory)という*.

摂動項がある KdV 方程式

$$u_t - 6uu_x + u_{xxx} = \varepsilon P(u) \tag{5.143}$$

を例にとる. $\varepsilon = 0$ の場合は, 第4章で解かれた. 以下, 記号は第4章と同じ

---

* D. J. Kaup : SIAM J. Appl. Math. **31** (1976) 121.
V. I. Karpman and E. M. Maslov : Sov. Phys. JETP **46** (1977) 281.

にとる．公式(5.141)と(5.142)で計算したい量は，$\delta S/\delta U$，$\delta S_n/\delta U$ である．

KdV 方程式に対する固有値問題は，

$$-\psi_{xx}+u\psi = \lambda\psi \qquad (5.144)$$

であることを思い出そう((4.56))．ポテンシャル u を微小変化させたとき，固有関数と固有値は微小変化する．

$$-(\delta\phi)_{xx}+\delta u\phi+u\delta\phi = 2k\delta k\phi+k^2\delta\phi \qquad (5.145)$$

(5.144)と(5.145)より，次の式が成り立つ．

$$[\psi(\delta\phi)_x-\psi_x\delta\phi]_x-\delta u\cdot\psi\phi = -2k\delta k\cdot\psi\phi \qquad (5.146)$$

上の式で，$\psi=\phi=f_1(x,k)$ ととり，x について $-\infty$ から ∞ まで積分する．図4-1にまとめた Jost 関数の漸近形を代入すると，

$$-2ika(k)\delta b(k)+2ikb(k)\delta a(k)$$
$$= \int_{-\infty}^{\infty} dx\,\delta u(x)f_1^2(x,k)-2k\delta k\int_{-\infty}^{\infty} f_1^2(x,k)\,dx \qquad (5.147)$$

が示される．よって，$\delta u(x)$ による反射係数 $r(k)\equiv b(k)/a(k)$ の変化は，

$$\frac{\delta r(k)}{\delta u(x)} = \frac{i}{2ka^2(k)}f_1^2(x,k) \qquad (5.148)$$

となる．束縛状態の固有値を $k_n=i\kappa_n$ とかく．(5.147)から，$\delta u(x)$ に対する κ_n の変化は

$$\frac{\delta\kappa_n}{\delta u(x)} = -\frac{1}{2\kappa_n}f_1^2(x,i\kappa_n)\Big/\left[\int_{-\infty}^{\infty} dx\,f_1^2(x,i\kappa_n)\right] \qquad (5.149)$$

で与えられる．また，$\delta u(x)$ による $\gamma_n=b(i\kappa_n)$ の変化は

$$\frac{\delta\gamma_n}{\delta u(x)} = \frac{1}{2\kappa_n a'(i\kappa_n)}\frac{\partial}{\partial k}(f_1^2(x,k))_{k=i\kappa_n} \qquad (5.150)$$

と計算される．以上を，(5.141)と(5.142)に代入して

$$\frac{dr(k,t)}{dt} = -8ik^3 r(k,t)+\frac{i\varepsilon}{2ka^2(k)}\int_{-\infty}^{\infty} dx\,f_1^2(x,k)P(u) \qquad (5.151)$$

$$\frac{d\kappa_n}{dt} = -\frac{\varepsilon}{2\kappa_n}\int_{-\infty}^{\infty} dx\,P(u)f_1^2(x,i\kappa_n)\Big/\left[\int_{-\infty}^{\infty} dx\,f_1^2(x,i\kappa_n)\right] \qquad (5.152)$$

$$\frac{d\gamma_n(t)}{dt} = -8\kappa_n{}^3\gamma_n(t) + \frac{\varepsilon}{2\kappa_n a'(i\kappa_n)} \int_{-\infty}^{\infty} dx \frac{\partial}{\partial k}(f_1{}^2(x,k))_{k=i\kappa_n} \cdot P(u) \quad (5.153)$$

を得る．これらは，最低次の近似式である．

(5.152)を導くだけならば，より簡単に求められる．KdV 方程式 $u_t - 6uu_x + u_{xxx} = 0$ は，$L = -D^2 + u$, $B = -4D^3 + 3Du + 3uD$, $D \equiv \partial/\partial x$ を使って，$L_t - [B, L] = 0$ と書ける．よって，摂動項がある KdV 方程式(5.143)は，$L_t - [B, L] = \varepsilon P(u)$ である．$L\psi = \lambda\psi$ を時間 t で微分して，$\psi_t = B\psi$ を用いると，(5.143)より，$\lambda_t \psi = \varepsilon P(u)\psi$ を得る．離散固有値 $\lambda_n = (i\kappa_n)^2$, $\psi = f_1(x, i\kappa_n)$ を代入し，両辺の内積を計算したものが，(5.152)である．

散逸のある場合に，ソリトンはどのように減衰するかを，公式(5.152)を使って評価してみよう．摂動項を，

$$\varepsilon P(u) = -\alpha u \quad (\alpha > 0) \quad (5.154)$$

とおく．1 ソリトン

$$u(x, t) = -2\kappa^2 \operatorname{sech}^2 \kappa z, \quad z = x - 4\kappa^2 t - x_0 \quad (5.155)$$

に対する散乱データは，

$$a(k) = \frac{k - k_1}{k + k_1}, \quad k_1 = i\kappa, \quad b(k, t) = 0$$
$$\gamma_n(t) = \gamma_n(0) e^{-8\kappa^3 t} \quad (5.156)$$

である．これに対応する Jost 関数は，

$$f_1(x, k) = \frac{1}{k + i\kappa}(k + i\kappa \tanh \kappa z) e^{ikz}$$
$$f_2(x, k) = \frac{1}{k + i\kappa}(k - i\kappa \tanh \kappa z) e^{-ikz} \quad (5.157)$$

のように与えられる．したがって，$f_1(x, i\kappa) = (1/2)\operatorname{sech} \kappa z$ であり，定積分の公式

$$\int_{-\infty}^{\infty} \operatorname{sech}^2 z \, dz = 2, \quad \int_{-\infty}^{\infty} \operatorname{sech}^4 z \, dz = \frac{4}{3}$$

を用いると，(5.152)より，

$$\frac{d\kappa}{dt} = -\frac{2}{3}\alpha\kappa \qquad (5.158)$$

が得られる.よって,ソリトンの振幅 $2\kappa^2$ は,$\exp[-(4\alpha/3)t]$ で減衰すると計算される.摂動論であるので,この結果が有効な時間範囲は限られていることに注意しよう.

多ソリトン状態の解析も同様に行なうことができる.例えば,散逸のある SG 方程式

$$\phi_{tt} - \phi_{xx} + \sin\phi = -\gamma\phi_t \qquad (\gamma > 0)$$

では,キンクと反キンクが融合してブリーザーになる現象が説明できる.スペクトルパラメーター λ の複素平面では,キンクと反キンクは虚軸上の固有値に相当する.一方,ブリーザーは虚軸に対称な 2 つの固有値に相当する.摂動項によって,2 つの固有値 λ_1, λ_2 が動く様子を図 5-3 に示した.

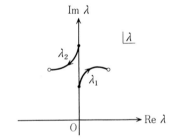

図 5-3 スペクトルパラメーター λ の複素平面での,離散固有値の動き.黒丸●はキンクと反キンクに,白丸○の対はブリーザーに対応する.

このように,離散固有値の時間発展を計算するだけで,多様な現象を説明できることが知られている*.ソリトン摂動論は,応用上重要な手法であるが,その適用範囲を調べる研究はほとんど進んでいない.

---

* D. J. Kaup and A. C. Newell : Proc. Roy. Soc. London **A361** (1978) 413.
K. Nozaki and N. Bekki : Phys. Rev. Lett. **50** (1983) 1226.
Y. S. Kivshar and B. A. Malomed : Rev. Mod. Phys. **61** (1989) 763.

いろいろな物理系

いろいろな物理系を例にとり，各種の非線形波動現象を調べていく．非線形波動論の応用を述べるとともに，関連する新しい非線形発展方程式も紹介する．理論的側面はこれまでくわしく述べてきたので，式の導出や解法についてはあまり紙数を割かない．

6-1 イオン音波

自由に運動する正と負の荷電粒子が共存して電気的中性になっている物質の状態をプラズマ(plasma)という．プラズマは「非線形波動の宝庫」といわれる．多種多様な波動が存在し，それらの波動は容易に励起・増幅できる．また，信号を電気的に処理できるので観測に適している．この節では，プラズマ中を伝わる低周波のイオンプラズマ波の非線形伝播を記述する．

プラズマの運動を記述する方程式を書いてみよう．イオンの数密度を n，電子の数密度を n_e，イオンの速度場を $\boldsymbol{u}=(u,v,w)$，静電ポテンシャルを ϕ，イオンの質量を M，電気素量を e で表わす．イオン温度 T_i は，電子温度 T_e と比べて通常非常に小さいので，$T_i=0$ とする．イオンの連続方程式と運動方程

式は，おのおの

$$\frac{\partial n}{\partial t} + \nabla \cdot (n\boldsymbol{u}) = 0 \tag{6.1a}$$

$$M\left[\frac{\partial \boldsymbol{u}}{\partial t} + (\boldsymbol{u} \cdot \nabla)\boldsymbol{u}\right] = -e\nabla \phi \tag{6.1b}$$

である．電子はイオンに比べて十分軽いから，静電ポテンシャル ϕ の変化にただちに応答できる．よって，電子の数密度は Boltzmann 分布で与えられるとする．

$$n_e = n_0 \exp\left(\frac{e\phi}{k_B T_e}\right) \tag{6.1c}$$

ここで，k_B は Boltzmann 定数である．電子とイオンの密度差は，プラズマ中に電荷をつくり電場を誘起するので，Poisson 方程式

$$\nabla^2 \phi = \frac{1}{\varepsilon_0} e(n_e - n) \tag{6.1d}$$

が成り立つ．ただし，ε_0 は真空の誘電率を表わす．

いま，Debye（デバイ）波数 $k_D = (n_0 e^2/\varepsilon_0 k_B T)^{1/2}$，イオンプラズマ周波数 $\omega_D = (n_0 e^2/\varepsilon_0 M)^{1/2}$，音速 $c_0 = (k_B T_e/M)^{1/2}$，Debye 長 $\lambda_D = (\varepsilon_0 k_B T_e/n_0 e^2)^{1/2}$ 等を使って，すべての変数を無次元化すると，方程式系(6.1)は，

$$\begin{gathered}\frac{\partial n}{\partial t} + \nabla \cdot (n\boldsymbol{u}) = 0, \quad \frac{\partial \boldsymbol{u}}{\partial t} + (\boldsymbol{u} \cdot \nabla)\boldsymbol{u} = -\nabla \phi \\ n_e = \exp \phi, \quad \nabla^2 \phi = n_e - n\end{gathered} \tag{6.2}$$

となる．

まず初めに，1次元の波動伝播を考え，x 方向にのみ変化が起きるとする．$\boldsymbol{u} = (u, 0, 0)$ で，すべての物理量は，x と t の関数になる．方程式系(6.2)に，

$$\xi = \varepsilon^{1/2}(x-t), \quad \tau = \varepsilon^{3/2} t \tag{6.3}$$

$$\begin{gathered}n = 1 + \varepsilon n_1 + \varepsilon^2 n_2 + \cdots, \quad n_e = 1 + \varepsilon n_{e1} + \varepsilon^2 n_{e2} + \cdots \\ u = \varepsilon u_1 + \varepsilon^2 u_2 + \cdots, \quad \phi = \varepsilon \phi_1 + \varepsilon^2 \phi_2 + \cdots\end{gathered} \tag{6.4}$$

を代入して，ε の低い次数の項から関係式を求めていく（遙減摂動法）．結局，

イオン音波の非線形伝播を記述する方程式として KdV 方程式

$$\frac{\partial n_1}{\partial \tau} + n_1 \frac{\partial n_1}{\partial \xi} + \frac{1}{2}\frac{\partial^3 n_1}{\partial \xi^3} = 0 \tag{6.5}$$

$$n_1 = n_{e1} = \phi_1 = u_1 \tag{6.6}$$

が導かれる*.

元の変数に戻って，ソリトン解は，n_0 を平均数密度として，

$$n(x,t) = n_0 + \delta n\, \mathrm{sech}^2\left(\frac{x-ct}{D}\right) \tag{6.7a}$$

$$c = c_0\left(1 + \frac{\delta n}{3n_0}\right) \tag{6.7b}$$

$$\left(\frac{D}{\lambda_\mathrm{D}}\right)^2 = \frac{6n_0}{\delta n} \tag{6.7c}$$

で与えられる．すなわち，イオン音波のソリトンでは，

(a) 幅(D/λ_D)の2乗と振幅$(\delta n/n_0)$の逆数は比例する，

(b) 速度(c/c_0)と振幅$(\delta n/n_0)$は1次関係をみたす，

ことが理論的に予言される．図6-1の実験結果は，この予言がともに正しいことを示している．さらに，正面衝突させた2つのソリトンは，衝突後も同じ波形を保っていることが観測される(図6-2).

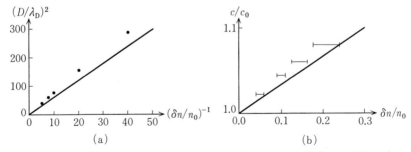

図6-1 イオン音波ソリトンの (a) 幅(D/λ_D)と高さ$(\delta n/n_0)$の関係，(b) 速さ(c/c_0)と高さ$(\delta n/n_0)$の関係(H. Ikezi, R. J. Taylor and D. B. Baker : Phys. Rev. Lett. 25 (1970) 11).

---

* H. Washimi and T. Taniuti : Phys. Rev. Lett. 17 (1966) 996.

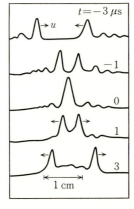

図6-2 イオン音波ソリトンの正面衝突(H. Ikezi, R. J. Taylor and D. B. Baker : Phys. Rev. Lett. **25** (1970) 11).

x方向の他に，y方向の運動をとり入れよう．弱いy依存性をもつ場合と，軸対称性をもつ場合とを考える．以下に述べるように，おのおの異なるソリトン方程式に帰着される．

イオンの速度場を$u=(u,v,0)$として，物理量はx,y,tに依存するとしよう．(6.3)と(6.4)に加えて，

$$\eta = \varepsilon y, \quad v = \varepsilon^{3/2} v_1 + \varepsilon^{5/2} v_2 + \cdots \quad (6.8)$$

を方程式系(6.2)に代入し，同様な計算をすると，**KP方程式**

$$\frac{\partial}{\partial \xi}\left(\frac{\partial \phi}{\partial \tau} + \phi \frac{\partial \phi}{\partial \xi} + \frac{1}{2}\frac{\partial^3 \phi}{\partial \xi^3}\right) + \frac{1}{2}\frac{\partial^2 \phi}{\partial \eta^2} = 0 \quad (6.9)$$

が得られる*．ただし，$\phi = \phi_1 = n_1 = u_1$．

一方，2次元的波動で，物理量が$r=\sqrt{x^2+y^2}$と時間tのみの関数であるとすると，(6.2)は

$$\frac{\partial n}{\partial t} + \frac{1}{r}\frac{\partial}{\partial r}(rnu) = 0, \quad \frac{\partial u}{\partial t} + u\frac{\partial u}{\partial r} = -\frac{\partial \phi}{\partial r}$$

$$\frac{1}{r}\frac{\partial}{\partial r}\left(r\frac{\partial \phi}{\partial r}\right) = \exp \phi - n \quad (6.10)$$

となる．この方程式系に，

---

* 広田の方法によるNソリトン解は，J. Satsuma : J. Phys. Soc. Jpn. **40** (1976) 286.

$$\xi = \varepsilon^{1/2}(r+t), \quad \tau = \varepsilon^{3/2}t \tag{6.11}$$

$$\begin{aligned} n &= 1+\varepsilon n_1+\varepsilon^2 n_2+\cdots, \quad \phi = \varepsilon\phi_1+\varepsilon^2\phi_2+\cdots \\ u &= \varepsilon u_1+\varepsilon^2 u_2+\cdots \end{aligned} \tag{6.12}$$

を代入し，εについて同じオーダーの項を集めると

$$\frac{\partial \phi}{\partial \tau}+\frac{1}{2\tau}\phi-\phi\frac{\partial \phi}{\partial \xi}-\frac{1}{2}\frac{\partial^3 \phi}{\partial \xi^3} = 0 \tag{6.13}$$

が得られる．ただし，$\phi=\phi_1=n_1=u_1$．

(6.13)を円筒(cylindrical) **KdV 方程式**という*．左辺の第2項は，円筒座標による波面の曲率の効果を表わしている．

KP 方程式や円筒 KdV 方程式のソリトンは，プラズマ容器の形や波の励起法を工夫することによって，KdV 方程式の場合と同じように観測することができる．

6-2 光自己集束

高出力で干渉性のある光がレーザー技術の発展によって利用可能になり，興味深い非線形光学現象が多く発見されている．また，実用にも使われはじめた．3-2節では，物質を2準位原子系と模型化し，それと共鳴的に相互作用する電磁波の伝播を考えた．共鳴相互作用がある場合は，原子系の運動を取り入れる必要があり，Maxwell-Bloch 方程式が基本方程式となる．そして，Doppler 効果による周波数分布の広がりがないと近似して，SG 方程式を得た．物質と電磁波の相互作用が共鳴的でない場合は，非線形波動の理論をそのまま適用できる情況が設定できる．電場を，高い周波数をもつ搬送波とその包絡の変調にわけて考えればよいからである．

Maxwell 方程式

$$\nabla^2 \boldsymbol{E}-\frac{1}{c^2}\frac{\partial^2}{\partial t^2}(\varepsilon \boldsymbol{E}) = 0 \tag{6.14}$$

---

* S. Maxon and J. Viecelli : Phys. Fluid **17** (1974) 1614.

において，誘電率 ε が電場の強さに依存する項をもつとしよう．
$$\varepsilon(E) = \varepsilon_0 + \varepsilon_2 |E|^2 \tag{6.15}$$
電場は直線偏光で，z 方向に伝播するとして，
$$\boldsymbol{E} = \phi(x,y,z,t)e^{i(kz-\omega t)}\boldsymbol{e}, \quad \omega = \frac{ck}{\varepsilon_0^{1/2}} \tag{6.16}$$
とおく．(6.15)と(6.16)を(6.14)に代入する．包絡 ϕ は搬送波に比べてゆっくり変化するとして，ϕ の時間微分を無視すると，
$$2ik\frac{\partial \phi}{\partial z} + \left(\frac{\partial^2}{\partial x^2} + \frac{\partial^2}{\partial y^2}\right)\phi + \frac{\varepsilon_2}{\varepsilon_0}k^2|\phi|^2\phi = 0 \tag{6.17}$$
を得る．この方程式は，z を時間，(x,y) を空間とみて **2 次元 NLS 方程式**である．係数 ε_2 が正ならば，滑らかな初期波形 $\phi(x,y,0)$ から出発しても，z とともに(すなわち伝播とともに)，波の集中化(先鋭化)が起きる．この現象を，**自己集束**(self-focusing)または**フィラメント化**(filamentation)という*．この現象は，屈折率の電場依存性によっても簡単に説明できる．屈折率 n は，
$$n = n_0 + \frac{1}{2}n_2|E|^2 \quad (n_2 > 0)$$
で表わされるとしよう．位相速度 $v = \omega/k = c/n$ は，電場の強いところでは n が大きいため，おそくなる．よって，光束の中心での位相速度は，すそ部分での位相速度よりおそく，波面は中心を向いて集束していく(図 6-3)．

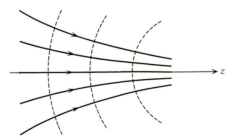

図 6-3　光の自己集束．破線は波面を表わす．

---

* R. Y. Chiao, E. Garmire and C. H. Towns : Phys. Rev. Lett. **13** (1964) 479.

2次元 NLS 方程式(6.17)は積分可能系ではない。円筒対称の解 $\phi(r,z)$, $r=\sqrt{x^2+y^2}$, はパルス型の初期波形 $\phi(r,0)$ から出発して，有限「時間」の z で特異点をもつようになることが知られている[*]．このことを示そう．円筒対称の場合，2次元 NLS 方程式(6.17)は

$$2ik\frac{\partial \phi}{\partial z}+\frac{1}{r}\frac{\partial}{\partial r}\left(r\frac{\partial \phi}{\partial r}\right)+\beta|\phi|^2\phi=0 \qquad (\beta>0) \qquad (6.18)$$

である．この方程式は，次の2つの保存量をもつ．

$$\begin{aligned} I_1 &= \int_0^\infty r|\phi|^2 dr \\ I_2 &= \int_0^\infty \left[\left|\frac{\partial \phi}{\partial r}\right|^2 - \frac{1}{2}\beta|\phi|^4\right]r\,dr \end{aligned} \qquad (6.19)$$

一方，方程式(6.18)より

$$I_2 = \beta\frac{\partial^2}{\partial z^2}\int_0^\infty |\phi|^2 r^3 dr \qquad (6.20)$$

であり，恒等式

$$\int_0^\infty |\phi|^2 r^3 dr = \frac{1}{2}\beta^{-1}I_2 z^2 + c_1 z + c_2 \qquad (c_1, c_2 \text{ は定数}) \qquad (6.21)$$

が成り立つ．

(6.19)で定義された I_2 は，多くの場合には負である(いろいろな波形 ϕ について，自分で確かめてほしい)．したがって，(6.21)の右辺は，はじめ正であっても，z の増加とともにある値 $z=z_0$ で正から負に変わる．ところが，(6.21)の左辺は正定値である．このことは，$z=z_0$ で ϕ が特異点をもち，解が存在しなくなることを示唆している．

実際に，強さ $|\phi|^2$ が発散する様子を図6-4に示した．(6.18)で，$k=3$, $\beta=9$ として，初期波形を $\phi(r,0)=\exp(-r^2/2)$ とすると，$z=z_0=1.52$ で $|\phi|$ $\sim (z_0-z)^{-2/3}$ のように発散している．

---

[*] V. E. Zakharov and S. Synakh : Sov. Phys. JETP 41 (1975) 465.

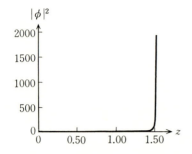

図 6-4 2次元 NLS 方程式における解の発散. この尺度の図では, $z=1.25$ 付近までほとんど0のように見える.

空間1次元の NLS 方程式は積分可能系である(5-2節). 光ファイバーを伝わるパルス波の解析には,次の形の NLS 方程式がよく用いられる. 伝播方向を z, パルスの包絡を $\phi(z,t)$ として,

$$i\left(\frac{\partial \phi}{\partial z}+k_1\frac{\partial \phi}{\partial t}\right) = -\frac{1}{2}k_2\frac{\partial^2 \phi}{\partial t^2}+\kappa|\phi|^2\phi \tag{6.22}$$

$$k_1 = \frac{\partial k}{\partial \omega}, \quad k_2 = \frac{\partial^2 k}{\partial \omega^2}, \quad \kappa = \frac{1}{2}k_0\frac{n_2}{n_0} \tag{6.23}$$

と与えられる. ここで, k_0 は搬送波の波数であり,屈折率 n の非線形性を $n=n_0+(1/2)n_2a^2$ (a は振幅)とした.

図 6-5 は,光ファイバーにピコ秒(10^{-12} 秒)パルスを入力し,その出力を調べた実験結果である. 左から右へ,入力のパワーは 1.2 W, 5.0 W, 11.4 W, 22.5 W と増加している. 1.2 W の場合の波形は,入力の波形と同じであるが,パワーの増加とともに波形の分裂が見られる. これらの波形は NLS 方程式の

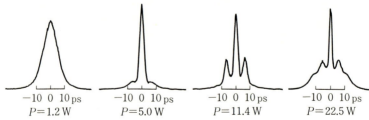

図 6-5 光ファイバーを伝播する包絡ソリトン. 左から右へ,入力パワーが増加している(L. F. Mollenauer, R. H. Stolen and J. P. Gordon : Phys. Rev. Lett. 45 (1980) 1095).

初期値問題から予言されるものと完全に一致する．(6.22)を変数変換して，

$$i\frac{\partial u}{\partial \xi} = \frac{1}{2}\frac{\partial^2 u}{\partial s^2} + |u|^2 u \tag{6.24}$$

としよう．初期条件を $u(0,s) = N \operatorname{sech} s$ (N は整数)として，逆散乱法の固有値問題を解くと，N 個の離散固有値が得られる．すなわち，N 個のソリトンが発生する．時間発展した後のそれぞれの波形を描いてみると，まさしく図6-5に示した波形と同じであることがわかる．1.2 W は $N=1$，5.0 W は $N=2$，11.4 W は $N=3$，22.5 W は $N=4$ に対応している．

最近では，さらに短いフェムト秒(10^{-15} 秒)パルスを記述するために，微分型 NLS 方程式((5.13)を参照)

$$iq_t + q_{xx} + i(|q|^2 q)_x = 0$$

が使われている*．

6-3 磁束の運動

線路状の2つの超伝導体電極をトンネル絶縁層を間にはさんで接合した系を，**Josephson 伝送線路**(Josephson transmission line)という(図6-6)．x 方向には十分長く，y 方向の幅はせまいとする．

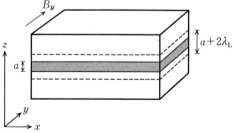

図 6-6　Josephson 伝送線路．長さ a は超伝導体にはさまれた絶縁体の厚さを表わす．

---

* N. Tzoar and M. Jain : Phys. Rev. **A23** (1981) 1286.
　K. Ohkuma, Y. H. Ichikawa and Y. Abe : Optics Letters **12** (1987) 516.

2つの超伝導体の状態は，おのおの巨視的波動関数で記述される．その位相差を $\phi(x,t)$ とする． z 方向の電流 $j_s(x,t)$ および電圧 $V(x,t)$ は，Josephson 方程式

$$j_s(x,t) = j_c \sin\phi(x,t) \tag{6.25}$$

$$V(x,t) = \frac{\hbar}{2e}\frac{\partial}{\partial t}\phi(x,t) \tag{6.26}$$

で与えられる．ただし，j_c は超伝導電流の上限値，e は電気素量，$\hbar = h/2\pi$（h は Planck 定数）である．

超伝導現象の重要な巨視的性質として Meissner 効果がある．磁場に対しシールド電流が流れ，超伝導体内部へ侵入する磁束はゼロとなる．Josephson 伝送線路の場合は，弱く結合している絶縁層部分への磁束の侵入が可能であり，位相差 $\phi(x,t)$ の空間変化を引きおこす．

y 軸方向の磁場 $B_y(x,t)$ に対する $\phi(x,t)$ の変化を計算しよう．Maxwell 方程式 $\nabla \times \boldsymbol{E} = -\partial \boldsymbol{B}/\partial t$ を積分形で書くと，

$$\oint \boldsymbol{E}\cdot d\boldsymbol{l} = -\iint \frac{\partial B_y}{\partial t} dS \tag{6.27}$$

である．磁場が存在するのは厚さ $l = a + 2\lambda_L$（a は絶縁体の厚さ，λ_L は London 侵入長）の領域であるから，(6.27)より

$$E_z(x,t)a - E_z(x+\Delta x,t)a = -\Delta x \cdot l \frac{\partial B_y(x,t)}{\partial t} \tag{6.28}$$

が成り立つ．$E_z(x,t) = V(x,t)/a$ から，上の式は

$$\frac{\partial V(x,t)}{\partial x} = l\left(\frac{\partial}{\partial t}\right)B_y(x,t)$$

を与える．これを，(6.26)と比べて

$$\frac{\partial \phi(x,t)}{\partial x} = \frac{2e}{\hbar} l B_y(x,t) \tag{6.29}$$

を得る．以上の結果を，Maxwell 方程式 $\nabla \times \boldsymbol{B} = \mu_0 \boldsymbol{j} + \mu_0 \varepsilon \partial \boldsymbol{E}/\partial t$ に代入すれば，$\phi(x,t)$ に対する方程式として，SG 方程式

$$\frac{\partial^2 \phi}{\partial t^2} - \frac{\partial^2 \phi}{\partial x^2} + \sin \phi = 0 \tag{6.30}$$

が得られる.ただし,x と t はおのおの

$$x \to \sqrt{\frac{\hbar}{2e\mu_0 j_c l}} x, \quad t \to \sqrt{\frac{\hbar\varepsilon}{2ej_c l}} t \tag{6.31}$$

とおきかえて無次元化した.

SG 方程式(6.30)の1ソリトン解は

$$\phi(x,t) = 4 \arctan\left[\exp\left(-\frac{x-vt}{\sqrt{1-v^2}}\right)\right] \tag{6.32}$$

である((3.11)参照).このとき,電圧 $V(x,t)$ と磁束 Φ は,おのおの

$$V = \frac{\hbar}{2e}\frac{\partial \phi(x,t)}{\partial t} = \frac{\hbar}{2e}\frac{2v}{\sqrt{1-v^2}}\operatorname{sech}\left(\frac{x-vt}{\sqrt{1-v^2}}\right) \tag{6.33}$$

$$\Phi = \int_{-\infty}^{\infty} V(x,t)\,dt = \frac{\hbar}{2e}\int_{-\infty}^{\infty}\frac{\partial \phi(x,t)}{\partial t}\,dt = \frac{h}{2e} \tag{6.34}$$

と計算される.(6.34)の磁束 Φ は磁束量子に対応している.

これまでの議論では,Josephson 伝送線路において生ずる準粒子損失(その係数を α で表わす),超伝導高周波損失(その係数を β で表わす)等の効果を無視した.また,実験では磁束量子を走らせるためのバイアス電流(規格化して γ で表わす)が必要である.これらを考慮すると,(6.30)は一般化されて,

$$\frac{\partial^2 \phi}{\partial t^2} - \frac{\partial^2 \phi}{\partial x^2} + \sin \phi + \alpha \phi_t - \beta \phi_{xxt} - \gamma = 0 \tag{6.35}$$

となる.

図 6-7 は,Josephson 伝送線路の入力端から電圧パルスを加えたとき,出力端に現われる電圧応答を示したものである.入力パルスの幅は一定で,高さを調節する.図中のおのおののパルスは磁束量子に対応している.入力パルスの高さが大きくなるとともに,より多くのパルス(磁束量子)から成るソリトン列が観測されることがわかる.

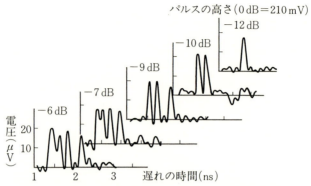

図 6-7 Josephson 伝送線路の出力端で観測されたソリトン列．バイアス電流は $\gamma=0.028$ に相当．下の図ほど入力パルスの高さは大きい（A. Matsuda and T. Kawakami : Phys. Rev. Lett. **51** (1983) 694）．

6-4　3つの波の相互作用

一般に，波数の異なるいくつかの波が共存するとしよう．それらの波は，同じ物理量の波数が異なる成分と考えてもよいし，異なる物理量に対応するとしてもよい．非線形性が弱いとすると，ゆっくり変わる複素振幅 A_j をもつ単色光の集まりとして，その波動場を記述できるであろう．

$$\phi(x,t) = \sum_{j=1}^{N} A_j \exp\{i(k_j x - \omega_j t)\} + \text{c.c.} \tag{6.36}$$

（右辺の c.c. は複素共役を表わす．）　運動方程式に現われる非線形性が2次ならば，振幅 A_1 に対する運動方程式に，

$$A_2 A_3 \exp\{i(k_2+k_3)x - i(\omega_2+\omega_3)t\}$$

のような「強制振動」項が現われる．したがって，条件

$$k_1 = k_2 + k_3, \qquad \omega_1 = \omega_2 + \omega_3 \tag{6.37}$$

が満足されると，波の間の共鳴が起きる（図6-8）．すなわち，3つの波の間にはエネルギーのやりとりが生じて，複素振幅の時間発展は

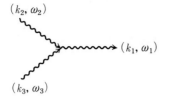

図 6-8 3波共鳴相互作用.

$$\frac{\partial A_1}{\partial t} + c_1 \frac{\partial A_1}{\partial x} = g_1 A_2 A_3$$

$$\frac{\partial A_2}{\partial t} + c_2 \frac{\partial A_2}{\partial x} = g_2 A_1 A_3{}^* \qquad (6.38)$$

$$\frac{\partial A_3}{\partial t} + c_3 \frac{\partial A_3}{\partial x} = g_3 A_1 A_2{}^*$$

で記述されることになる．ここで，c_i は群速度

$$c_i \equiv \left.\frac{\partial \omega(k)}{\partial k}\right|_{k=k_i} \qquad (6.39)$$

であり，g_i は非線形性を表わす結合定数である．

このようにして起こる3つの波（$N=3$ の場合）の間の共鳴を3波相互作用（three wave interaction）という．(6.38)は **3波相互作用方程式** とよばれ，非線形光学，プラズマ物理，流体力学などで非常に一般に用いられている*．3波相互作用（略して，3WI）方程式は積分可能系である（じつは，量子論的3WI方程式も積分可能系である**）．また，2次元の場合

$$\left(\frac{\partial}{\partial t} + c_{11}\frac{\partial}{\partial x} + c_{12}\frac{\partial}{\partial y}\right)A_1 = \mu_1 A_2 A_3$$

$$\left(\frac{\partial}{\partial t} + c_{21}\frac{\partial}{\partial x} + c_{22}\frac{\partial}{\partial y}\right)A_2 = \mu_2 A_1 A_3{}^* \qquad (6.40)$$

$$\left(\frac{\partial}{\partial t} + c_{31}\frac{\partial}{\partial x} + c_{32}\frac{\partial}{\partial y}\right)A_3 = \mu_3 A_1 A_2{}^*$$

も積分可能系である．

3波相互作用の特別な例として，**長波短波相互作用**（long wave short wave

---
* D. J. Kaup, A. H. Reiman and A. Bers : Rev. Mod. Phys. 51 (1979) 275.
** K. Ohkuma and M. Wadati : J. Phys. Soc. Jpn. 55 (1984) 2899.

interaction)が議論できる. 2つの波数 k_1 と k_2 はほぼ等しく，k_3 は小さいとしよう.

$$k_1 = k + \varepsilon K, \quad k_2 = k - \varepsilon K, \quad k_3 = 2\varepsilon K \tag{6.41}$$

このとき，$\omega_1 = \omega_2 + \omega_3$ がみたされるためには，

$$\omega(k + \varepsilon K) - \omega(k - \varepsilon K) = \omega_3 \tag{6.42}$$

でなければならない. 左辺で $\varepsilon \ll 1$ を用いると，この条件は $2\varepsilon K \partial \omega / \partial k = \omega_3$ となる. よって，$\omega_1 = \omega_2 + \omega_3$ が成り立つためには，

$$\frac{\partial \omega}{\partial k} = \frac{\omega_3}{2\varepsilon K} \tag{6.43}$$

すなわち，波数 k をもつ短波(short wave)の群速度が，波数 $2\varepsilon K$ の長波(long wave)の位相速度に等しいとき，共鳴条件がみたされる. 条件(6.43)が実現するのは，例えば，図6-9(a)のような分散関係式をもつ場合や，(b)のように分散関係が2つの分枝をもつ場合である.

後者の場合を考えよう. 図(b)で，上の分枝を光学モード，下の分枝を音響モードとよぶことにする. 光学モードの2つの波 $k_1 = k + \varepsilon \kappa$ と $k_2 = k - \varepsilon \kappa$ は，搬送波の波数が k で，振幅がゆっくりと変化する変調波

$$\phi(x, t) = A(x, t) \exp(i\theta) \tag{6.44}$$

をつくる. このゆっくり変化する振幅 $A(x, t)$ は，音響モード $N(x, t)$ と相互作用することができる. 相互作用の最低次を考え，また，$N(x, t)$, $|A(x, t)|^2$ は同程度の大きさであると仮定すると，方程式系

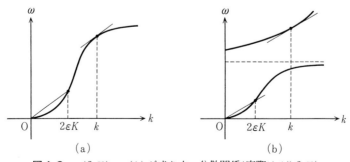

図 6-9　$c_p(2\varepsilon K) = c_g(k)$ が成り立つ分散関係(実際は $k \gg 2\varepsilon K$).

$$i\left(\frac{\partial}{\partial t}+c_g\frac{\partial}{\partial x}\right)A+\beta\frac{\partial^2 A}{\partial x^2}=\gamma AN \tag{6.45a}$$

$$\frac{\partial N}{\partial t}+c_g\frac{\partial N}{\partial x}=-\delta\frac{\partial}{\partial x}(|A|^2) \tag{6.45b}$$

が得られる.ここで,c_gは光学モードの群速度,β,γ,δは定数である.(6.45)は積分可能系である.$N(x,t)$はKdVソリトン,$A(x,t)$はNLS方程式の包絡ソリトンに非常によく似ている.流体力学における水面波での重力モード(長波)と表面張力モード(短波)の共鳴相互作用は,その一例である*.

長波と短波の相互作用を記述する方程式系としては,次に述べる方程式もよく用いられる.Zakharovは,Langmuir波(プラズマ振動の波で短波に相当)とイオン音波(長波に相当)の相互作用を記述する方程式として,

$$\left(i\frac{\partial}{\partial t}+\frac{\partial^2}{\partial x^2}\right)E(x,t)=n(x,t)E(x,t) \tag{6.46a}$$

$$\left(\frac{\partial^2}{\partial t^2}-\frac{\partial^2}{\partial x^2}\right)n(x,t)=\frac{\partial^2}{\partial x^2}(|E(x,t)|^2) \tag{6.46b}$$

を提出した**.$E(x,t)$はLangmuir波のゆるやかに変動する電場の振幅,$n(x,t)$はイオン密度の変動を表わしている.(6.46)は**Zakharov方程式**とよばれる(すべての量は無次元化してある).この方程式は,積分可能系ではないが,興味ある例を多く含んでいる.(6.46b)で一方向に進む波を選ぶと,(6.45b)に帰着する.また,(6.46b)で左辺のt微分を無視すると,$n(x,t)=-|E(x,t)|^2$であり,(6.46a)にこれを代入すると,NLS方程式になる.

6-5 古典スピン系

N個のスピンS_jが1次元格子上に並べられているとする(図6-10).その最近接スピン間には,Heisenberg相互作用

---

* D. J. Benney : Stud. in Appl. Math. 56 (1977) 81.
** V. E. Zakharov : Sov. Phys. JETP 35 (1972) 908.

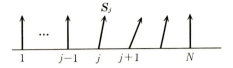
図6-10 1次元スピン系.

$$U = -2J \sum_{j=1}^{N} \mathbf{S}_j \cdot \mathbf{S}_{j+1} \quad (J>0) \tag{6.47}$$

を仮定する．ただし，J は交換積分である．

元来，スピンは量子論的なものであるが，ここではスピン $\mathbf{S}_i$ を角運動ベクトル，または，磁気モーメント(小さな磁石)と考えて，古典論的な運動方程式を導く．

(6.47)において，j 番目のスピンを含む項は，

$$-2J\mathbf{S}_j \cdot (\mathbf{S}_{j+1} + \mathbf{S}_{j-1}) \tag{6.48}$$

である．スピン角運動量 $\hbar \mathbf{S}_j$ と磁気モーメント $\boldsymbol{\mu}_j$ は比例し，その関係は，

$$\boldsymbol{\mu}_j = \gamma \hbar \mathbf{S}_j = -g\mu_B \mathbf{S}_j \tag{6.49}$$

で与えられる．ここで，g は g 因子，μ_B は Bohr 磁子である．j 番目のスピンに働く有効磁場 $\mathbf{B}_j$ を

$$-\boldsymbol{\mu}_j \cdot \mathbf{B}_j = -2J\mathbf{S}_j \cdot (\mathbf{S}_{j+1} + \mathbf{S}_{j-1}) \tag{6.50}$$

で定義すると，(6.49)と(6.50)から

$$\mathbf{B}_j = -\frac{2J}{g\mu_B}(\mathbf{S}_{j+1} + \mathbf{S}_{j-1}) \tag{6.51}$$

であることがわかる．

角運動量 $\hbar \mathbf{S}_j$ の時間変化は，このスピンに働く偶力 $\boldsymbol{\mu}_j \times \mathbf{B}_j$ に等しいから，

$$\hbar \frac{d\mathbf{S}_j}{dt} = -g\mu_B \mathbf{S}_j \times \left\{ -\frac{2J}{g\mu_B}(\mathbf{S}_{j+1} + \mathbf{S}_{j-1}) \right\}$$
$$= 2J\mathbf{S}_j \times (\mathbf{S}_{j+1} + \mathbf{S}_{j-1}) \tag{6.52}$$

となる．これを書き直して，スピンの従う運動方程式

$$\frac{d\mathbf{S}_j}{dt} = \frac{2J}{\hbar}\mathbf{S}_j \times (\mathbf{S}_{j+1} + \mathbf{S}_{j-1}) \tag{6.53}$$

が得られる．この方程式は量子論，すなわち $\mathbf{S}_j$ を演算子としても正しい．こ

の節では,古典論の方程式として考えていることを繰り返しておこう.

格子点の間隔を a として,連続体近似を行なう.すなわち,

$$S_{j\pm 1} = S(x) \pm a \frac{\partial S}{\partial x} + \frac{1}{2}a^2 \frac{\partial^2 S}{\partial x^2} \pm \cdots \qquad (6.54)$$

を(6.53)に代入する.t または x を選び直して,スピン $S(x)$ の大きさを1にすると,結局,運動方程式

$$\frac{\partial S}{\partial t} = S \times \frac{\partial^2 S}{\partial x^2} \qquad (6.55)$$

$$|S|^2 = 1 \qquad (6.56)$$

が得られる.(6.55)を,**Heisenberg 強磁性体方程式**とよぶ.

(6.55)の1ソリトン解は,次のようにして求められる.

$$\begin{aligned} S &\equiv (S_1, S_2, S_3) = (\sin\theta\cos\phi, \sin\theta\sin\phi, \cos\theta) \\ \theta(x,t) &= \theta(x-vt), \quad \phi(x,t) = \Omega t + f(x-vt) \end{aligned} \qquad (6.57)$$

とおき,(6.55)に代入する.その微分方程式を,境界条件

$$S = (0,0,1) \qquad (|x| \to \infty) \qquad (6.58)$$

の下で積分すると,

$$S_3 = \cos\theta = 1 - 2b^2 \operatorname{sech}^2(b\sqrt{\Omega}\,(x-vt-x_0)) \qquad (6.59\mathrm{a})$$

$$\phi(x,t) = \Omega t + \phi_0 + \frac{1}{2}v(x-x_0-vt) \\ + \arctan\left[\left(\frac{b^2}{1-b^2}\right)^{1/2} \tanh(b\sqrt{\Omega}\,(x-vt-x_0))\right] \qquad (6.59\mathrm{b})$$

と求まる.スピンの z 成分 $S_3(x,t)$ は,図6-11の形を保って一定の速度で伝

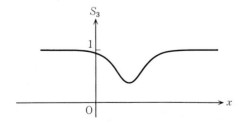

図6-11 Heisenberg 強磁性体方程式の1ソリトン解(6.59a).

播する.

Heisenberg強磁性体方程式(6.55)は，非線形Schrödinger(NLS)方程式と等価であり*，完全積分可能系である**．したがって，NLS方程式と同様に，Nソリトン解を求めることができる．ここでは，実際に，(6.55)が逆散乱形式に書けることを示してみよう．

そのためには，Pauli行列 $\sigma_1, \sigma_2, \sigma_3$

$$\sigma_1 = \begin{pmatrix} 0 & 1 \\ 1 & 0 \end{pmatrix}, \quad \sigma_2 = \begin{pmatrix} 0 & -i \\ i & 0 \end{pmatrix}, \quad \sigma_3 = \begin{pmatrix} 1 & 0 \\ 0 & -1 \end{pmatrix} \quad (6.60)$$

を使って，

$$\begin{aligned} S(x,t) &\equiv \boldsymbol{S}(x,t)\cdot\boldsymbol{\sigma} \\ &= S_1(x,t)\sigma_1 + S_2(x,t)\sigma_2 + S_3(x,t)\sigma_3 \end{aligned} \quad (6.61)$$

を定義するのが便利である．$S(x,t)$に対する運動方程式は，(6.55)から

$$\frac{\partial S}{\partial t} = \frac{1}{2i}[S, S_{xx}] = \frac{1}{2i}(SS_{xx} - S_{xx}S) \quad (6.62)$$

となる．線形方程式系

$$\psi_x = i\lambda S\psi, \quad \psi_t = (\lambda SS_x + 2i\lambda^2 S)\psi \quad (6.63)$$

に対して，両立条件 $(\psi_x)_t = (\psi_t)_x$ と条件 $\lambda_t = 0$ を課すと，運動方程式(6.55)が得られる．すなわち，(6.63)はHeisenberg強磁性体方程式(6.55)に対する逆散乱法の基本式である．Pauli行列が登場したのは，2行2列の行列を書くためであり，量子論を考えているのではないことを再び注意しておこう．

6-6 渦糸を伝わる波

流体の速度場を $\boldsymbol{u}(\boldsymbol{r},t)$ で表わす．渦度ベクトル $\boldsymbol{\omega}$ は，$\boldsymbol{\omega} = \nabla \times \boldsymbol{u}$ で定義され，空間曲線 C に沿って渦度が集中しているとき，C を渦糸(vortex filament)という．渦糸の各点は，他の点からの流れの影響を受けるので，1本の渦糸の運

---
* M. Lakshmanan : Phys. Lett. **64A** (1977) 53.
** L. A. Takhtajan : Phys. Lett. **64A** (1977) 235.

動でさえも簡単な問題ではない．

非圧縮性流体では $\nabla \cdot \boldsymbol{u} = 0$ であるから，静磁場の問題と同様な手法で解析できる．$\boldsymbol{u} = \nabla \times \boldsymbol{A}$, $\nabla \cdot \boldsymbol{A} = 0$ とベクトルポテンシャル $\boldsymbol{A}$ を導入することにより，

$$\boldsymbol{\omega} = \nabla \times (\nabla \times \boldsymbol{A}) = -\nabla^2 \boldsymbol{A} \tag{6.64}$$

を得る．これを解くと，

$$\boldsymbol{A}(r,t) = \frac{1}{4\pi} \int d^3 r' \frac{\boldsymbol{\omega}(\boldsymbol{r}')}{|\boldsymbol{r}-\boldsymbol{r}'|} \tag{6.65}$$

$$\boldsymbol{u} = \nabla \times \boldsymbol{A} = \frac{1}{4\pi} \int d^3 r' \frac{\boldsymbol{\omega}(\boldsymbol{r}') \times (\boldsymbol{r}-\boldsymbol{r}')}{|\boldsymbol{r}-\boldsymbol{r}'|^3} \tag{6.66}$$

となる．渦度の強さが Γ の渦糸に対しては，(6.66)は

$$\boldsymbol{u}(r,t) = \frac{\Gamma}{4\pi} \int \frac{d\boldsymbol{l} \times (\boldsymbol{r}-\boldsymbol{r}')}{|\boldsymbol{r}-\boldsymbol{r}'|^3} \tag{6.67}$$

を与える．ここで，$d\boldsymbol{l}$ は渦糸に沿っての線素片ベクトルである．

渦糸の運動を考えるとき，公式(6.67)において定義どおりに渦糸の断面積を0にすると，渦糸上の誘導速度 $\boldsymbol{u}(r,t)$ は発散してしまう．よって，何らかの近似が必要になる．ε を渦糸の半径程度の長さ，L を考えている渦糸上の点に影響を与える渦糸の長さの程度として，その影響が $\log(L/\varepsilon)$ に比べて無視できるとする．この近似によって得られる運動方程式は，次のようになる．渦糸上の点の位置ベクトルを $\boldsymbol{x}(s,t)$ (s は適当な原点から渦糸に沿っての長さ)，渦糸の陪法線方向の単位ベクトルを $\boldsymbol{b}$ と表わす（図6-12）．

$$\frac{\partial \boldsymbol{x}}{\partial t} = \Gamma \Lambda \kappa \boldsymbol{b} = \Gamma \Lambda \frac{\partial \boldsymbol{x}}{\partial s} \times \frac{\partial^2 \boldsymbol{x}}{\partial s^2} \tag{6.68}$$

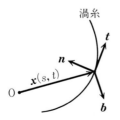

図6-12 渦糸の位置ベクトル $\boldsymbol{x}(s,t)$ と，接線，法線，陪法線方向の単位ベクトル $\boldsymbol{t}, \boldsymbol{n}, \boldsymbol{b}$．

ただし，κ は渦糸の曲率であり，また

$$\Lambda = \frac{1}{4\pi} \log \frac{L}{\varepsilon} \qquad (6.69)$$

とおいた．(6.68)を**局所誘導**(local induction)**方程式**という．$\Gamma\Lambda$ を定数として，時間あるいは長さの尺度を適当に選ぶと，

$$\frac{\partial \boldsymbol{x}}{\partial t} = \frac{\partial \boldsymbol{x}}{\partial s} \times \frac{\partial^2 \boldsymbol{x}}{\partial s^2} = \kappa \boldsymbol{b} \qquad (6.70)$$

が得られる．

渦糸の接線，法線方向の単位ベクトルをそれぞれ $\boldsymbol{t}, \boldsymbol{n}$ とすると，接線の定義と，**Frenet-Serret**(フレネ-セレ)の公式から

$$\frac{\partial \boldsymbol{x}}{\partial s} = \boldsymbol{t}, \quad \frac{\partial \boldsymbol{t}}{\partial s} = \kappa \boldsymbol{n}, \quad \frac{\partial \boldsymbol{n}}{\partial s} = -\kappa \boldsymbol{t} + \tau \boldsymbol{b}, \quad \frac{\partial \boldsymbol{b}}{\partial s} = -\tau \boldsymbol{n}$$

$$(6.71)$$

が成立する．ここで，τ はねじれ率とよばれ，$1/\kappa$ を半径とする曲率円の回転の割合を表わす．

(6.70)は興味深い方程式と関係している．まず，この式を s について 1 回微分すると，$\boldsymbol{t} = \partial \boldsymbol{x}/\partial s$ に対して，

$$\frac{\partial \boldsymbol{t}}{\partial t} = \boldsymbol{t} \times \frac{\partial^2 \boldsymbol{t}}{\partial s^2} \qquad (6.72)$$

が成り立つ．これは，6-5 節で見たように，1 次元古典スピン系の運動方程式 (6.55)と同じである．

また，

$$\psi(s,t) = \kappa(s,t) \exp\left[i \int_0^s \tau(s,t) ds\right] \qquad (6.73)$$

とおくと，やや面倒な計算ののち，

$$i\psi_t + \psi_{ss} + \frac{1}{2}[|\psi|^2 + A(t)]\psi = 0 \qquad (6.74)$$

を導くことができる．さらに，

$$\phi(s,t) = \frac{1}{2}\psi(s,t)\exp\left(-\frac{i}{2}\int_0^t dt' A(t')\right) \tag{6.75}$$

として，書き直すと，NLS方程式

$$i\phi_t + \phi_{ss} + 2|\phi|^2\phi = 0 \tag{6.76}$$

が得られる*.

NLS方程式の1ソリトン解((2.95)参照)を，渦糸の運動に読みかえると，αとβを定数として，

$$\begin{aligned} \kappa(s,t) &= 4\beta\,\mathrm{sech}[2\beta(s+4\alpha t)], \quad \tau = -2\alpha \\ A(t) &= 8(\alpha^2 - \beta^2) \end{aligned} \tag{6.77}$$

となる．(6.71)を解いて，$t=0$の場合の渦糸の座標$\boldsymbol{x}(s)$を計算してみよう．その結果は次のように与えられる．

$$\begin{aligned} x(s,t) &= -2h\,\mathrm{sech}\,\xi\sin\nu\xi \\ y(s,t) &= 2h\,\mathrm{sech}\,\xi\cos\nu\xi \\ z(s,t) &= s - 2h\tanh\xi \end{aligned} \tag{6.78}$$

ただし，

$$\xi = 2\beta s, \quad \nu = -\alpha/\beta, \quad h = [\beta(\nu^2+1)]^{-1} \tag{6.79}$$

例として，$\alpha = -1/2$，$\beta = 1/2$をとると，渦糸の形は図6-13のようになる．現実のたつ巻において，このような**渦糸ソリトン**（橋本ソリトンともよばれる）が観測されていることは大変興味深い**．水槽で渦糸をつくり，その渦糸に衝

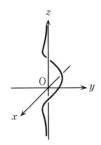

図6-13 渦糸ソリトン．

---

* H. Hasimoto : J. Fluid Mech. **51** (1972) 477.
** H. Aref and E. P. Flinchem : J. Fluid Mech. **148** (1984) 477.

撃を与えて渦糸ソリトンの伝播を調べることもできる．巻末の補章[C]に，より一般に，曲線の運動を議論した．

6-7 ポリアセチレン

低次元，特に1次元系の物性に関連して多くの場面にソリトンが登場する．すでに述べたものも含めて列挙すると，結晶中の転位，導体電荷密度波相や磁性体での非線形波動，ポリアセチレン等の分子性結晶での非線形励起，Josephson素子中の磁束，等々である．ソリトン物性物理としてのポリアセチレンを議論する．

ポリアセチレン$(CH)_x$には，トランス型とシス型の2種類の異性体がある．ここでは，トランス型だけを考えることにする(図6-14)．ポリアセチレン鎖のジグザグ構造は炭素の3個のσ軌道からなる．残りの1個(炭素あたり)のπ軌道電子がポリアセチレンの興味深い物性に関与する．

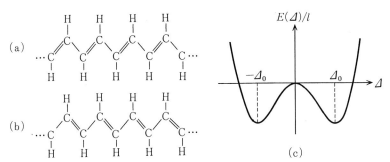

図6-14 トランス型ポリアセチレン．2つの状態(a)と(b)は同じエネルギーをもつ．(c)均一に2原子分子化したときの単位長さ当りのエネルギー．横軸Δは，バンドギャップ秩序パラメーター．

ポリアセチレンをモデル化するには，CH鎖とπ軌道電子の結合運動を考える必要がある．鎖に沿って，サイトiにおける(CH)ユニット(質量M)の平衡点からのずれをy_i，格子のバネ定数をKとする．また，サイトiにスピン$s=\pm 1/2$のπ電子を生成する演算子を$c_{i,s}^+$，消滅させる演算子を$c_{i,s}$と表わす．

電子間 Coulomb 相互作用を無視すれば，この π 電子-格子系のハミルトニアンは

$$H = \frac{M}{2}\sum_i \dot{y}_i{}^2 + \frac{K}{2}\sum_i (y_{i+1}-y_i)^2$$
$$- \sum_{i,s}\{(t_0-\alpha(y_{i+1}-y_i))c_{i+1,s}{}^+ c_{i,s}+\text{h.c.}\} \qquad (6.80)$$

で与えられる*(h.c. は Hermite 共役). 第3項は, 隣接するサイト間を電子が飛び移ることを記述する. 遷移積分 $t \equiv t_0 - \alpha(y_{i+1}-y_i)$ が格子間隔に応じて変わる効果を通じて, 電子と格子の相互作用が取り入れられている.

$y_i=0$ であれば, 電子のスペクトルは $\varepsilon(k)=-2t_0\cos ka$ のバンドをつくり, バンドは半分まで電子で満たされて, 系は金属状態になる(図6-15(a)). しかし, 電子-格子相互作用のため, 格子が2原子分子化(dimerized)するように変形した状態

$$y_i = (-1)^i u_0 \qquad (6.81)$$

の方が全系のエネルギーが低くなる. これは, 格子変形にともなう電子系のエネルギーの低下が, 格子系のエネルギーの上昇を上回るためである. このとき, Fermi 準位にはギャップが生じて, 電子系は絶縁体状態になる(図6-15(b)).

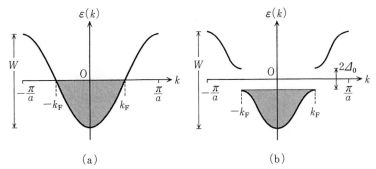

図 6-15 電子のエネルギースペクトル. (a)均一の場合, (b)2原子分子化した場合. 陰影は電子が占有していることを示す. $W=4t_0$ は全バンド幅, $2\Delta_0$ はバンドギャップ, a は格子間隔($a\approx 1.22$ A)である.

---

* W. P. Su, J. R. Schrieffer and A. J. Heeger : Phys. Rev. Lett. 42 (1979) 1698.

1次元電子-格子系における **Peierls 不安定性**の一例である.

こうして, 図6-14の2重ボンドの化学記号は, 物理的には2原子分子化による格子間隔の縮み(6.81)を表わしていると解釈される. 図6-14の2つの状態(a), (b)は縮むボンドが1格子分ずれていることに相当し, 同じエネルギーをもっている.

さらに議論を進めるには, 連続体模型が便利である. 格子変形 $y_i - y_{i-1}$ の代りに, バンドギャップ秩序パラメーター $\Delta(x,t)$ をとる. また, 演算子 $c_{i,s}$, $c_{i,s}^+$ を2成分場 $\Psi_s^+(x) = (u_s^+(x), v_s^+(x))$ で表わす. (6.80)の連続体極限(格子間隔 $a \to 0$)は,

$$H = \frac{1}{2g^2} \int dx \{\dot{\Delta}^2 + \omega_Q^2 \Delta^2\} + \sum_s \int dx\, \Psi_s^+ \left[-iv_F \sigma_2 \frac{\partial}{\partial x} + \sigma_3 \Delta \right] \Psi_s \quad (6.82)$$

を与える*. ここで, $g^2 = 16\alpha^2 a/M$, $\omega_Q^2 = 4K/M$, $v_F = 2t_0 a \equiv Wa/2$, σ_i は Pauli 行列である. ハミルトニアン(6.82)を導く際には, 電子の分散関係を $-2t_0 \cos[(k \pm k_F)a] = \pm v_F k$ と近似した.

時間依存性がない($\dot{\Delta} = 0$)の場合, (6.82)の変分式より, $u_s(x)$ と $v_s(x)$ に対する固有値方程式

$$\begin{aligned}\varepsilon_n u_{n,s} &= v_F \frac{\partial}{\partial x} v_{n,s} + \Delta(x) u_{n,s} \\ \varepsilon_n v_{n,s} &= -v_F \frac{\partial}{\partial x} u_{n,s} - \Delta(x) v_{n,s}\end{aligned} \quad (6.83)$$

ならびに $\Delta(x)$ に対する自己無撞着条件

$$\Delta(x) = -\frac{g^2}{\omega_Q^2} \sum_{n,s}{}' (|u_{n,s}|^2 - |v_{n,s}|^2) \quad (6.84)$$

が得られる. 上の式で記号 $\sum{}'$ は, 電子に占有されている状態についての和を表わす.

系の全体のエネルギーは,

---

* H. Takayama, Y. R. Lin-Liu and K. Maki : Phys. Rev. **B21** (1980) 2388.

$$E[\varDelta(x)] = \sum_{n,s}{}' \varepsilon_n + \frac{\omega_Q^2}{g^2} \int dx\, \varDelta^2(x) \tag{6.85}$$

で与えられる．

$\varDelta(x) = \varDelta_0$ の場合，(6.83)と(6.84)から

$$\varepsilon_n = \pm(v_F k_n^2 + \varDelta_0^2)^{1/2} \tag{6.86}$$

$$\varDelta_0 = W \exp\left(-\frac{1}{\lambda}\right), \quad \lambda = \frac{2g^2}{\pi v_b \omega_Q^2} \tag{6.87}$$

となる．基底状態では，エネルギーギャップ下の状態($\varepsilon_n < 0$，価電子帯)だけが占有され，$E[\varDelta(x) = \varDelta]$ は，$\varDelta = \pm \varDelta_0$ に極小をもつ(図6-14(c))．

さて，これからがソリトン物性としておもしろくなる．2重に縮退した基底状態をつなぐキンク型の励起が予想されるからである．キンク型のソリトン解は，(6.83)と(6.84)の解として，

$$\varDelta_K(x) = \varDelta_0 \tanh \frac{x}{\xi_0}, \quad \xi_0 = \frac{v_F}{\varDelta_0} \tag{6.88}$$

で与えられる．このとき，電子状態は，伝導帯と価電子帯(ともに，$\varDelta_K(x)$ のために変形した平面波状態になる)のほかに，エネルギーギャップの中央 $\varepsilon = 0$ に局在状態

$$u_0(x) = v_0(x) = \frac{1}{2} \xi_0^{-1/2} \operatorname{sech} \frac{x}{\xi_0} \tag{6.89}$$

をもつ(図6-16)．この結果は，反キンク $\varDelta_{\bar{K}}(x) = -\varDelta_K(x)$ に対しても同様である．

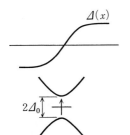

図6-16 中性ソリトンの格子変位 $\varDelta(x)$ と電子のエネルギースペクトル．

エネルギーギャップの中央にある局在状態には，たかだか2個の電子が存在する．局在状態に1個の電子が占有する場合は，スピンはもつが電荷はもたない(電荷は価電子帯の変形と相殺される)中性ソリトンが出現する．すなわち，$S=1/2$, $Q=0$ の粒子が現われる．同様に，局在状態の電子が2個(または0個)の場合には，スピン $S=0$, 電荷 $Q=-e$ (または $+e$) の荷電ソリトンが生ずる．スピンと電荷のこの奇妙な対応は，非線形物理の多彩な側面を示している．実際に，中性ソリトン($Q=0$)のスピンが，ESR(電子スピン共鳴)によって観測されている*．

6-8 生態系におけるソリトンの伝播

2種類の生物の生存競争を記述する数理モデルとして，A. J. Lotka(1920)とV. Volterra(1931)による **Lotka-Volterra 方程式** がある．Volterra は，アドリア海のサメとそのエサになる魚との生存競争をつぎのような連立微分方程式で表わした．

$$\frac{dN_1}{dt} = -(a-bN_2)N_1, \quad \frac{dN_2}{dt} = (c-dN_1)N_2 \quad (a,b,c,d>0) \quad (6.90)$$

ここで，N_1 はサメの数，N_2 はエサになる魚の数で，a はサメの自然減少率，c は魚の自然増加率である．$-bN_2$ は魚の存在によってサメの減少率が小さくなる効果を，$-dN_1$ はサメの存在によって魚の増加率が小さくなる効果を表わしている．方程式(6.90)を解かなくても予想できることだが，エサとなる魚が増加すればサメも増え，あまりサメが魚をたべすぎるとエサになる魚は減少し，N_1 と N_2 が交互に増減をくり返す周期解をもつ．現実の自然界はもっと複雑で，魚は小魚をたべ，小魚はプランクトンをたべ，……というように生態系は連鎖している．

簡単なモデルとして，次のような連鎖を考えよう(図6-17)．N_n を n 番目の

---

* B. R. Weinberger et al. : J. Chem. Phys. 72 (1980) 4749.
  M. Nechtschein et al. : Phys. Rev. 27 (1983) 61.

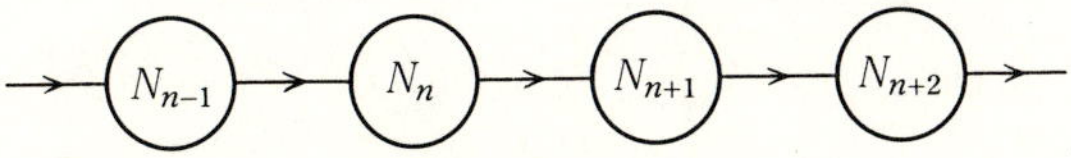

6-8 生態系におけるソリトンの伝播

○→ N_{n-1} →○→ N_n →○→ N_{n+1} →○→ N_{n+2} →○

図 6-17 エサと捕食者の連鎖．種 n は種 $n+1$ を食べ，種 $n-1$ に食べられる．

種の個体数とする．N_n の増加の割合はエサ $n+1$ との出会いの数 $N_n N_{n+1}$ に比例し，N_n の減少の割合は捕食者 $n-1$ との出会いの数 $N_n N_{n-1}$ に比例すると仮定すると，

$$\frac{dN_n}{dt} = (N_{n+1} - N_{n-1}) N_n \tag{6.91}$$

が成り立つ．この微分差分方程式は完全積分可能系である．1つの種に起きた変化は，つぎつぎに他の種へ伝播していく．これらのソリトン解を議論する代りに，この方程式がいろいろな方程式と関係することを示そう*．

まず，はしご型 LC 回路（図 6-18）の方程式は，n 番目のキャパシタンス中の電荷を Q_n，インダクタンスを通る磁束を Φ_n とすると，一般に

$$\frac{dQ_n}{dt} = I_n - I_{n+1}, \quad \frac{d\Phi_n}{dt} = V_{n-1} - V_n \tag{6.92}$$

で与えられる．(6.91)で，

$$N_{2m} = -(V_m + a), \quad N_{2m+1} = -(I_{m+1} + b) \quad (a, b \text{ は定数}) \tag{6.93}$$

とおくと，

$$\frac{d}{dt} \log(V_n + a) = I_n - I_{n+1}, \quad \frac{d}{dt} \log(I_n + b) = V_{n-1} - V_n \tag{6.94}$$

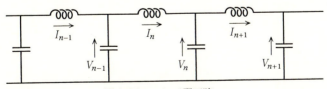

図 6-18 はしご型回路．

---

* M. Wadati: Prog. Theor. Phys. Suppl. 59 (1976) 36.

となる．すなわち，(6.91)は，はしご型 LC 回路において，キャパシタンスとインダクタンスの非線形性を

$$Q_n = C(V_n)V_n = \log(V_n+a)$$
$$\Phi_n = L(I_n)I_n = \log(I_n+b) \tag{6.95}$$

と選んだものに相当する．

また，

$$N_n = 1 + M_n M_{n-1} \pm i(M_n - M_{n-1}) \tag{6.96}$$

とおくと，

$$\begin{aligned}
\dot{N}_n &- N_n(N_{n+1}-N_{n-1}) \\
&= (M_{n-1}\pm i)[\dot{M}_n - (1+M_n{}^2)(M_{n+1}-M_{n-1})] \\
&\quad + (M_n \mp i)[\dot{M}_{n-1} - (1+M_{n-1}{}^2)(M_n-M_{n-2})]
\end{aligned} \tag{6.97}$$

を得る．よって，もし M_n が

$$\dot{M}_n = (1+M_n{}^2)(M_{n+1}-M_{n-1}) \tag{6.98}$$

をみたすならば，N_n は(6.91)の解である．すなわち，(6.96)は，方程式(6.98)と方程式(6.91)をつなぐ Bäcklund 変換である．この変換は，Miura 変換（第4章）の離散版とみなすことができる．なぜならば，(6.91)と(6.98)に，連続体近似

$$\begin{aligned}
N_{n\pm1} &= 1 + u \pm u_x + \frac{1}{2}u_{xx} \pm \frac{1}{6}u_{xxx} + \cdots \\
M_{n\pm1} &= v \pm v_x + \frac{1}{2}v_{xx} \pm \frac{1}{6}v_{xxx} + \cdots
\end{aligned} \tag{6.99}$$

を行なうと，それぞれ

$$\begin{aligned}
u_t &= 2u_x + 2uu_x + \frac{1}{3}u_{xxx} \\
v_t &= 2v_x + 2v^2 v_x + \frac{1}{3}v_{xxx}
\end{aligned} \tag{6.100}$$

になるからである．上の式で，右辺の u_x, v_x は座標変数で消去できるので，本質的ではない．

さらに，(6.91)からいろいろな興味深い方程式を導くことができる．その一例として，戸田格子と関係づけてみよう．(6.91)は，

$$N_n = -\exp\{-R(n)\} \tag{6.101}$$

とおくと，

$$\frac{dR(n)}{dt} = e^{-R(n+1)} - e^{-R(n-1)} \tag{6.102}$$

を与える．新しい従属変数

$$W(n) = R(n) + R(n+1) \tag{6.103}$$

は，(6.102)より

$$\frac{d^2W(n)}{dt^2} = 2e^{-W(n)} - e^{-W(n-2)} - e^{-W(n+2)} \tag{6.104}$$

をみたす．よって，上の式で n を偶数(または奇数)に選び，

$$r_m = W(2m) \tag{6.105}$$

とおくと，戸田格子の運動方程式

$$\frac{d^2r_n}{dt^2} = 2e^{-r_n} - e^{-r_{n+1}} - e^{-r_{n-1}} \tag{6.106}$$

が得られる．

　生態系の問題にもどって考えるならば，現実の生態系に対する方程式はもっと複雑であり，(6.91)では簡単すぎるといえよう．外界の変化や空間依存性が考慮されていない欠点もある．一方，あまり方程式系を複雑にしすぎて，大型計算機を用いなければ議論ができないのも困る．(6.91)やそれに関連した方程式は完全積分可能系であるから，その利点を生かし，より複雑な方程式系に対する第0近似とみなすのが1つの方法であろう．

7 量子逆散乱法

いままでは，非線形波動について，古典力学に従う非線形系を考えてきた．完全積分可能性，ソリトン，逆散乱法などの概念や手法は，量子論ではどのようになるのであろうか．この問題を考えていくと，物理学における「**厳密に解ける模型**(exactly solvable model)」が統一的に理解できるようになる．

7-1 量子論的非線形 Schrödinger 模型

古典論では，KdV 方程式が最もよく研究されている．量子論では，非線形 Schrödinger 方程式の量子版がその役割を果たす．この章の最初の4節では，非線形 Schrödinger(NLS)方程式の量子論がどのような物理的意味をもち，どのように解かれるかを見ることにしよう．

Bose 場 $\phi(x,t)$ は，次の運動方程式に従うとする．

$$i\phi_t + \phi_{xx} - 2\kappa \phi^\dagger \phi \phi = 0 \tag{7.1}$$

ここで，$\phi(x,t)$ は同時刻交換関係

$$\begin{aligned}[\phi(x,t), \phi^\dagger(y,t)] &= \phi(x,t)\phi^\dagger(y,t) - \phi^\dagger(y,t)\phi(x,t) = \delta(x-y) \\ [\phi(x,t), \phi(y,t)] &= [\phi^\dagger(x,t), \phi^\dagger(y,t)] = 0\end{aligned} \tag{7.2}$$

をみたす. (7.1)を, **量子論的非線形 Schrödinger** (quantum nonlinear Schrödinger, 略して QNLS)**模型**とよぶ.

QNLS 模型(7.1)は, $2m=1$, $\hbar=1$ として, ハミルトニアン

$$H = \int dx \, (\phi_x{}^\dagger \phi_x + \kappa \phi^\dagger \phi^\dagger \phi \phi) \tag{7.3}$$

で記述される. 実際, 運動方程式 $i\partial\phi/\partial t = [\phi, H]$ に(7.3)を代入し, 交換関係 (7.2)を用いると, (7.1)が得られる.

この模型は, いろいろな物理的意味をもっている. まず, 古典論, すなわち, 場 ϕ が演算子でないならば, (7.1)は非線形 Schrödinger 方程式である. $\kappa>0$ では「暗いソリトン」, $\kappa<0$ では「明るいソリトン」が現われることを, 2-5 節で述べた. ハミルトニアン(7.3)より, $\kappa<0$ ならば $|\phi|^2$ は集中して大きくなる方が, 一方, $\kappa>0$ ならば $|\phi|^2$ はできるだけ広がって小さくなる方が, エネルギーを低くすることがわかるであろう. それらが, おのおの明るいソリトンと暗いソリトンである.

次に, 量子論としての意味をみてみよう. 非相対論的な場合, 1次元場の第2量子化ハミルトニアンは

$$H = \int dx \, \phi_x{}^\dagger \phi_x + \iint dx dy \, \phi^\dagger(x) \phi^\dagger(y) V(x-y) \phi(y) \phi(x) \tag{7.4}$$

で与えられる. QNLS 模型(7.3)は, 相互作用 $V(x)$ が強さ κ の δ 関数

$$V(x) = \kappa \delta(x) \tag{7.5}$$

で与えられるものに相当する. 第1量子化の言葉で書くと, さらにわかりやすくなるであろう. 真空 $|0\rangle$ を, $\phi(x)|0\rangle = 0$ で定義する. このとき, N 粒子状態

$$|\Psi\rangle = \int \cdots \int dx_1 \cdots dx_N \, \Psi_N(x_1, \cdots, x_N) \phi^\dagger(x_1) \cdots \phi^\dagger(x_N) |0\rangle \tag{7.6}$$

をつくり, 定常 Schrödinger 方程式

$$H|\Psi\rangle = E|\Psi\rangle \tag{7.7}$$

を考える. (7.3)と(7.6)を(7.7)に代入すると, 交換関係(7.2)を使って,

$$\left\{-\sum_{j=1}^{N}\frac{\partial^2}{\partial x_j^2}+\kappa\sum_{j=1}^{N}\sum_{\substack{k=1\\j\neq k}}^{N}\delta(x_j-x_k)\right\}\Psi_N(x_1,\cdots,x_N)=E\Psi_N(x_1,\cdots,x_N) \quad (7.8)$$

を得る．予想されるように，(7.8)は1次元のδ関数気体に対するSchrödinger方程式である．

7-2 量子逆散乱法

古典論での逆散乱法にならって(例えば，(5.27)参照)，QNLS模型(7.1)に対して，次の補助線形問題を付随させる．

$$\begin{aligned}\psi_{1x}+\frac{i}{2}\lambda\psi_1 &= i\alpha\phi^\dagger\psi_2 \\ \psi_{2x}-\frac{i}{2}\lambda\psi_2 &= -i\epsilon\alpha\psi_1\phi\end{aligned} \quad (7.9)$$

ここで，ϵはκの符号($\kappa>0$ならば$\epsilon=1$，$\kappa<0$ならば$\epsilon=-1$)，$\alpha=\sqrt{|\kappa|}$を表わす．いま考えているのは量子場の理論であるから，$\phi^\dagger,\phi,\psi_1,\psi_2$は演算子であり，その順序は勝手には変えられないことに注意する．

境界条件を

$$\phi(x)\to 0 \quad (|x|\to\infty) \quad (7.10)$$

とする．場の量$\phi(x)$は演算子であるので，(7.10)は**弱条件**(weak condition)，すなわち，行列要素の関係を意味すると考える．境界条件(7.10)に対応して，Jost関数演算子$\psi(x,\lambda)$を定義する．

$$\psi(x,\lambda)=\begin{cases}\begin{pmatrix}1\\0\end{pmatrix}\exp\left(-\frac{i}{2}\lambda x\right) & (x\to-\infty) \quad (7.11\mathrm{a})\\ \begin{pmatrix}A(\lambda)\exp\left(-\frac{i}{2}\lambda x\right)\\B(\lambda)\exp\left(\frac{i}{2}\lambda x\right)\end{pmatrix} & (x\to\infty) \quad (7.11\mathrm{b})\end{cases}$$

係数$A(\lambda),B(\lambda)$は，古典論での散乱データ$a(\lambda),b(\lambda)$に対応する．いまの場合，ともに演算子であるので，これらを**散乱データ演算子**とよぶ．

境界条件つきの微分方程式は，積分方程式の形に書くことができる．
$$\psi_1(x,\lambda) = e^{-(i/2)\lambda x}A(x,\lambda), \quad \psi_2(x,\lambda) = e^{(i/2)\lambda x}B(x,\lambda) \quad (7.12)$$
とおいて，(7.9)に代入し，(7.11a)をみたすようにすると，
$$A(x,\lambda) = 1 + i\alpha \int_{-\infty}^{\infty} dy\, \theta(x-y) e^{i\lambda y} \phi^\dagger(y) B(y,\lambda)$$
$$B(x,\lambda) = -i\epsilon\alpha \int_{-\infty}^{\infty} dy\, \theta(x-y) e^{-i\lambda y} A(y,\lambda) \phi(y) \quad (7.13)$$
となる．ここで，$\theta(x)$ は
$$\theta(x) = \begin{cases} 1 & (x>0) \\ 0 & (x<0) \end{cases} \quad (7.14)$$
を意味する．(7.13)は逐次的に解くことができる．
$$A(x,\lambda) = 1 + \sum_{n=1}^{\infty} \kappa^n \int \cdots \int dx_1 \cdots dx_n dy_1 \cdots dy_n\, \theta(x>x_1>y_1>\cdots>x_n>y_n)$$
$$\cdot e^{i\lambda(x_1+\cdots+x_n-y_1-\cdots-y_n)} \phi^\dagger(x_1)\cdots\phi^\dagger(x_n)\phi(y_1)\cdots\phi(y_n)$$
$$B(x,\lambda) = -i\epsilon\alpha \sum_{n=0}^{\infty} \kappa^n \int \cdots \int dx_1 \cdots dx_n dy_1 \cdots dy_{n+1}\, \theta(x>y_1>x_1>\cdots>y_{n+1})$$
$$\cdot e^{i\lambda(x_1+\cdots+x_n-y_1-\cdots-y_{n+1})} \phi^\dagger(x_1)\cdots\phi^\dagger(x_n)\phi(y_1)\cdots\phi(y_{n+1}) \quad (7.15)$$
ただし，次の略記法を導入した．
$$\theta(x_1>x_2>\cdots>x_n) = \theta(x_1-x_2)\theta(x_2-x_3)\cdots\theta(x_{n-1}-x_n) \quad (7.16)$$
(7.15)で $x\to\infty$ とすると，(7.11b)を考慮して，
$$A(\lambda) = 1 + \sum_{n=1}^{\infty} \kappa^n \int \cdots \int dx_1 \cdots dx_n dy_1 \cdots dy_n\, \theta(x_1>y_1>\cdots>x_n>y_n)$$
$$\cdot e^{i\lambda(x_1+\cdots+x_n-y_1-\cdots-y_n)} \phi^\dagger(x_1)\cdots\phi^\dagger(x_n)\phi(y_1)\cdots\phi(y_n)$$
$$B(\lambda) = -i\epsilon\alpha \sum_{n=0}^{\infty} \kappa^n \int \cdots \int dx_1 \cdots dx_n dy_1 \cdots dy_{n+1}\, \theta(y_1>x_1>\cdots>x_n>y_{n+1})$$
$$\cdot e^{i\lambda(x_1+\cdots+x_n-y_1-\cdots-y_{n+1})} \phi^\dagger(x_1)\cdots\phi^\dagger(x_n)\phi(y_1)\cdots\phi(y_{n+1}) \quad (7.17)$$
を得る．演算子 $A(\lambda)$ は $\phi^\dagger$ と ϕ を同じ数だけ含む．一方，$B(\lambda)$ は ϕ が1つだけ多い，すなわち，消滅演算子である．(7.17)から分かるように，補助線形問

題(7.9)の右辺での演算子の順序は，**ノーマルオーダー**(normal order，ϕを右に，$\phi^\dagger$を左に並べること)が自動的に成立するようになっている．

古典論において，散乱データ a, b が簡単な時間依存性をもつことを述べた((5.36)式)．これに対応する関係式が量子論でも成り立つことを期待して，ハミルトニアン(7.3)と散乱データ演算子の交換関係を計算する．(7.3)と(7.17)から，次の交換関係を示すことができる．

$$[H, A(\lambda)] = 0, \quad [H, B(\lambda)] = -\lambda^2 B(\lambda) \tag{7.18}$$

(7.18)の初めの式 $[H, A(\lambda)]=0$ は，QNLS模型が無限個の保存量をもつことを示している．(7.17)の式を λ^{-1} で展開して(部分積分を用いる)，

$$A(\lambda) = 1 + \sum_{l=1}^{\infty} (i\lambda)^{-l} A_l$$

$$A_1 = -\kappa I_1, \quad A_2 = -i\kappa I_2 + \frac{1}{2}\kappa^2 I_1(I_1-1) \tag{7.19}$$

$$A_3 = \kappa I_3 + i\kappa^2 I_2(I_1-1) - \frac{1}{6}\kappa^3 I_1(I_1-1)(I_1-2)$$

ただし，

$$I_1 \equiv N = \int dx\, \phi^\dagger \phi, \quad I_2 \equiv P = -i\int dx\, \phi^\dagger \phi_x$$

$$I_3 \equiv H = \int dx\, (-\phi^\dagger \phi_{xx} + \kappa \phi^\dagger \phi^\dagger \phi \phi) \tag{7.20}$$

を得る．I_1 は粒子数演算子，I_2 は運動量演算子，I_3 はエネルギー演算子(ハミルトニアン)である．

次の節では，$[A(\lambda), A(\mu)]=0$ を示す(もちろん(7.17)から直接示すことができる．ただし計算はかなり面倒である)．よって，これらの保存則 $\{I_j\}$ が**包含的**，すなわち

$$[I_i, I_j] = 0 \quad (i, j = 1, 2, \cdots) \tag{7.21}$$

であることがわかる．

(7.18)の2番目の式 $[H, B(\lambda)] = -\lambda^2 B(\lambda)$ を用いると，QNLS模型の固有状態が簡単に構成できる．(7.18)より，

$$[H, B^\dagger(\lambda)] = \lambda^2 B^\dagger(\lambda) \tag{7.22}$$

真空 $|0\rangle$ に演算子 $B^\dagger(k_1),\cdots,B^\dagger(k_n)$ を作用させて，状態
$$|k_1,k_2,\cdots,k_n\rangle \equiv B^\dagger(k_1)B^\dagger(k_2)\cdots B^\dagger(k_n)|0\rangle \tag{7.23}$$
をつくる．この状態は，ハミルトニアン(7.3)の固有状態である．なぜならば，(7.23)に H を作用させて，交換関係(7.22)をくり返し使うと，
$$\begin{aligned}H|k_1,k_2,\cdots,k_n\rangle &= HB^\dagger(k_1)B^\dagger(k_2)\cdots B^\dagger(k_n)|0\rangle \\ &= k_1^2|k_1,k_2,\cdots,k_n\rangle + B^\dagger(k_1)HB^\dagger(k_2)\cdots B^\dagger(k_n)|0\rangle \\ &\quad \cdots\cdots\cdots\cdots \\ &= (k_1^2+k_2^2+\cdots+k_n^2)|k_1,k_2,\cdots,k_n\rangle\end{aligned} \tag{7.24}$$
となるからである．

(7.17)で与えられる $B^\dagger(\lambda)$ を使って，状態(7.23)を実際に構成すると，
$$\begin{aligned}|k_1,k_2,\cdots,k_n\rangle &= (i\epsilon\alpha)^n \int\cdots\int dx_1 dx_2\cdots dx_n \, \Phi_n(x_1,x_2,\cdots,x_n) \\ &\quad \cdot \phi^\dagger(x_1)\phi^\dagger(x_2)\cdots\phi^\dagger(x_n)|0\rangle\end{aligned} \tag{7.25}$$
$$\Phi_n(x_1,x_2,\cdots,x_n) = e^{i(k_1x_1+k_2x_2+\cdots+k_nx_n)} \prod_{1\leq i<j\leq n}\left(1-\frac{i\kappa}{k_i-k_j}\varepsilon(x_i-x_j)\right) \tag{7.26}$$
となる．ただし，
$$\varepsilon(x) = \theta(x) - \theta(-x) \tag{7.27}$$
(7.26)のように，1体波動関数(いまの場合は，e^{ikx})の積で表わされ，その係数が粒子配列を表わす不連続因子を含む多体波動関数を **Bethe 波動関数**という．

こうして，QNLS 模型(7.1)は，逆散乱法を量子論へ拡張することによって解くことができる．逆散乱法の量子論への拡張を**量子逆散乱法**(quantum inverse scattering method)という*．他の量子系への応用は，この章の後半に述べることとして，QNLS 模型の解析を進める．

状態 $|k_1,k_2,\cdots,k_n\rangle$ は，結合定数 κ の符号にかかわらず存在し，散乱状態を

---
* L. D. Faddeev : Sov. Sci. Rev. Math. Phys. **C1** (1981) 107.
H. B. Thacker : Rev. Mod. Phys. **53** (1981) 253.

記述している. $\kappa<0$ の場合には, さらに束縛状態が現われる. 例えば, (7.25)と(7.26)で $n=2$ として, $k_1=p-i\kappa/2$, $k_2=p+i\kappa/2$ とおくと, 比例因子 $(i\epsilon\alpha)^2$ は無視して,

$$\iint dx_1 dx_2\, e^{i(k_1x_1+k_2x_2)}\left\{1-\frac{i\kappa}{k_1-k_2}\varepsilon(x_1-x_2)\right\}\phi^\dagger(x_1)\phi^\dagger(x_2)|0\rangle$$

$$=\iint dx_1 dx_2\, e^{ip(x_1+x_2)}e^{\kappa(x_1-x_2)/2}2\theta(x_1-x_2)\phi^\dagger(x_1)\phi^\dagger(x_2)|0\rangle$$

$$=\iint dx_1 dx_2\, e^{ip(x_1+x_2)}e^{\kappa|x_1-x_2|/2}\phi^\dagger(x_1)\phi^\dagger(x_2)|0\rangle \quad (7.28)$$

となる. これは, 2粒子の束縛状態を表わしている. 一般に,

$$k_j=\frac{P}{n}-\frac{i}{2}(n-2j+1)\kappa \quad (j=1,2,\cdots,n) \quad (7.29)$$

は束縛状態をつくり, そのエネルギーは

$$E=\sum_{j=1}^n k_j^2=\frac{1}{n}P^2-\frac{1}{12}\kappa^2 n(n^2-1) \quad (7.30)$$

で与えられる. 条件(7.29)を複素 k 平面に描くと, n 個の点が1本のひもの上に並んでいるように見えるので, (7.29)の束縛状態は, **n-string 状態**とよばれる(図7-1). この束縛状態の $n\to\infty$ 極限は, 古典ソリトンに対応している*.

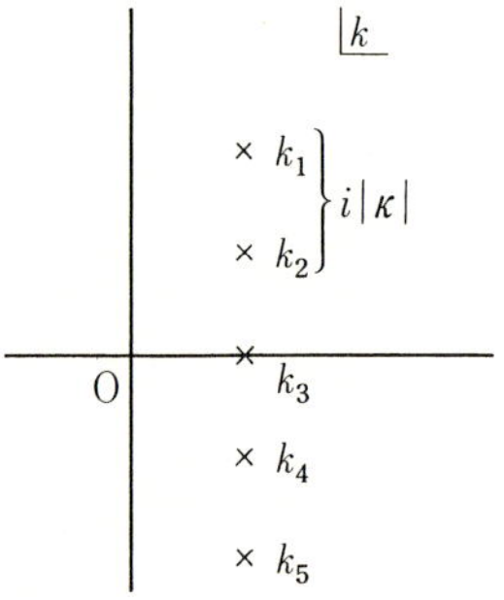

図7-1 量子論的非線形Schrödinger模型 $i\phi_t+\phi_{xx}-2\kappa\phi^\dagger\phi\phi=0$ ($\kappa<0$) の束縛状態. 5粒子の場合. k_j と k_{j+1} の間隔はすべて $i|\kappa|$ である.

---

* M. Wadati and M. Sakagami : J. Phys. Soc. Jpn. **53** (1984) 1933.
 M. Wadati, A. Kuniba and T. Konishi : J. Phys. Soc. Jpn. **54** (1985) 1710.

7-3 散乱データの交換関係

QNLS 模型(7.1)の散乱データ演算子がみたす交換関係を求めてみよう. 有限の大きさの系($-L \leqq x \leqq L$)で考える. 境界条件 $\phi(x)=0$ ($|x|>L$) に対応して, 補助線形問題(7.9)に対する Jost 関数 $G_L(x, \lambda)$ を導入する.

$$G_L(x, \lambda)\Big|_{x=-L} = \begin{pmatrix} 1 & 0 \\ 0 & 1 \end{pmatrix} \tag{7.31}$$

$$G_L(x, \lambda)\Big|_{x=L} \equiv \mathcal{T}_L(\lambda) = \begin{pmatrix} A_L(\lambda) & \epsilon B_L{}^\dagger(\lambda) \\ B_L(\lambda) & A_L{}^\dagger(\lambda) \end{pmatrix} \tag{7.32}$$

行列演算子 $\mathcal{T}_L(\lambda)$ は, $x=-L$ から $x=L$ まで Jost 関数がどれだけ変化したかを表わし, **転移行列**(transition matrix)とよばれる. 後出の転送行列とは別ものであることを注意しておく.

(7.11)で定義した Jost 関数

$$\Psi(x, \lambda) = \begin{pmatrix} \psi_1(x, \lambda) & \epsilon \psi_2{}^\dagger(x, \lambda) \\ \psi_2(x, \lambda) & \psi_1{}^\dagger(x, \lambda) \end{pmatrix} \tag{7.33}$$

と, (7.31)で定義した Jost 関数とは,

$$\Psi(x, \lambda) = G_L(x, \lambda) V(-L, \lambda) \tag{7.34}$$

$$V(x, \lambda) = \begin{pmatrix} e^{-i\lambda x/2} & 0 \\ 0 & e^{i\lambda x/2} \end{pmatrix} \tag{7.35}$$

だけ異なる. よって, 散乱データ行列

$$T(\lambda) = \begin{pmatrix} A(\lambda) & \epsilon B^\dagger(\lambda) \\ B(\lambda) & A^\dagger(\lambda) \end{pmatrix} \tag{7.36}$$

と転移行列には, 次のような関係がある.

$$T(\lambda) = \lim_{x \to \infty} V^{-1}(x, \lambda) \Psi(x, \lambda) = \lim_{x \to \infty} \lim_{L \to \infty} g_L(x, \lambda)$$

$$= \lim_{L \to \infty} \begin{pmatrix} e^{i\lambda L} A_L(\lambda) & \epsilon B_L{}^\dagger(\lambda) \\ B_L(\lambda) & e^{-i\lambda L} A_L{}^\dagger(\lambda) \end{pmatrix} \tag{7.37}$$

ただし，

$$g_L(x,\lambda) \equiv V^{-1}(x,\lambda)G_L(x,\lambda)V^{-1}(x,\lambda) \tag{7.38}$$

スペクトルパラメーターの異なる2つのJost関数，$G_L(x,\lambda)$ と $G_L(x,\mu)$ の直積をつくる．

$$H_L{}^{\lambda\mu}(x) = G_L(x,\lambda)\otimes G_L(x,\mu) \tag{7.39}$$

ここで，直積 $\otimes$ は，行列の直積を意味し，A と B が 2×2 行列の場合，

$$A\otimes B = \begin{pmatrix} A_{11}B & A_{12}B \\ A_{21}B & A_{22}B \end{pmatrix} \tag{7.40}$$

と定義する．すなわち，$A\otimes B$ は 4×4 行列である．$n\times n$ 行列の場合も同様に定義される．補助線形問題(7.9)から，次の式を示すことができる．

$$\begin{aligned}\frac{\partial}{\partial x}H_L{}^{\lambda\mu} &= \; :\Gamma_{\lambda\mu}(x)H_L{}^{\lambda\mu}(x): \\ \frac{\partial}{\partial x}H_L{}^{\mu\lambda} &= \; :\Gamma_{\mu\lambda}(x)H_L{}^{\mu\lambda}(x):\end{aligned} \tag{7.41}$$

ここで，記号 $:F:$ は，F がノーマルオーダー(すべての ϕ を $\phi^\dagger$ の右に並べる)であることを意味する．また，$\Gamma_{\lambda\mu}(x)$ は，次に示すような成分をもつ 4×4 行列である．

$$\Gamma_{\lambda\mu}(x) = \begin{pmatrix} -\frac{i}{2}(\lambda+\mu) & i\alpha\phi^\dagger & i\alpha\phi^\dagger & 0 \\ -i\epsilon\alpha\phi & -\frac{i}{2}(\lambda-\mu) & 0 & i\alpha\phi^\dagger \\ -i\epsilon\alpha\phi & \kappa & \frac{i}{2}(\lambda-\mu) & i\alpha\phi^\dagger \\ 0 & -i\epsilon\alpha\phi & -i\epsilon\alpha\phi & \frac{i}{2}(\lambda+\mu) \end{pmatrix} \tag{7.42}$$

(7.42)より，$\Gamma_{\lambda\mu}(x)$ と $\Gamma_{\mu\lambda}(x)$ は相似変換で結ばれていることが示される．

$$\Gamma_{\mu\lambda}(x) = R\Gamma_{\lambda\mu}(x)R^{-1} \tag{7.43}$$

$$R = \begin{pmatrix} 1 & 0 & 0 & 0 \\ 0 & a & b & 0 \\ 0 & b & a & 0 \\ 0 & 0 & 0 & 1 \end{pmatrix} \tag{7.44}$$

$$a = -\frac{i\kappa}{\lambda-\mu-i\kappa}, \quad b = \frac{\lambda-\mu}{\lambda-\mu-i\kappa} \tag{7.45}$$

(7.43)を(7.41)に用いると, $RH_L{}^{\lambda\mu}(x) = H_L{}^{\mu\lambda}(x)R$ が成り立つことがわかる. 特に, この式で $x=L$ とおいて,

$$R(\mathcal{T}_L(\lambda) \otimes \mathcal{T}_L(\mu)) = (\mathcal{T}_L(\mu) \otimes \mathcal{T}_L(\lambda))R \tag{7.46}$$

を得る. (7.46)は, 有限系(長さ $2L$)での散乱データ演算子がみたす代数を与えている. このような関係式を, **Yang-Baxter 関係式**という.

次に, $L \to \infty$ の場合を考える. まず,

$$W_{\lambda\mu}(x+L) \equiv \langle 0|H_L{}^{\lambda\mu}(x)|0\rangle \tag{7.47}$$

を定義する. この $W_{\lambda\mu}(x)$ に対しても, 相似関係 $RW_{\lambda\mu}(x) = W_{\mu\lambda}(x)R$ が成り立つ. (7.46)の左から $(W_{\mu\lambda}(L))^{-1}$, 右から $(W_{\lambda\mu}(L))^{-1}$ をかけて, (7.38)を用いると,

$$\begin{aligned}RU_1(\lambda,\mu)g_L(L,\lambda) \otimes g_L(L,\mu)U_2(\lambda,\mu) \\ = U_1(\mu,\lambda)g_L(L,\mu) \otimes g_L(L,\lambda)U_2(\mu,\lambda)R\end{aligned} \tag{7.48}$$

となる. ここで,

$$\begin{aligned}U_1(\lambda,\mu) &= (W_{\lambda\mu}(L))^{-1} \cdot V(L,\lambda) \otimes V(L,\mu) \\ U_2(\lambda,\mu) &= V(L,\lambda) \otimes V(L,\mu) \cdot (W_{\lambda\mu}(L))^{-1}\end{aligned} \tag{7.49}$$

(7.48)は, 次のように整理できる.

$$\begin{aligned}R_1(\lambda,\mu)(g_L(L,\lambda) \otimes g_L(L,\mu)) &= (g_L(L,\mu) \otimes g_L(L,\lambda))R_2(\lambda,\mu) \\ R_1(\lambda,\mu) &\equiv U_1^{-1}(\mu,\lambda)RU_1(\lambda,\mu) \\ R_2(\lambda,\mu) &\equiv U_2(\mu,\lambda)RU_2(\lambda,\mu)^{-1}\end{aligned} \tag{7.50}$$

(7.50)で $L \to \infty$ の極限をとる. 公式

$$\begin{aligned}\lim_{L\to\infty}\frac{e^{\pm i(\lambda-\mu)L}}{\lambda-\mu-i0} &= \begin{cases}2\pi i\delta(\lambda-\mu) & (+の場合) \\ 0 & (-の場合)\end{cases} \\ \lim_{L\to\infty}\frac{e^{\pm i(\lambda-\mu)L}}{\lambda-\mu+i0} &= \begin{cases}0 & (+の場合) \\ -2\pi i\delta(\lambda-\mu) & (-の場合)\end{cases}\end{aligned} \tag{7.51}$$

を用いて, (7.50)の行列要素を計算すると,

$$[A(\lambda), A(\mu)] = [A^\dagger(\lambda), A^\dagger(\mu)] = [A^\dagger(\lambda), A(\mu)] = 0$$

$$A(\lambda)B^\dagger(\mu) = \frac{\lambda - \mu + i\kappa}{\lambda - \mu + i0} B^\dagger(\mu)A(\lambda)$$

$$A^\dagger(\lambda)B^\dagger(\mu) = \frac{\lambda - \mu - i\kappa}{\lambda - \mu - i0} B^\dagger(\mu)A^\dagger(\lambda) \quad (7.52)$$

$$B(\lambda)B^\dagger(\mu) = \frac{(\lambda - \mu)^2 + \kappa^2}{(\lambda - \mu)^2} B^\dagger(\mu)B(\lambda) + 2\pi\alpha^2 A(\lambda)A^\dagger(\mu)\delta(\lambda - \mu)$$

を得る. (7.51)と(7.52)で, 分母に $i0$ と書いたが, これは微小な複素量をもつことを示し, $A(\lambda)$, $B(\lambda)$ が上半面 $\text{Im}\,\lambda \geqq 0$ で正則であることを用いている. (7.52)がQNLS模型の散乱データのみたす交換関係である. 演算子 $A(\lambda)$ が保存量の生成子(generator)であること, 演算子 $B^\dagger(\lambda)$ が Bethe 状態をつくることは7-2節で既に述べた.

古典論での反射係数にならって, その量子論版の演算子

$$R^\dagger(\lambda) = -\frac{i\epsilon}{\alpha} B^\dagger(\lambda)(A^\dagger(\lambda))^{-1} \quad (7.53)$$

を導入する. (7.52)と(7.53)より, 次の交換関係が導かれる.

$$R^\dagger(\lambda)R^\dagger(\mu) = S(\mu, \lambda)R^\dagger(\mu)R^\dagger(\lambda)$$
$$R(\lambda)R^\dagger(\mu) = S(\lambda, \mu)R^\dagger(\mu)R(\lambda) + 2\pi\delta(\lambda - \mu) \quad (7.54)$$

ただし,

$$S(\lambda, \mu) = S(\lambda - \mu) = \frac{\lambda - \mu - i\kappa}{\lambda - \mu + i\kappa} \quad (7.55)$$

状態 $R^\dagger(k_1)R^\dagger(k_2)\cdots R^\dagger(k_n)|0\rangle$ が規格化された Bethe 状態をつくることは, すぐに分かるであろう.

(7.55)で定義した $S(\lambda, \mu)$ が, 2体散乱行列であることは, 次のように示される. 一般に, in 状態($t = -\infty$) と out 状態($t = \infty$)とは, **Lippmann-Schwinger 方程式**で記述される.

$$|\Psi(k_1, \cdots, k_n)\rangle_{\substack{\text{in}\\\text{out}}} = |k_1, \cdots, k_n\rangle_0 + \frac{1}{\omega_k - H_0 \pm i\varepsilon} V |\Psi(k_1, \cdots, k_n)\rangle_{\substack{\text{in}\\\text{out}}} \quad (7.56)$$

ここで, $|k_1, \cdots, k_n\rangle_0$ は H_0 の固有状態であり, ε は無限小量($\varepsilon > 0$)を表わす.

また，上の式で in は ＋，out は − に対応する．

$$H_0 = \int dx\, \phi_x^\dagger \phi_x, \quad V = \kappa \int dx\, \phi^\dagger \phi^\dagger \phi \phi$$

として，(7.56)を計算すると，$k_1 < k_2$ の場合，

$$|\Psi(k_1, k_2)\rangle_{\text{in}} = R^\dagger(k_1) R^\dagger(k_2) |0\rangle \tag{7.57}$$

$$|\Psi(k_1, k_2)\rangle_{\text{out}} = R^\dagger(k_2) R^\dagger(k_1) |0\rangle$$

が確かめられる．よって，

$$|\Psi(k_1, k_2)\rangle_{\text{in}} = S(k_2, k_1) |\Psi(k_1, k_2)\rangle_{\text{out}} \tag{7.58}$$

が成り立つので，$S(k_2, k_1)$ は2体散乱行列である．

同様にして，N 体の in 状態と out 状態をつくり，(7.54)を用いると，N 体散乱行列は

$$S_N(k_1, k_2, \cdots, k_N) = \prod_{j=2}^{N} \prod_{l=1}^{j-1} S(|k_j - k_l|) \tag{7.59}$$

となることが証明できる*．すなわち，QNLS 模型の N 体散乱行列は，$N(N-1)/2$ 個の2体散乱行列の積で表わされる．このような散乱行列を，**因子化された**(factorized)**散乱行列**，または単に，因子化 S 行列という．

7-4 代数的 Bethe 仮説法

1次元量子多体問題を解く方法として，**Bethe 仮説法**(Bethe ansatz method)とよばれる方法がある．1体波動関数の積に粒子の空間配列を考慮した因子をかけて，N 体波動関数(Bethe 状態)をつくる．その N 体波動関数が周期的境界条件をみたす条件として，粒子の運動量を決める式を得る．そして，その方程式を解くことにより，系の基底エネルギーや励起エネルギーを求める方法である．量子逆散乱法を用いると，上に述べた手順を代数的に定式化することができる．ここでは，量子逆散乱法によって，どのように周期的境界条件が導か

---

* K. Sogo, M. Uchinami, A. Nakamura and M. Wadati: Prog. Theor. Phys. **66** (1981) 1.

れるかを示すことにする.

(7.46)より,有限系(長さ $V=2L$) QNLS 模型の散乱データ演算子に対する交換関係は,

$$[A_L(\lambda)+A_L^\dagger(\lambda), A_L(\mu)+A_L^\dagger(\mu)] = 0, \quad [B_L(\lambda), B_L(\mu)] = 0$$

$$A_L^\dagger(\lambda)B_L^\dagger(\mu) = \frac{\lambda-\mu-i\kappa}{\lambda-\mu}B_L^\dagger(\mu)A_L^\dagger(\lambda) + \frac{i\kappa}{\lambda-\mu}B_L^\dagger(\lambda)A_L^\dagger(\mu) \quad (7.60)$$

$$A_L(\lambda)B_L^\dagger(\mu) = \frac{\lambda-\mu+i\kappa}{\lambda-\mu}B_L^\dagger(\mu)A_L(\lambda) - \frac{i\kappa}{\lambda-\mu}B_L^\dagger(\lambda)A_L(\mu)$$

で与えられる.真空状態 $|0\rangle$ を,$\phi(x)|0\rangle=0$ で定義すると,(7.37)と(7.15)より

$$A_L(\lambda)|0\rangle = e^{-i\lambda L}|0\rangle, \quad A_L^\dagger(\lambda)|0\rangle = e^{i\lambda L}|0\rangle \quad (7.61)$$

である.(7.60)を使って,**QNLS 模型の固有状態を求める**.まず,転移行列 $\mathcal{T}_L(k)$ の対角和((7.32)参照)

$$T_L(k) \equiv A_L(k) + A_L^\dagger(k) \quad (7.62)$$

は,保存量を生成する演算子であることに注意する.したがって,この演算子の固有状態を求めれば,問題を解く(ハミルトニアンの固有状態を求める)ことができる.

以後,$\kappa>0$ とする.(7.23)にならって,状態

$$|\Psi(k_1, k_2, \cdots, k_N)\rangle = B_L^\dagger(k_1)B_L^\dagger(k_2)\cdots B_L^\dagger(k_N)|0\rangle \quad (7.63)$$

をつくる.状態(7.63)に $T_L(k)$ を演算させ,交換関係(7.60)を用いると次のことがわかる.状態(7.63)は,運動量 $k_1, k_2, \cdots, k_N$ が,

$$e^{2ik_jL} = \prod_{l \neq j} S(k_l - k_j) = \prod_{l \neq j} \frac{k_j - k_l + i\kappa}{k_j - k_l - i\kappa} \quad (7.64)$$

をみたすならば,演算子 $T_L(k)$ の固有状態である.一気に答を書いてしまったが,$N=2$ や $N=3$ の場合を自分で確かめてみるのが教育的であろう.

条件(7.64)は,通常の Bethe 仮説法での周期的境界条件に他ならない.このように,波動関数を使わずに代数的に Bethe 仮説法を行なう方法を,**代数的(algebraic) Bethe 仮説法**という.

7-4 代数的 Bethe 仮説法

　Bethe 仮説法は，1次元等方的 Heisenberg 模型（後出）の研究において，H. Bethe によって導入された[*]．「仮説」(ansatz, hypothesis)という言葉は誤解を招くおそれがある．実際に厳密解を与えているからである．「仮に設けて証明する」という意味で，Bethe 仮設法と訳すのがよいと思う．

　周期的境界条件 (7.64) を使って，QNLS 模型，すなわち，δ 関数気体系の性質を調べよう．Yang-Yang の方法[**] を Bose 粒子的記述に変えたものを用いることにする[***]．

　(7.64) の両辺の対数をとる（以下，系の長さを L とする）．

$$k_j L = 2\pi m_j + \sum_{l \neq j} \Delta(k_l - k_j) \qquad (j=1,2,\cdots,N) \qquad (7.65)$$

ここで，m_j は整数，$\Delta(k)$ は散乱による**位相のずれ**(phase shift)を表わす（図 7-2）．

$$\Delta(k) = -2\arctan(\kappa/k) \qquad (7.66)$$

基底状態は，$m_1 = m_2 = \cdots = m_N = 0$ ($k_1 < k_2 < \cdots < k_N$) に対応している．

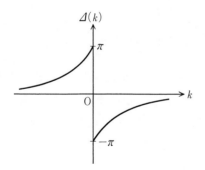

図 7-2　位相のずれ $\Delta(k) = -2\arctan(\kappa/k)$ ($\kappa > 0$)．

　熱力学的極限，すなわち，$N/L = $ 有限 ($L \to \infty$) での振舞いを議論する．$L \to \infty$ に応じて，運動量 k は連続変数とみなすことができて，次のような2つの関数 $\rho(k)$, $n(k)$ が導入できる．

---

[*]　H. A. Bethe : Z. Physik **71** (1931) 205.
[**]　C. N. Yang and C. P. Yang : J. Math. Phys. **10** (1969) 1115.
[***]　M. Wadati : J. Phys. Soc. Jpn. **54** (1985) 3727, **64** (1995) 1552.

$$n(k) = \lim_{L\to\infty} \frac{1}{L}\frac{m_{j+1}-m_j}{k_{j+1}-k_j}, \quad \frac{1}{L}\sum_l \to \int_{-\infty}^{\infty} dk\, \rho(k) \qquad (7.67)$$

すなわち，$L\rho(k)dk$ は区間 dk 内の粒子数，$Ln(k)dk$ は区間 dk 内の状態数を表わす．(7.65)より，

$$\frac{1}{2\pi} = \frac{1}{L}\frac{m_{j+1}-m_j}{k_{j+1}-k_j} - \frac{1}{L(k_{j+1}-k_j)}\frac{1}{2\pi}\sum_l[\Delta(k_{j+1}-k_l)-\Delta(k_j-k_l)] \qquad (7.68)$$

である．上の式で $L\to\infty$ の極限をとる．(7.67)を使うと，

$$n(k) = \frac{1}{2\pi} + \int_{-\infty}^{\infty}\frac{dq}{2\pi}K(k-q)\rho(q) \qquad (7.69)$$

が得られる．ただし，

$$K(k) = \frac{d\Delta(k)}{dk} = \frac{2\kappa}{k^2+\kappa^2} - 2\pi\delta(k) \qquad (7.70)$$

全粒子数 N，全エネルギー E は，おのおの粒子密度 $\rho(k)$ を用いて，

$$N = \sum_j 1 = L\int_{-\infty}^{\infty} dk\,\rho(k) \qquad (7.71)$$

$$E = \sum_j k_j^2 = L\int_{-\infty}^{\infty} dk\, k^2\rho(k) \qquad (7.72)$$

と表わされる．系の全エントロピー S は次のように評価できる．区間 dk には，$L\rho dk$ 個の粒子と $Lndk$ 個の状態がある．各状態には任意個の粒子が入れるとする．このとき，$L\rho dk$ 個の粒子を区間 dk に置く方法の数は，見分けのつかない $L\rho dk$ 個のものを，重複を許して $Lndk$ 個の「入れ物」に分配する仕方の数で与えられる．すなわち，

$$\frac{[L\rho dk + Lndk - 1]!}{[L\rho dk]![Lndk-1]!}$$

この数の対数に Boltzmann 定数 k_B をかけたものが，区間 dk からのエントロピーへの寄与である．よって，全エントロピー S は，

$$S = k_B L\int_{-\infty}^{\infty} dk[(\rho+n)\log(\rho+n) - \rho\log\rho - n\log n] \qquad (7.73)$$

で与えられる．上の表式を得るには，$L\rho dk \gg 1$，$Lndk \gg 1$として，Stirling公式 $\log x! = x(\log x - 1)$ $(x \gg 1)$ を用いた．

以上の式を使って，熱平衡状態における粒子密度 $\rho(k)$ を決める式を求める．熱平衡状態は Helmholtz 自由エネルギー $F = E - TS$ を極小にすることによって得られる．ρ に対しては制限条件(7.71)があるので，Lagrange 未定乗数 μ を導入する．よって，ρ に関する極値問題 $\delta F - \mu \delta N = 0$ は，(7.71)～(7.73)を代入して，

$$k^2 - \mu - \frac{1}{\beta} \log \frac{\rho + n}{\rho} - \frac{1}{\beta} \int_{-\infty}^{\infty} \frac{dq}{2\pi} K(k-q) \log \frac{\rho + n}{n} = 0 \quad (7.74)$$

となる．ここで，$\beta = 1/k_B T$．

準粒子のエネルギー $\gamma(k)$ を，次のように定義する．

$$\rho(k) = n(k)/[e^{\beta \gamma(k)} - 1] \quad (7.75)$$

(7.75)を(7.74)に代入すると，$\gamma(k)$ に対して閉じた次の積分方程式

$$\gamma(k) = k^2 - \mu + \frac{1}{\beta} \int_{-\infty}^{\infty} \frac{dq}{2\pi} K(k-q) \log(1 - e^{-\beta \gamma(q)}) \quad (7.76)$$

が得られる．

$\gamma(k)$ が求まれば，(7.69)と(7.75)から $\rho(k)$，$n(k)$ が分かり，熱力学的諸量が計算される．こうして，問題は解かれる．導入した未定乗数 μ は，$N\mu = F + pL$ が示せるので，化学ポテンシャルに相当していることが分かる．また，圧力 p は，準粒子エネルギー $\gamma(k)$ を使って

$$p = -\frac{1}{2\pi \beta} \int_{-\infty}^{\infty} dk \log(1 - e^{-\beta \gamma(k)}) \quad (7.77)$$

と表わされる．

最後に，Yang-Yang による Fermi 粒子的記述を説明しておこう．彼らの準粒子エネルギー $\varepsilon(k)$，空孔の密度 $\rho_h(k)$ は，上で述べた定式化での $\gamma(k)$，$n(k)$ と

$$1 + e^{-\beta \varepsilon(k)} = [1 - e^{-\beta \gamma(k)}]^{-1}, \quad \rho_h(k) = n(k) \quad (7.78)$$

の関係にある．そして，(7.76)と(7.77)の代りに，

$$\varepsilon(k) = k^2 - \mu - \frac{1}{\beta}\int_{-\infty}^{\infty}\frac{dq}{2\pi} K_0(k-q) \log(1+e^{-\beta\varepsilon(q)}) \qquad (7.79)$$

$$p = \frac{1}{\beta}\int_{-\infty}^{\infty}\frac{dk}{2\pi} \log(1+e^{-\beta\varepsilon(k)}) \qquad (7.80)$$

が成り立つ. ここで,

$$K_0(k) = 2\kappa/(k^2+\kappa^2) \qquad (7.81)$$

状態の数え方が異なるだけで, 結果は等価である. Bose 粒子から出発したのであるが, 斥力の強さ κ を大きくすると, 粒子は同じ場所を占められなくなるので, Fermi 粒子的性質が顕著になる. 一方, Bose 粒子的記述は κ が小さい場合や高温領域で, より便利な表式を与え, 古典論や摂動論との比較を容易にする. 例えば, (7.77)と(7.76)から, 状態方程式のビリアル展開を導くことができる.

7-5 格子での量子逆散乱法

量子論的非線形 Schrödinger(QNLS) 模型を例にとり, 逆散乱法の拡張である量子逆散乱法を述べてきた. QNLS 模型は連続体模型である. 一方, 格子の上で定義される興味深い模型もある. そのような系に対する量子逆散乱法を説明しよう.

1 次元格子の上で, 量子論的補助線形問題を考える.

$$\psi_{m+1} = L_m(\lambda)\psi_m \qquad (7.82\text{a})$$

$$\frac{d\psi_m}{dt} = M_m\psi_m \qquad (7.82\text{b})$$

ここで, $L_m(\lambda)$ と M_m は, 格子点 m の上で定義される $M \times M$ 行列の演算子(行列における各成分が演算子)であり, λ をスペクトルパラメーターとよぶ. (7.82a)と(7.82b)の両立条件と $\lambda_t = 0$ より,

$$\frac{dL_m}{dt} = M_{m+1}L_m - L_m M_m \qquad (7.83)$$

が成り立つ．運動方程式が，(7.83)のように書けるならば，その模型は完全積分可能系である．実際，保存量は次のようにして求めることができる．**転送行列**(transfer matrix)を $T_N(\lambda)$ で表わす．

$$T_N(\lambda) = \text{Tr}(\mathcal{T}_N(\lambda)) = \sum_{i=1}^{M} (\mathcal{T}_N(\lambda))_{ii} \qquad (7.84)$$

$$\mathcal{T}_N(\lambda) = L_N(\lambda)L_{N-1}(\lambda)\cdots L_1(\lambda) \qquad (7.85)$$

$\mathcal{T}_N(\lambda)$ は(7.32)で述べた**転移行列**である．境界の影響がない場合，例えば，無限の長さの系に対して，

$$\frac{dT_N(\lambda)}{dt} = 0$$

が証明できる．λ は任意であるので，$T_N(\lambda)$ を λ^{-1} または λ で展開すれば，その展開係数として保存量の組 $\{I_j\}$ が得られる．

例として，スピン1/2のHeisenberg模型を考えよう．スピン演算子を $S_n = (S_n^1, S_n^2, S_n^3)$，交換積分を J_x, J_y, J_z として，そのハミルトニアンは，

$$H = -\frac{1}{2}\sum_n (J_x S_n^1 S_{n-1}^1 + J_y S_n^2 S_{n-1}^2 + J_z S_n^3 S_{n-1}^3) \qquad (7.86)$$

で与えられる．スピン演算子 S_n は，交換関係

$$[S_n^j, S_m^k] = 2i\varepsilon^{jkl}S_n^l\delta_{nm} \qquad (7.87)$$

をみたす．ここで，ε^{jkl} は，$\varepsilon^{123}=1$ とする反対称テンソルであり，くり返して現われる添字についての和は省略する．(7.86)は一般に，Heisenberg XYZ 模型とよばれる．特に，$J_x=J_y$ の場合は XXZ 模型，$J_x=J_y=J_z$ の場合は等方的 Heisenberg 模型という．

Heisenberg XYZ 模型(7.86)の運動方程式は，

$$\dot{S}_n^j = i[H, S_n^j] = -\varepsilon^{jkl}J_k(S_{n+1}^k S_n^l + S_n^l S_{n-1}^k)$$

である．この運動方程式に対しては，演算子 $L_m(\lambda)$ を次のように選べばよい（演算子 M_m は複雑なので*，ここには書かない）．

---

* K. Sogo and M. Wadati: Prog. Theor. Phys. **68** (1982) 85.

$$L_m(\lambda) = \begin{pmatrix} w_4(\lambda) + w_3(\lambda) S_m{}^3 & w_1(\lambda) S_m{}^1 - i w_2(\lambda) S_m{}^2 \\ w_1(\lambda) S_m{}^1 + i w_2(\lambda) S_m{}^2 & w_4(\lambda) - w_3(\lambda) S_m{}^3 \end{pmatrix} \quad (7.88)$$

ここで，$w_j(\lambda)$ は Jacobi の楕円関数によって，

$$\begin{aligned} w_4 + w_3 &= \operatorname{sn}(\lambda + 2\eta, k), \quad w_4 - w_3 = \operatorname{sn}(\lambda, k) \\ w_1 + w_2 &= \operatorname{sn}(2\eta, k), \\ w_1 - w_2 &= k \operatorname{sn}(2\eta, k) \operatorname{sn}(\lambda, k) \operatorname{sn}(\lambda + 2\eta, k) \end{aligned} \quad (7.89)$$

と表わされる．このとき，交換積分 J_x, J_y, J_z は，

$$J_x : J_y : J_z = (1 + k \operatorname{sn}^2 2\eta) : (1 - k \operatorname{sn}^2 2\eta) : \operatorname{cn} 2\eta \operatorname{dn} 2\eta \quad (7.90)$$

と書ける．(7.88)に与えられた $L_m(\lambda)$ の具体形を用いると，次の関係式を示すことができる．

$$R(\lambda, \mu)[L_n(\lambda) \otimes L_n(\mu)] = [L_n(\mu) \otimes L_n(\lambda)] R(\lambda, \mu) \quad (7.91)$$

ここで，$\otimes$ は行列の直積を表わし，また，

$$R(\lambda, \mu) = \begin{pmatrix} a & 0 & 0 & d \\ 0 & b & c & 0 \\ 0 & c & b & 0 \\ d & 0 & 0 & a \end{pmatrix}$$

$$\begin{aligned} a(\lambda, \mu) &= \operatorname{sn}(\lambda - \mu + 2\eta), \quad b(\lambda, \mu) = \operatorname{sn} 2\eta, \\ c(\lambda, \mu) &= \operatorname{sn}(\lambda - \mu), \\ d(\lambda, \mu) &= k \operatorname{sn} 2\eta \operatorname{sn}(\lambda - \mu) \operatorname{sn}(\lambda - \mu + 2\eta) \end{aligned} \quad (7.92)$$

再び，一般論に戻る．上に示したように，積分可能系に対する演算子 $L_m(\lambda)$ は，相似関係式

$$R(\lambda, \mu)[L_n(\lambda) \otimes L_n(\mu)] = [L_n(\mu) \otimes L_n(\lambda)] R(\lambda, \mu) \quad (7.93)$$

をみたす．$R(\lambda, \mu)$ は，$L_n(\lambda)$ が $M \times M$ 行列演算子のとき，成分が c 数の $M^2 \times M^2$ 行列である．(7.93)は，格子上で定義された量子系に対する **Yang-Baxter 関係式**である．さらに，異なる格子点 n に対する L_n が交換するならば，転移行列 $\mathcal{T}_N(\lambda)$ に対しても，相似関係式

$$R(\lambda, \mu)[\mathcal{T}_N(\lambda) \otimes \mathcal{T}_N(\mu)] = [\mathcal{T}_N(\mu) \otimes \mathcal{T}_N(\lambda)] R(\lambda, \mu) \quad (7.94)$$

が成り立つ．よって，転送行列 $T_N(\lambda)$ は

$$[T_N(\lambda), T_N(\mu)] = T_N(\lambda) T_N(\mu) - T_N(\mu) T_N(\lambda) = 0 \quad (7.95)$$

をみたすことがわかる．このような性質をもつ転送行列を，**交換する転送行列**という．転送行列は保存量の生成子であるので，(7.95)より，これらの保存量は包含的，$[I_i, I_j] = 0$，であることが示される．

量子逆散乱法の意義をまとめてみよう．
1) 古典系に対する逆散乱法が量子系にも適用できることがわかり，古典論と量子論が同じ定式化で議論できるようになった．
2) 散乱データ演算子のみたす交換関係を用いることにより，場の理論や量子スピン系の模型に対して，Bethe 仮説法を代数的に扱えるようになった．
3) 以後の節で示すが，交換する転送行列は，統計力学における解ける模型に共通な性質である．このことと，(7.95)をまとめると，解ける模型の背後には，「交換する転送行列」という概念が共通していることがわかる．

すなわち，ソリトン理論の拡張によって，物理学の個々の分野で独立に研究されてきた「厳密に解ける模型」が，1つの枠組みで統一的に議論できるようになってきた．

ここで，**厳密に解ける模型**(exactly solvable model)という用語を定義しておこう．ハミルトニアン力学系においては，完全積分可能系を意味する．もちろん，これまでに述べてきたソリトン系は，その代表例である．統計力学においては，「解ける」ということについて，はっきりとした定義があるわけではない．2次元 Ising 模型に対しては，自由エネルギー*と磁化**の厳密な表式が得られている．しかし，n 点相関関数($n = 2, 3, \cdots$)については，特別な条件においてのみ，その振舞いを解析できる．この本では，自由エネルギーと磁化(1点相関関数)が厳密に計算できるとき，その統計力学模型は厳密に解けるとよぶことにしよう．Yang-Baxter 関係式が成り立てば，その関係式を使って，自由エネルギーと1点相関関数を計算できるので，Yang-Baxter 関係式をみたす模型は厳密に解ける模型である．

---

* L. Onsager : Phys. Rev. **65** (1944) 117.
** C. N. Yang : Phys. Rev. **85** (1952) 808.

7-6 Yang-Baxter 関係式

QNLS 模型や Heisenberg XYZ 模型に対して，Yang-Baxter 関係式を示した．こう呼ばれるのは，次の理由による．1967 年，Yang は δ 関数気体に対する Bethe 波動関数の consistency 条件として，散乱行列がみたす関数方程式を提出した[*]．また，1972 年，Baxter は 8 頂点模型（後述）の研究において交換する転送行列の性質に注目し，それらの統計重率がみたす関係式を用いて熱力学諸量を計算した[**]．現在では，Yang-Baxter 関係式を出発点として「厳密に解ける模型」を構成し，その模型がもつ物理的性質を精密に調べる方向に研究は進んでいる．非線形波動論が，逆散乱法の定式化を拡張することによって発展したのと，全く同様である．いろいろな分野で現われる Yang-Baxter 関係式をまとめて説明する．

a) 散乱行列 (S 行列)

相対論的運動（エネルギー E，運動量 P）を記述するには，速度よりはラピディティー(rapidity)とよばれる量 u を用いるのが便利である ($c=1$ とする)．

$$E = m \cosh u, \quad P = m \sinh u \tag{7.96}$$

演算子 $R_1^+(u), R_2^+(u), \cdots, R_n^+(u)$ で表わされる n 種の粒子を考えよう．状態

$$R_i^+(u_1) R_j^+(u_2) \cdots R_l^+(u_N) \tag{7.97}$$

は，N 粒子の散乱状態を表わすとする．この散乱状態において，$u_1 < u_2 < \cdots < u_N$ の場合を始状態(in-state)，$u_1 > u_2 > \cdots > u_N$ の場合を終状態(out-state)にとる．よって，演算子 $\{R_j^+(u)\}$ の交換関係により S 行列が導入される．

$$R_j^+(u_1) R_i^+(u_2) = \sum_{k,l} S_{jl}^{ik}(u_{21}) R_k^+(u_2) R_l^+(u_1) \quad (u_1 < u_2) \tag{7.98}$$

---

[*] C. N. Yang : Phys. Rev. Lett. **19** (1967) 1312.
[**] R. J. Baxter : Ann. Phys. (NY) **70** (1972) 323.

係数 $S^{ik}_{jl}(u_{21})$ は，始状態 (i,j) から終状態 (k,l) への散乱過程を表わす 2 体 S 行列である（図 7-3）．また，$u_{21}=u_2-u_1$ は，2 粒子のラピディティーの差を表わす．

図 7-3 2 体散乱行列 $S^{ik}_{jl}(u)$.

さて，3 粒子の散乱を考えよう．始状態を $R_k{}^+(u_1)R_j{}^+(u_2)R_i{}^+(u_3)$，終状態を $R_p{}^+(u_3)R_q{}^+(u_2)R_r{}^+(u_1)$ $(u_1<u_2<u_3)$ とする．略記法として，おのおのの状態を $[123]$，$[321]$ と書くことにする．始状態 $[123]$ から終状態 $[321]$ への散乱過程は，散乱の順序により次の 2 つの過程がある．

$$[123] \begin{matrix} \nearrow [132] \to [312] \searrow \\ \searrow [213] \to [231] \nearrow \end{matrix} [321] \qquad (7.99)$$

この条件を式に書くと，2 体 S 行列がみたすべき関係式が得られる．図 7-4 はこれを図示したものであり，図の左辺は (7.99) の上側の過程，右辺は下側の過程に相当している．

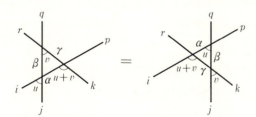

図 7-4 散乱行列（S 行列）に対する Yang-Baxter 関係式．

(7.98) を 3 度用いて，図 7-4 の左辺を計算すると，

$$R_k{}^+(u_1)R_j{}^+(u_2)R_i{}^+(u_3)$$
$$= \sum_{\alpha\beta\gamma}\sum_{pqr} S^{i\alpha}_{j\gamma}(u_{32})S^{\alpha p}_{k\gamma}(u_{31})S^{\beta q}_{\gamma r}(u_{21})R_p{}^+(u_3)R_q{}^+(u_2)R_r{}^+(u_1)$$

図 7-4 の右辺を計算すると，

$$R_k{}^+(u_1)R_j{}^+(u_2)R_i{}^+(u_3)$$
$$= \sum_{\alpha\beta\gamma} \sum_{pqr} S^{j\beta}_{k\gamma}(u_{21}) S^{i\alpha}_{\gamma r}(u_{31}) S^{\alpha p}_{\beta q}(u_{32}) R_p{}^+(u_3) R_q{}^+(u_2) R_r{}^+(u_1)$$

となる.ただし,$u_{ab}=u_a-u_b$.この2つの式は等しいから,$u=u_{32}$, $v=u_{21}$ とおいて,

$$\sum_{\alpha\beta\gamma} S^{i\alpha}_{j\beta}(u) S^{\alpha p}_{k\gamma}(u+v) S^{\beta q}_{\gamma r}(v) = \sum_{\alpha\beta\gamma} S^{j\beta}_{k\gamma}(v) S^{i\alpha}_{\gamma r}(u+v) S^{\alpha p}_{\beta q}(u) \quad (7.100)$$

を得る.これが,S 行列に対する Yang-Baxter 関係式である.**因子化方程式**(factorization equation)ともよばれる*.(7.100)が成り立つ物理的背景は次のようにまとめられる.

1) 無限個の保存則があるために,散乱は非常に強い制限を受ける.その結果,粒子の衝突によって,粒子間の運動量の交換しか起きない.
2) N 粒子の散乱過程は2体衝突のくり返しであり,また,N 体 S 行列は $N(N-1)/2$ 個の 2 体 S 行列の積(このことを,**S 行列の因子化**という)で表わされる.

上の2つの性質は,量子可積分系に対して共通である.また,KdV 方程式のような古典ソリトン系でも同じである(4-5節)ことは大変興味深い.

b) バーテックス(頂点)模型

2次元統計力学において,バーテックス(vertex)模型と IRF (interaction round a face)模型の2つのタイプの模型を考えていこう**.

まず,バーテックス模型の説明をする.2次元正方格子を考えて(図 7-5),状態変数を辺の上におく.1つの頂点(vertex)の周りの状態変数が反時計回りに i, j, k, l のとき,その配位のエネルギーを $\varepsilon(i,j,k,l)$,統計重率(または,Boltzmann 重率)を $w(i,j,k,l)$ で表わす(図 7-6).

$$w(i,j,k,l) = \exp[-\varepsilon(i,j,k,l)/k_B T] \quad (7.101)$$

---

* A. B. Zamolodchikov and A. B. Zamolodchikov : Ann. Phys. (NY) **120** (1979) 253.
** R. J. Baxter : *Exactly Solved Models in Statistical Mechanics* (Academic Press, London, 1982).

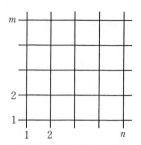
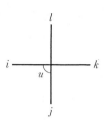

図7-5 正方格子．周期的境界条件($m+1\equiv 1$, $n+1\equiv 1$)とする．

図7-6 バーテックス模型の統計重率 $w(i,j,k,l;u)$．

例として，8頂点(バーテックス)模型を説明する．おのおのの辺の上に矢印を書く．すなわち，辺の上におく状態変数を矢印で表わす．矢印の向きは2種類(上向き下向き，または左向き右向き)あり，頂点のまわりには4つの辺があるので，$2^4=16$ 個の配位が可能である．格子点に入る矢印の数を偶数 (0, 2, 4) に限ると，8個の配位が可能になる(図7-7)．各配位のエネルギーを ε_j ($j=1$, 2,…, 8) で表わす．矢印の向きを変えても同じであるとすると，

$$\varepsilon_1 = \varepsilon_2, \quad \varepsilon_3 = \varepsilon_4, \quad \varepsilon_5 = \varepsilon_6, \quad \varepsilon_7 = \varepsilon_8 \tag{7.102}$$

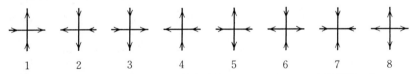

図7-7 8頂点模型．状態7と8の統計重率を0としたものが6頂点模型である．

以上の条件をみたすバーテックス模型を **8頂点**(eight vertex)**模型**という．格子全体での矢印の配置に対して，j 種のバーテックスの数を n_j と表わすと，全エネルギー E，分配関数 Z_N，格子点当りの自由エネルギー f (N は格子点の総数)は，それぞれ

$$E = \sum_{j=1}^{8} n_j \varepsilon_j \tag{7.103}$$

$$Z_N = \sum \exp(-E/k_B T) \tag{7.104}$$

$$f = -k_{\rm B}T \lim_{N\to\infty} N^{-1} \log Z_N \qquad (7.105)$$

で与えられる．(7.104)の和は，すべての可能な配置についての和を意味する．模型を定義するとき，矢印の代りに，+1（左向きと上向き）と −1（右向きと下向き）を用いてもよい．8頂点模型とはいうものの，実際には独立な配位は4個であることを注意しておこう．

バーテックス模型での転送行列を導入する．正方格子の横一列に注目し，辺の下側の状態を $\alpha = \{\alpha_1, \alpha_2, \cdots, \alpha_n\}$，辺の上側の状態を $\beta = \{\beta_1, \beta_2, \cdots, \beta_n\}$ で表わす（図7-8）．このとき，転送行列 T は，統計重率 w を使って，

$$T_{\alpha\beta} = \sum_{\mu_1} \cdots \sum_{\mu_n} w(\mu_1, \alpha_1, \mu_2, \beta_1) w(\mu_2, \alpha_2, \mu_3, \beta_2) \cdots w(\mu_n, \alpha_n, \mu_1, \beta_n) \qquad (7.106)$$

で定義される．転送行列は，辺の下側の情報を上側に「転送」するもの，と見なすことができる．分配関数 Z_N は，転送行列を使って，

$$Z_N = \sum_{\phi_1} \sum_{\phi_2} \cdots \sum_{\phi_m} T_{\phi_1\phi_2} T_{\phi_2\phi_3} \cdots T_{\phi_m\phi_1} = {\rm Tr}\, T^m \qquad (7.107)$$

と書ける．ここで，ϕ_r は r 行の状態を表わす．

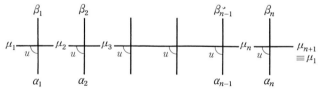

図7-8 バーテックス模型における転送行列 $T_{\alpha\beta}(u)$．

統計重率 $w(i, j, k, l)$ は，あるパラメーター u を含んでいるとする．パラメーター u を含む統計重率 $w(i, j, k, l; u)$ からつくられる転送行列を $T(u)$，同様にパラメーター v を含む転送行列を $T(v)$ とする．逆散乱法の言葉にならって，これらのパラメーターをスペクトルパラメーターとよぶことにする．異なるスペクトルパラメーターをもつ転送行列が可換になる，すなわち，交換する転送行列の条件，

$$[T(u), T(v)] = 0 \qquad (7.108)$$

が成立するためには，統計重率が

$$\sum_{\tau\mu''\nu''} w(\mu,\alpha,\mu'',\gamma\,;u)w(\nu,\gamma,\nu'',\beta\,;u+v)w(\nu'',\mu'',\mu',\nu'\,;v)$$
$$= \sum_{\tau\mu''\nu''} w(\nu,\mu,\mu'',\nu''\,;v)w(\mu'',\alpha,\mu',\gamma\,;u+v)w(\nu'',\gamma,\nu',\beta\,;u) \qquad (7.109)$$

をみたせばよい．この関係式を，バーテックス模型に対する Yang-Baxter 関係式という．図7-9はこれを図示したものである．Yang-Baxter 関係式が成立すると，転送行列が可換になっていることは，図7-10のようにしてわかる．すなわち，Yang-Baxter 関係式は，転送行列が可換であるための十分条件で

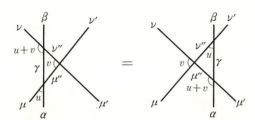

図7-9 バーテックス模型に対する Yang-Baxter 関係式．

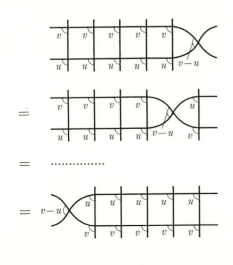

図7-10 転送行列の可換性．Yang-Baxter 関係式（図7-9）を何度も用いることにより，スペクトルパラメーター u と v とを交換していくことができる．最上図と最下図にある $(v-u)$ を含むバーテックスは，転送行列の可換性に影響を与えない．

ある.図7-4と図7-9を比べてわかるように,バーテックス模型の統計重率 $w(i,j,k,l;u)$ と,因子化された S 行列 $S^{ik}_{jl}(u)$ を同一視することができる*. 実際,(7.91)と(7.109)は等価である.

バーテックス(頂点)模型は,もともと誘電体や氷の模型として導入された. 図7-7を,もう一度ながめてみよう.頂点(格子点)に酸素 O^{--} があり,矢印は水素 H^+ が格子点の近くにあるか遠くにあるかを指定する記号と考える. 特に,各格子点のまわりで,電気的に中性という条件を課すと,状態7と8の統計重率は0であり,局所的に水分子 H_2O を実現する模型となる.これを,**6頂点(six vertex)模型**といい,2次元氷のモデルと考えられる.

c) IRF 模型

こんどは,状態変数が頂点上にのっている模型を考える.正方格子の最小面 (face または plaquette という) の4頂点上の状態変数の配位が反時計回りに a,b,c,d であるときのエネルギーを $\varepsilon(a,b,c,d)$,統計重率を $w(a,b,c,d)$ で表わす(図7-11).

$$w(a,b,c,d) = \exp(-\varepsilon(a,b,c,d)/k_B T) \qquad (7.110)$$

図7-11 IRF 模型の統計重率 $w(a,b,c,d;u)$.

格子点の総数を N として,分配関数 Z_N と格子点当りの自由エネルギー f は

$$Z_N = \sum_{\sigma_1}\cdots\sum_{\sigma_N} \prod w(\sigma_i,\sigma_j,\sigma_k,\sigma_l) \qquad (7.111)$$

$$f = -k_B T \lim_{N\to\infty} N^{-1} \log Z_N \qquad (7.112)$$

で与えられる.(7.111)の積記号 $\prod$ は,すべての面(face)についての積を表わす.このように,「面」に対して統計重率を指定するモデルを,**IRF**(interac-

---

* A. B. Zamolodchikov: Commun. Math. Phys. 69 (1979) 165.

tion round a face)模型という.

1980年，Baxterは，IRF模型の最初の例として，「**剛体6角形模型**」(hard hexagon model, 略してHH模型)を導入した[*]. 状態変数は0または1をとるとして，隣り合う格子点には，$0 \leq \sigma_i + \sigma_j \leq 1$ という条件(剛体条件)をつける. 可能な配置は，図7-12に示すように，7個存在する(対称性を課すので，独立な統計重率は5個). $\sigma_i = 0$ を空孔, $\sigma_i = 1$ を粒子とみなすと，剛体条件により(厳密には，$\omega_4 \to 0$ の極限で)，粒子は6角形の分子のように見えることから，このような名前がついた.

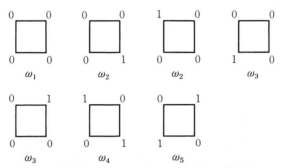

図7-12 hard hexagon模型. 7つの配置が可能であり，5つの独立な統計重率をもつ.

HH模型は多状態の模型に拡張することができる[**]. この研究は，厳密に解けるIRF模型が無数にあることを示唆し，さらに多くの模型を探す仕事を促進させた.

IRF模型での転送行列は，

$$T_{\sigma\sigma'} = \prod_{j=1}^{n} w(\sigma_j, \sigma_{j+1}, \sigma_{j+1}', \sigma_j') \tag{7.113}$$

と定義される(図7-13). バーテックス模型の場合と同様に，統計重率はスペ

---
[*] R. J. Baxter : J. Phys. **A13** (1980) L61.
[**] K. Kuniba, Y. Akutsu and M. Wadati : J. Phys. Soc. Jpn. **55** (1986) 1092, 3338.
R. J. Baxter and G. E. Andrews : J. Stat. Phys. **44** (1986) 249.

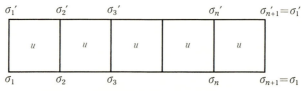

図7-13 IRF模型における転送行列 $T_{\sigma\sigma'}(u)$.

クトルパラメーター u を含むとする. 異なるスペクトルパラメーターをもつ転送行列が交換する, すなわち $[T(u), T(v)] = 0$ となる条件として,

$$\sum_g w(a,b,g,f\,;u)w(f,g,d,e\,;u+v)w(g,b,c,d\,;v)$$
$$= \sum_g w(g,c,d,e\,;u)w(a,b,c,g\,;u+v)w(f,a,g,e\,;v) \quad (7.114)$$

を得る. (7.114)は, IRF模型に対する Yang-Baxter 関係式である(図7-14).

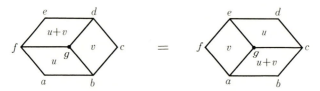

図7-14 IRF模型に対する Yang-Baxter 関係式.

(7.114)は, **star-triangle 関係式**ともよばれる. Onsager は, Ising 模型の研究において, この関係式を用いた.

Ising 模型は, 状態変数 $\{l_j\}$ が, 条件

$$l_j = 1,2,3, \quad |l_i - l_j| = 1 \quad (i と j は隣り合う格子点) \quad (7.115)$$

をみたす IRF 模型に相当する. このとき, 条件 $|l_i - l_j| = 1$ のため, 状態 2 は必ず 1 つおきに現われ, 状態 2 を消去すると, 図7-14 は,「星」(star)と「3角形」(triangle)の関係式になる(図7-15).

この章でいままでに話したことをまとめておこう. 古典ソリトン系に対する逆散乱法を量子論へ拡張すること(量子逆散乱法)によって, 量子場の理論や量子スピン系の問題を解くことができる. そして, 力学系での無限個の保存則は,

図7-15 star-triangle関係式. 左辺は「星」, 右辺は「3角形」である.

転送行列の可換性とみなすことができる. 転送行列が交換するための十分条件が, Yang-Baxter関係式である. こうして, 1+1次元量子系と2次元古典統計力学系の「厳密に解ける模型」が共通にもつ基本的性質として, Yang-Baxter関係式の重要性が明らかになってきた*.

この発展により, 厳密に解ける模型の研究が統一的に行なえるようになった. Yang-Baxter関係式((7.100), (7.109), (7.114))は, スペクトルパラメーターの関数として, 加法定理の性質をもっている. したがって, (1) 楕円関数, (2) 三角関数(または, 双曲線関数), (3) 有理関数, の解をもつ**. こうして構成される統計力学模型は, 自由エネルギーと1点相関関数(磁化や密度のこと)を厳密に計算できるという意味で, 「厳密に解ける模型」である. 統計力学では, 10年に1つ程度の頻度で解ける模型が発見されてきたが, この数年間で, 解ける模型は無限個あることがわかった.

7-7 量子スピン系

Yang-Baxter関係式を解くことによって, 新しい「厳密に解ける模型」がつぎつぎと発見された. その1つ1つについて書きはじめると切りがない. やや古い例であるが, 最も基本的なスピン1/2の1次元量子スピン系に関連する話

---

* 一般に, d次元量子系は$d+1$次元古典系とに関係づけられる. M. Suzuki : Prog. Theor. Phys. **46**(1971) 1337, **56**(1976) 1454.
** 数学の代数曲線の用語を使って, 楕円関数で表わされる解を種数(genus) 1 の解, 三角関数や有理関数で表わされる解を種数 0 の解という. Yang-Baxter関係式は, (7.91)から分かるように, 一般には$R(\lambda, \mu)$が$R(\lambda-\mu)$である必要はなく, 高い種数をもつ解が知られている. H. Au-Yang et al. : Phys. Lett. **123A**(1987) 219.

題について述べる.特に,1次元量子スピン系とバーテックス模型の関係について調べることにする.

8頂点模型は既に前節で定義した.これからの議論のために,すこし記法を変える.統計重率を図7-16のように,$S_\alpha^{\alpha'}(\gamma,\gamma')$ で表わす.

図7-16 バーテックス模型の統計重率 $S_\alpha^{\alpha'}(\gamma,\gamma') \equiv w(\gamma,\alpha,\gamma',\alpha')$.

状態 $\alpha, \alpha', \gamma, \gamma'$ は矢印の代りに,1または2を取るとする.1は矢印で右向きまたは上向き,2は左向きまたは下向きを表わすとする.そして,図7-7の8つのバーテックスの統計重率を,左から $v_1, v_2, \cdots, v_8$ とかく.統計重率とエネルギーの関係は,$v_j = \exp(-\varepsilon_j/k_B T)$ であるから,(7.102)から

$$v_1 = v_2, \quad v_3 = v_4, \quad v_5 = v_6, \quad v_7 = v_8 \qquad (7.116)$$

が成り立つ.Pauli 行列

$$\sigma^1 = \begin{pmatrix} 0 & 1 \\ 1 & 0 \end{pmatrix}, \quad \sigma^2 = \begin{pmatrix} 0 & -i \\ i & 0 \end{pmatrix}, \quad \sigma^3 = \begin{pmatrix} 1 & 0 \\ 0 & -1 \end{pmatrix}, \quad \sigma^4 = \begin{pmatrix} 1 & 0 \\ 0 & 1 \end{pmatrix} \qquad (7.117)$$

を使って,統計重率 $S_\alpha^{\alpha'}(\gamma,\gamma')$ を

$$S_\alpha^{\alpha'}(\gamma,\gamma') = \sum_{j=1}^{4} w_j \sigma_{\gamma\gamma'}{}^j \sigma_{\alpha\alpha'}{}^j \qquad (7.118)$$

と表わす.(7.118)より,例えば,

$$S_1^1(1,1) = v_1 = \sum_{j=1}^{4} w_j \sigma_{11}{}^j \sigma_{11}{}^j = w_3 + w_4$$

同様にして,$\{w_j\}$ は $\{v_j\}$ を使って,

$$\begin{aligned} 2w_1 &= v_5 + v_7, & 2w_2 &= v_5 - v_7 \\ 2w_3 &= v_1 - v_3, & 2w_4 &= v_1 + v_3 \end{aligned} \qquad (7.119)$$

と与えられることが分かる.

統計重率(7.118)において,(γ, γ') を行列要素を表わす添字にみなすと,転

送行列は

$$T^{\{\alpha'\}}_{\{\alpha\}} = \text{Tr}\left\{ S^{\alpha_1'}_{\alpha_1} S^{\alpha_2'}_{\alpha_2} \cdots S^{\alpha_N'}_{\alpha_N} \right\} \tag{7.120}$$

と表わされる(図7-17).

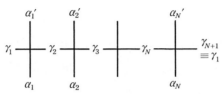

図7-17 バーテックス模型における転送行列 $T^{\{\alpha'\}}_{\{\alpha\}}$. 図7-8と全く同じであるが, スペクトルパラメーターを λ, $T_{\alpha\alpha'}(\lambda)$ を $T^{\{\alpha'\}}_{\{\alpha\}}$ とかいた.

統計重率を(7.118)のように書きかえた魂胆が少しずつ分かってくるであろう. 統計重率 $S^{\alpha'}_{\alpha}(\gamma,\gamma')$ の添字の組, (α,α') と (γ,γ'), の役割を区別するためである. (α,α') はスピン演算子の空間, (γ,γ') は行列要素を表わすと考える.

スピン演算子を $\boldsymbol{\sigma}_n = (\sigma_n^1, \sigma_n^2, \sigma_n^3)$ として, (7.118)から, 次のような演算子を定義する.

$$\begin{aligned}
L_n(\lambda) &= \sum_{j=1}^{4} w_j(\lambda)\sigma^j \otimes \sigma_n^j \\
&= \begin{pmatrix} \sum_{j=1}^{4} w_j(\lambda)\sigma_{11}^j \sigma_n^j & \sum_{j=1}^{4} w_j(\lambda)\sigma_{12}^j \sigma_n^j \\ \sum_{j=1}^{4} w_j(\lambda)\sigma_{21}^j \sigma_n^j & \sum_{j=1}^{4} w_j(\lambda)\sigma_{22}^j \sigma_n^j \end{pmatrix} \\
&= \begin{pmatrix} w_4(\lambda)\sigma_n^4 + w_3(\lambda)\sigma_n^3 & w_1(\lambda)\sigma_n^1 - iw_2(\lambda)\sigma_n^2 \\ w_1(\lambda)\sigma_n^1 + iw_2(\lambda)\sigma_n^2 & w_4(\lambda)\sigma_n^4 - w_3(\lambda)\sigma_n^3 \end{pmatrix}
\end{aligned} \tag{7.121}$$

ここで, σ_n^4 は恒等行列である. 8頂点模型の転送行列(7.120)は, 演算子(7.121)を用いると,

$$\begin{aligned} T_N(\lambda) &= \text{Tr}\,\mathcal{T}_N(\lambda) \\ \mathcal{T}_N(\lambda) &= L_N(\lambda) L_{N-1}(\lambda) \cdots L_1(\lambda) \end{aligned} \tag{7.122}$$

と表わされる.

さて，(7.121)と(7.88)とは全く同じ形をしていることに気づく．(7.88)は，XYZ 模型に対する量子逆散乱法の演算子である．一方，(7.121)は，8頂点模型の統計重率を演算子の形に書いたものである．

8頂点模型の転送行列(7.122)が可換になる条件，$[T_N(\lambda), T_N(\mu)]=0$, を求めると，(7.91)〜(7.94)と同じ計算によって，$w_j(\lambda)$ は(7.89)で与えられることが分かる（バーテックス模型に対する Yang-Baxter 関係式(7.109)を直接解いても同じ結果を得る）．このように，8頂点模型と量子スピン XYZ 模型は等価である．

この等価性を，より具体的に示そう．8頂点模型の統計重率(7.118)において，スペクトルパラメーター λ を $\lambda=0$ とおく．(7.89)から，

$$w_1(0) = w_2(0) = w_3(0) = w_4(0) = \frac{1}{2}\operatorname{sn}(2\eta, k) \qquad (7.123)$$

であるから，これを(7.118)に代入して，

$$S_\alpha^\beta(i,j;\lambda=0) = \frac{1}{2}\operatorname{sn} 2\eta \cdot \sum_{l=1}^{4} \sigma_{ij}{}^l \sigma_{\alpha\beta}{}^l$$
$$= \operatorname{sn} 2\eta \cdot \delta(i,\beta)\delta(j,\alpha) \qquad (7.124)$$

ここで，$\delta(i,j)$ は Kronecker の δ 記号である．よって，転送行列(7.120)は，$\lambda=0$ では，

$$T_{\{\alpha\}}^{\{\alpha'\}}(\lambda=0) = (\operatorname{sn} 2\eta)^N \delta(\alpha_1, \alpha_2')\delta(\alpha_2, \alpha_3') \cdots \delta(\alpha_N, \alpha_1') \qquad (7.125)$$

となる．この右辺は，$\{\alpha_j\}$ と $\{\alpha_j'\}$ を1つずらせて対応させる働きをしているので，$\lambda=0$ での転送行列は，しばしば**ずれ演算子**(shift operator)とよばれる．

さらに，(7.120)を λ で微分して，$\lambda=0$ とおく．(7.124)を用いて，

$$\frac{d}{d\lambda} T_{\{\alpha\}}^{\{\alpha'\}}(\lambda) \bigg|_{\lambda=0} = (\operatorname{sn} 2\eta)^{N-1} \sum_{n=1}^{N} \delta(\alpha_1, \alpha_2') \cdots \delta(\alpha_{n-2}, \alpha_{n-1}')$$
$$\cdot \frac{d}{d\lambda} S_{\alpha_n}^{\alpha_n'}(\alpha_{n-1}, \alpha_{n+1}') \bigg|_{\lambda=0} \delta(\alpha_{n+1}, \alpha_{n+2}') \cdots \delta(\alpha_N, \alpha_1')$$

$$(7.126)$$

(7.126)の左からずれ演算子の逆 $(T^{\{\alpha'\}}_{\{\alpha\}})^{-1}$ をかけると,

$$\frac{d}{d\lambda}\log T(\lambda)\Big|_{\lambda=0} = T^{-1}(0)T'(\lambda)\Big|_{\lambda=0}$$

$$= \frac{1}{\text{sn }2\eta}\sum_{n=1}^{N}\delta(\alpha_1,\alpha_1')\cdots\delta(\alpha_{n-1},\alpha_{n-1}')\frac{d}{d\lambda}S^{\alpha_n'}_{\alpha_{n+1}'}(\alpha_n,\alpha_{n+1}')\Big|_{\lambda=0}$$

$$\cdot\delta(\alpha_{n+2},\alpha_{n+2}')\cdots\delta(\alpha_N,\alpha_N') \quad\quad (7.127)$$

を得る.統計重率 $S^{\alpha'}_{\alpha}(\gamma,\gamma')$ を,次のように書きかえる.

$$S^{\alpha'}_{\alpha}(\gamma,\gamma') = \sum_{j=1}^{4}w_j(\lambda)\sigma_{\gamma\gamma'}{}^j\sigma_{\alpha\alpha'}{}^j = \sum_{j=1}^{4}p_j(\lambda)\sigma_{\gamma\alpha'}{}^j\sigma_{\alpha\gamma'}{}^j \quad\quad (7.128)$$

ここで,

$$p_1 = \frac{1}{2}(w_1-w_2-w_3+w_4), \quad p_2 = \frac{1}{2}(-w_1+w_2-w_3+w_4)$$
$$p_3 = \frac{1}{2}(-w_1-w_2+w_3+w_4), \quad p_4 = \frac{1}{2}(w_1+w_2+w_3+w_4) \quad\quad (7.129)$$

(7.128)を(7.127)に代入して,$\sigma_{\alpha_n\alpha_n'}{}^j$ を $\sigma_n{}^j$ とかくと,

$$\frac{d}{d\lambda}\log T(\lambda)\Big|_{\lambda=0} = \frac{1}{\text{sn }2\eta}\sum_{n=1}^{N}\sum_{j=1}^{4}\frac{1}{2}J_j\sigma_n{}^j\sigma_{n+1}{}^j \quad\quad (7.130)$$

となる.ただし,

$$J_1 \equiv J_x = 2p_1'(0) = 1+k\text{ sn}^2 2\eta$$
$$J_2 \equiv J_y = 2p_2'(0) = 1-k\text{ sn}^2 2\eta \quad\quad (7.131)$$
$$J_3 \equiv J_z = 2p_3'(0) = 2p_4'(0) = \text{cn }2\eta\text{ dn }2\eta$$

すこし計算が続いたが,次のことが示された.

$$H = -\frac{1}{2}\sum_{n=1}^{N}\sum_{j=1}^{3}J_j\sigma_n{}^j\sigma_{n+1}{}^j$$
$$= -\text{sn }2\eta\frac{d}{d\lambda}\log T(\lambda)\Big|_{\lambda=0} + \frac{1}{2}J_zNI \quad\quad (7.132)$$

すなわち,8頂点模型の転送行列 $T(\lambda)$ の対数微分は,XYZ 模型のハミルトニアンを与える,ことが分かった.(7.132)を **Baxter 公式**(Baxter formula)と

よぶ*. さらに，高次の対数微分

$$I_k \equiv \frac{d^k}{d\lambda^k} \log T(\lambda) \Big|_{\lambda=0} \quad (k=1,2,\cdots) \quad (7.133)$$

を考えれば，8頂点模型の転送行列 $T(\lambda)$ から，スピン系の包含的な保存量の組 $\{I_j\}$, $[I_j, I_k]=0$, が得られる.

以上の議論で，楕円関数の母数 k を $k=0$ とすると，XYZ 模型は XXZ 模型 ($J_x=J_y$)，8頂点模型は6頂点模型になる．すなわち，6頂点模型と量子スピン XXZ 模型は等価である．

量子スピン系に対する量子逆散乱法や Bethe 仮説法，有限サイズ補正による共形電荷の計算等は紙数の都合上省略する．その代りに，XXZ 模型に関連した興味深い代数について述べておこう．

(7.121)と(7.88)で，$k=0$ とおく．演算子 $L(\lambda)$ は(添字 n は省く)次の形に書くことができる．

$$L(\lambda) = \begin{pmatrix} \sin(\lambda+\eta\sigma^3) & (1/2)\sigma_- \sin 2\eta \\ (1/2)\sigma_+ \sin 2\eta & \sin(\lambda-\eta\sigma^3) \end{pmatrix} \quad (7.134)$$

ここで，$\sigma_\pm = \sigma^1 \pm i\sigma^2$. (7.134)にならって，転送行列(7.122)を，$\lambda \to i\infty$ に対して，

$$\mathcal{T}(\lambda) = \begin{pmatrix} A(\lambda) & B(\lambda) \\ C(\lambda) & D(\lambda) \end{pmatrix} = \begin{pmatrix} \sin(\lambda+2\eta J_3) & J_- \sin 2\eta \\ J_+ \sin 2\eta & \sin(\lambda-2\eta J_3) \end{pmatrix} \quad (7.135)$$

とおく．上の式で，J_3, J_+, J_- は演算子とする．(7.135)を(7.94)に代入し，$\lambda, \mu \to i\infty$ の極限を考えると，交換関係

$$[J_+, J_-] = \frac{\sin 4\eta J_3}{\sin 2\eta}, \quad [J_3, J_\pm] = \pm J_\pm \quad (7.136)$$

が得られる．ここで，$q=\exp(2i\eta)$ とおくと，(7.136)は次のような形に書き直される．

---

* この公式は，有限温度の場合に拡張できる．
  M. Wadati and Y. Akutsu : Prog. Theor. Phys. Suppl. **94** (1988) 1.
  J. Suzuki, Y. Akutsu and M. Wadati : J. Phys. Soc. Jpn. **59** (1990) 2667.

$$[J_+, J_-] = \frac{q^{2J_3} - q^{-2J_3}}{q - q^{-1}}, \quad [J_3, J_\pm] = \pm J_\pm \quad (7.137)$$

このような関係式は，数学においても全く新しい発見である．異なる導出法もある．Yang-Baxter 関係式(7.93)の解として，直接に(7.137)を導くこともできる*．

交換関係(7.137)は，$q \to 1$ ($\eta \to 0$) とすると，

$$[J_+, J_-] = 2J_3, \quad [J_3, J_\pm] = \pm J_\pm \quad (7.138)$$

を与える．すなわち，Lie 代数 $su(2)$ の交換関係(角運動量のみたす代数と同じ)になる．逆に，(7.137)は，Lie 代数 $su(2)$ を，パラメーター q で変形(q-deformation)したものとみなすことができる(より正しくは，Lie 代数 $su(2)$ の包絡環を q 変形したもの)．2η を Planck 定数 h とみなして，この変形を**量子群**(quantum group) $SU(2)$ とよび，$SU_q(2)$ または $U_q(su(2))$ と表わす**．同様にして，他の Lie 代数に対しても包絡環の q 変形を考えることができる．量子群という用語は，Drinfeld によって導入された．大変魅力的な言葉であるが，やや誤解を与える命名であり，「量子」でもないし，「群」でもない．上に述べたように，「量子」は「変形」に対応している．

Yang-Baxter 関係式の視点から量子群を見直してみよう．三角関数で表わされる解で，スペクトルパラメーター $\lambda = \infty$ において量子群が実現された．このように制限された情況でさえも，Yang-Baxter 関係式が豊富な数学をもっていることは大変興味深いことである．全く同じ情況で，さらに新しい発展があることを次章で述べる．

---

* E. K. Sklyanin : Funct. Anal. Appl. **16** (1982) 27, **17** (1983) 273.
** V. G. Drinfeld : Soviet Math. Dokl. **32** (1985) 254.
M. Jimbo : Lett. Math. Phys. **10** (1985) 63.

結び目理論

水の波の観察から始まった非線形波動の研究が,ソリトンの概念を生みだし,さらに量子場の理論や統計力学の解ける模型を統一して発展する様子をみてきた.この章で述べることは,厳密に解ける模型とトポロジー(位相幾何学)との関係である.予想外の展開と思われるかもしれない.たしかに意外な発展であるが,厳密に解ける模型(Yang-Baxter関係式をみたす模型のこと)を用いると,結び目や絡み目を分類する不変量を構成することができるのである.

8-1 結び目と絡み目

1次元的物体を,**ひも**(string)とよぶ.一般に,ひもは向きをもっているとする.物理において,ひもとみなせるものには,高分子,転位,渦糸,磁力線,粒子の軌道等がある.

自分自身とは交わらない,すなわち,空間内の同じ点を一度しか通らない1本の閉じたひもを**結び目**(knot)という.図8-1(a)は最も簡単な例であり(自明な結び目),(b)は3葉結び目(trefoil, clover-leaf knot)とよばれる.2本以上の閉じたひもを**絡み目**(link)という.図8-1(c)は,自明な結び目と3葉結び

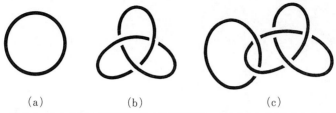

図 8-1 （a）自明な結び目，（b）3葉結び目，（c）（a）と（b）とからなる絡み目．

目が絡み合ったものであり，絡み目の一例である．絡み合っていないものも絡み目という．また，絡み目という用語は，結び目と絡み目の総称としても用いられる．

結び目や絡み目は，古代から人間生活の智恵として，各民族が用いてきた．ヨーロッパでは，家の紋章などにも用いられている（図8-2）．なお，船の速さの単位1ノットは，漁師がロープに結び目を作り，長さを測ったことに由来するという．

図 8-2 ボロミアン家の紋章．3本のひものうち，どの2本も絡み合っていないが，全体として絡み合っている．家訓としては，毛利家の3本の矢と同じ精神なのであろう．

3次元空間においてひもがとる配置は多種多様であり，その性質を調べるのが**結び目理論**（knot theory）である．特に，結び目や絡み目を識別し分類することは，最も基本的な問題である．例えば，図8-3の（a）と（b）は異なる結び目のように見える．しかし，一方から一方へ，ひもを切らずに連続的に変形できるので，この2つの結び目は等価である．この程度の複雑さであるならば，図を書いたり，ひもを使ったりして確かめられるであろう．図8-4の2つの結び目はどうであろうか（答．2つの結び目は等価である）．

このように例を1つ1つ調べるよりは，ひもの連続的変形によって変わらない量，すなわち，**絡み目不変量**（link invariant）を見出し，統一的手段で分類

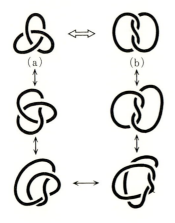

図 8-3　3葉結び目(a)は，結び目(b)に等価である．なお，この図の(a)と，図 8-1(b)は鏡像の関係にある．

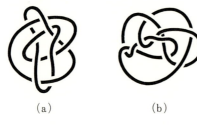

図 8-4　(a)と(b)との2つの結び目は，等価である．すぐには分からないのは当然で，1890年 Little は異なるとして分類した．その約80年後(1974年) Perko が，実は2つが等価であることを示した．

することが必要になる．絡み目不変量として最もよく知られたものは，Gauss の linking number(絡み合いの数，または，まつわり数)である．2つの曲線の絡み合いの回数を与える公式であり，電磁気学における Ampère の回路定理に相当する．

　分類をするには，他とは違うことを記述する量，すなわち，独立な量を用いなければならない．独立な量を表わす1つの方法は，ある変数 t のベキ乗を用いることである．例えば，1 と t^2 は独立であるし，t^{-1} と $t^{-1}+t^3$ は独立である．あとで登場する絡み目多項式(link polynomial)とは，このようなベキ乗の和，すなわち多項式で与えられる絡み目不変量を意味する．

　絡み目多項式は，1928年アメリカの J. W. Alexander によって発見された(Alexander 多項式)．1985年，V. Jones は新しい絡み目多項式(Jones 多項式)を提出した*．この仕事が多くの注目を集めたのは，約60年振りに

Alexander 多項式よりも強力な多項式が発見されたこと(例えば,鏡像を区別できる),トポロジーとは全く関係がないと思われていた分野である作用素環の研究から導出されたこと,の理由による.Jones 多項式は,すぐに Hoste, Ocneanu, Millett, Freyd, Lickorish, Yetter, Przytycki, Traczyk によって 2 変数に拡張された.2 変数 Jones 多項式を,略して HOMFLY 多項式(6 名の研究者の頭文字を並べた)という.1986 年,L. Kauffman はさらに新しい絡み目多項式を発見した(Kauffman 多項式).同年より始まった,厳密に解ける模型を用いる絡み目多項式の構成は,以上の絡み目多項式を統一的手法で導出することを可能にするばかりでなく,より強力な新しい絡み目多項式を与えている**.

8-2 組みひも群

はじめに,組みひも群を説明する.2 本の棒を準備し,それを平面上におく.おのおのの棒には,n 個の点を左から順番に決め,点と点の間を n 本のひもでつなぐ.どの点とどの点を結ぶかは自由である.また,ひもが交差する点では,一方のひもは他方の上または下を通るとする.一般には,図 8-5(a)のようなひもの配置が得られる.これを,n-組みひも(n-braid)とよぶ.n-組みひ

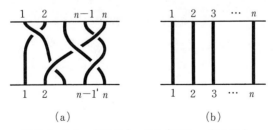

図 8-5 (a) n-組みひも.(b) 自明な n-組みひも.

---

* V. F. R. Jones: Bull. Amer. Math. Soc. **12** (1985) 103.
** Y. Akutsu and M. Wadati: J. Phys. Soc. Jpn. **56** (1987) 839, 3039.
   M. Wadati, T. Deguchi and Y. Akutsu: Phys. Reports **180** (1989) 247.

もは，自明な n-組みひも（図 8-5(b)）から，以下に述べるような操作で作ることができる．

ひもは，上の棒から下の棒へ向かっているとする．上の棒の i 番目の点からのひもが，$i+1$ 番目の点からのひもの上を通りぬけるようにする操作を b_i とする（図 8-6(a)）．同様に，i 番目の点からのひもが，$i+1$ 番目の点からのひもの下を通りぬけるようにする操作を b_i^{-1} とする（図 8-6(b)）．明らかに，b_i^{-1} は b_i の逆の操作である．操作 b_i と b_i^{-1} では，他のひもはそのままであることに注意しよう．

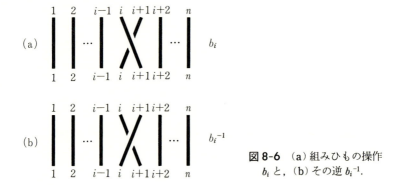

図 8-6 (a) 組みひもの操作 b_i と，(b) その逆 b_i^{-1}．

この操作の積，例えば $b_1 b_2$ は，次のように定義される．はじめの 2 本の棒の中間にもう 1 本の棒（図 8-7 の左図の点線）を用意し，その棒にも左から順番をつける．まず，上の棒と中間の棒の間で操作 b_1 を行ない，次に，中間の棒と下の棒の間で操作 b_2 を行なう．そして，中間の棒を取り除いて得られる組みひもを $b_1 b_2$ とかく．一般の場合も同様にして積が定義されることは，理解

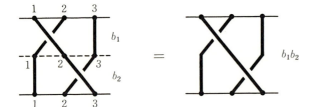

図 8-7 積 $b_1 b_2$．

できるであろう.

生成子 $b_1, b_2, \cdots, b_{n-1}$ から作られる**組みひも群**(braid group) B_n は,次の関係式によって定義される(Artin, 1947).

$$b_i b_j = b_j b_i \qquad (|i-j| \geqq 2) \tag{8.1a}$$

$$b_i b_{i+1} b_i = b_{i+1} b_i b_{i+1} \tag{8.1b}$$

これらの関係式を図8-8に示した.(8.1a)は,2つの操作 b_i と b_j はひもが2つ以上離れていれば独立であることを意味する.(8.1b)は,まん中のひも(実際には,どのひもでもよい)を左から右へ変形させても等価であることを意味する.

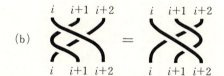

図 8-8 組みひも群の定義式.
(a) $b_i b_j = b_j b_i (|i-j| \geqq 2)$,
(b) $b_i b_{i+1} b_i = b_{i+1} b_i b_{i+1}$.

組みひも群から話を始めたのは,組みひもで向かい合った点をつないで閉じる(closed braid)と,結び目や絡み目が得られるからである.図8-9は,その一例である.

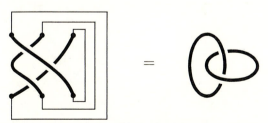

図 8-9 組みひもで,向かい合った点をつないで閉じると,結び目や絡み目が得られる.

どんな絡み目も，閉じた組みひもで表わすことができる(Alexanderの定理，1923年)．しかし，この表わし方は一意的ではない．すなわち，1つの絡み目を閉じた組みひもとして表わす仕方は，いくつも存在する．したがって，次の定理が重要になる．

Markov の定理(A. A. Markov, 1935年)．同じ絡み目を表わす等価な組みひもは，次の2種の操作(Ⅰ型とⅡ型)を有限回行なうことによって，互いに移ることができる(図8-10)．

$$\text{Ⅰ.} \quad AB \to BA \quad (A, B \in B_n) \tag{8.2a}$$

$$\text{Ⅱ.} \quad A \to Ab_n{}^{\pm 1} \quad (A \in B_n, \ b_n \in B_{n+1}) \tag{8.2b}$$

閉じた組みひもで考えれば，おのおのの操作は等価な絡み目を与えていることがわかるであろう．

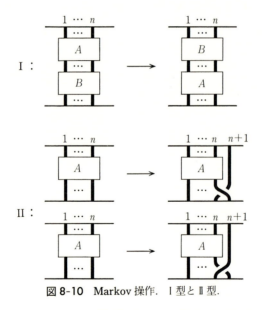

図 8-10　Markov 操作．Ⅰ型とⅡ型．

こうして，絡み目不変量は，Markov 操作によって変わらないものと考えることができる．絡み目不変量が多項式の形で与えられることを見越して，以後はもっぱら絡み目多項式とよぶことにする．よって，絡み目多項式 $\alpha(\cdot)$ は，

次の性質をみたす量として定義される.

Ⅰ. $\quad \alpha(AB) = \alpha(BA) \quad (A, B \in B_n) \quad (8.3\text{a})$

Ⅱ. $\quad \alpha(Ab_n) = \alpha(Ab_n{}^{-1}) = \alpha(A) \quad (A \in B_n,\ b_n \in B_{n+1}) \quad (8.3\text{b})$

実際に絡み目多項式を構成するためには, 次の性質をもつ**Markov**トレース(Markov trace)とよばれる量 $\phi(\cdot)$ を見つければよい.

Ⅰ. $\quad \phi(AB) = \phi(BA) \quad (A, B \in B_n) \quad (8.4\text{a})$

Ⅱ. $\quad \phi(Ab_n) = \tau\phi(A), \quad \phi(Ab_n{}^{-1}) = \bar{\tau}\phi(A)$

$$\quad (A \in B_n,\ b_n \in B_{n+1}) \quad (8.4\text{b})$$

ただし,

$$\tau = \phi(b_i), \quad \bar{\tau} = \phi(b_i{}^{-1}) \quad (8.5)$$

Markov トレース $\phi(\cdot)$ がわかれば, 絡み目多項式 $\alpha(\cdot)$ は

$$\alpha(A) = (\tau\bar{\tau})^{-(n-1)/2}\left(\frac{\bar{\tau}}{\tau}\right)^{e(A)/2}\phi(A) \quad (A \in B_n) \quad (8.6)$$

で与えられる. ここで, $e(A)$ は, 組みひも A 中の要素 b_i の指数和である. 例えば, $A = b_1{}^3 b_2{}^{-2} b_3{}^5 b_4$ ならば, $e(A) = 3 - 2 + 5 + 1 = 7$.

(8.6)で定義された $\alpha(\cdot)$ が(8.3)をみたすことを証明しよう. まず, (8.3a)をみたすことは, (8.4a)から明らかである. 次に, (8.3b)をみたすことを証明する. 指数和の定義に注意して, (8.6)と(8.4b)を用いる.

$$\begin{aligned}
\alpha(Ab_n) &= (\tau\bar{\tau})^{-(n+1-1)/2}\left(\frac{\bar{\tau}}{\tau}\right)^{e(Ab_n)/2}\phi(Ab_n) \\
&= (\tau\bar{\tau})^{-n/2}\left(\frac{\bar{\tau}}{\tau}\right)^{e(A)/2+1/2}\cdot\tau\phi(A) \\
&= (\tau\bar{\tau})^{-(n-1)/2}\left(\frac{\bar{\tau}}{\tau}\right)^{e(A)/2}\phi(A) = \alpha(A) \quad (8.7)
\end{aligned}$$

同様にして, $\alpha(Ab_n{}^{-1}) = \alpha(A)$ が証明される.

以上をまとめる. 結び目や絡み目の不変量である絡み目多項式は, 次の2つのステップで構成される.

(1) 組みひも群の表現(表現 representation というのは数学用語であり, 生成子を行列などで具体的に書き表わすこと)をつくる.

(2) この表現の空間で，Markov トレース $\phi(\cdot)$ をつくる．

厳密に解ける模型を用いると，この2つのステップが自然に行なえて，いろいろな絡み目多項式を導くことができる．このことを，8-3節と8-4節で示すことにする．

8-3 代数的構成法

7-6節で紹介したように，統計力学における厳密に解ける模型には，バーテックス模型（これは，因子化された S 行列と等価）と IRF 模型の2種類がある．以下の議論は，どちらのタイプの模型に対してもほとんど同じであるが，バーテックス模型を用いて説明する．バーテックス模型の方が，物理的イメージとして理解しやすいと思われるからである．

バーテックス模型の統計重率（図7-6）を

$$S_{jl}^{ik}(u) = w(i,j,k,l\,;u) \tag{8.8}$$

で表わす．厳密に解ける模型であるための十分条件である Yang-Baxter 関係式は

$$\sum_{abc} S_{cr}^{bq}(u) S_{kc}^{ap}(u+v) S_{jb}^{ia}(v) = \sum_{abc} S_{bq}^{ap}(v) S_{cr}^{ia}(u+v) S_{kc}^{jb}(u) \tag{8.9}$$

で与えられる（図8-11）．

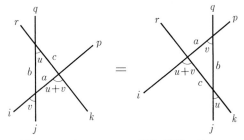

図8-11 バーテックス（頂点）模型に対する Yang-Baxter 関係式．

統計重率は，次のような基本的性質をみたすとする．
1) 初期条件
$$S_{jl}^{ik}(0) = \delta_{il}\delta_{jk} \qquad (8.10)$$
2) ユニタリー条件
$$\sum_{mp} S_{pl}^{mk}(u)S_{jm}^{ip}(-u) = \rho(u)\rho(-u)\delta_{il}\delta_{jk} \qquad (8.11)$$

統計重率はスカラー倍しても Yang-Baxter 関係式(8.9)をみたすので，上式のように関数 $\rho(u)$ を導入できる．

3) 第2ユニタリー条件
$$\sum_{pm} S_{pl}^{im}(\lambda-u)S_{mj}^{kp}(\lambda+u) \cdot \left(\frac{r(m)r(p)}{r(i)r(j)r(k)r(l)}\right)^{1/2} = \rho(u)\rho(-u)\delta_{ij}\delta_{kl} \qquad (8.12)$$

パラメーター λ を**交差パラメーター**，$r(i)$ を**交差乗数**とよぶ．この章では，スペクトルパラメーターは，λ ではなく u（または v）であることに注意する．

4) 交差対称性（図 8-12）
$$S_{jl}^{ik}(u) = S_{\bar{k}i}^{jl}(\lambda-u) \cdot \left(\frac{r(i)r(l)}{r(j)r(k)}\right)^{1/2} \qquad (8.13)$$

（上の式での $\bar{k}, \bar{i}$ に注意）．ただし，

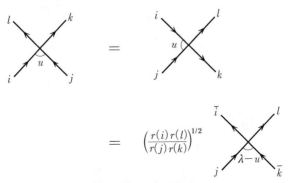

図 8-12 交差対称性．

$$\bar{j} = -j, \quad r(\bar{j}) = \frac{1}{r(j)} \tag{8.14}$$

5) 電荷保存条件

$$S_{jl}^{ik}(u) = 0 \quad (i+j \neq k+l) \tag{8.15}$$

これらの条件式は，Yang-Baxter 関係式を解いていく過程で見出されたものであるが，物理的要請とも一致している．散乱行列(S 行列)の言葉で説明しよう．初期条件(8.10)は，2粒子の相対速度がゼロ($u=0$ に相当)ならば，散乱は起きないことを示す．ユニタリー条件(8.11)は，散乱における確率の保存を示す．**交差対称性**(crossing symmetry)は，散乱チャネルと交差チャネル(散乱チャネルを横から見たもの)との関係を表わす．状態を表わす添字 i は，電荷，スピン，またはカラーと解釈する．「電荷」$\bar{i}$ は，粒子 i の「反粒子 $\bar{i}$」の電荷である．

以下の議論では，交差乗数 $r(i)$ が非常に重要なはたらきをする．模型によっては，交差対称性(8.13)は存在しないことがあるが，その場合でも第2ユニタリー条件(8.12)によって，交差乗数が定義される．

まず，組みひも群の表現が，厳密に解ける模型から得られることを示そう．バーテックス模型の統計重率を使って，演算子(2つ目の式は略記)

$$\begin{aligned} X_i(u) &= \sum_{abcd} S_{da}^{cb}(u) I^{(1)} \otimes \cdots \otimes I^{(i-1)} \\ &\quad \otimes e_{ac}^{(i)} \otimes e_{bd}^{(i+1)} \otimes I^{(i+2)} \otimes \cdots \otimes I^{(n)} \\ &= \sum_{abcd} S_{da}^{cb}(u) e_{ac}^{(i)} \otimes e_{bd}^{(i+1)} \end{aligned} \tag{8.16}$$

を定義する．これを，**Yang-Baxter 演算子**とよぶ．定義式(8.16)で，$I^{(i)}$ は単位行列，$\otimes$ は直積，e_{ab} は成分が $(e_{ab})_{ij} = \delta_{ai}\delta_{bj}$ の行列である．Yang-Baxter 演算子 $\{X_i(u)\}$ は

$$X_i(u) X_j(v) = X_j(v) X_i(u) \quad (|i-j| \geqq 2) \tag{8.17a}$$

$$X_i(u) X_{i+1}(u+v) X_i(v) = X_{i+1}(v) X_i(u+v) X_{i+1}(u) \tag{8.17b}$$

をみたす．(8.17)を，**Yang-Baxter 代数**とよぶことにする．

8-3 代数的構成法

(8.17)を証明する. まず, 直積の積は $A\otimes B \cdot C\otimes D = AC\otimes BD$ と計算することを注意しておこう. (8.17a)は, $X_i(u)$ の定義式(8.16)から明らかであろう. i と j が 2 以上はなれているので, $X_i(u)X_j(v)$, $X_j(v)X_i(u)$ には行列 e_{ab} の積が現われず, 単なる恒等式として(8.17a)が成り立つ. (8.17b)を示すには, 行列 e_{ab} の積が現われるので少し複雑になる. 公式 $e_{ab}^{(j)}e_{cd}^{(j)} = \delta_{bc}e_{ad}^{(j)}$ を用いる. (8.17b)に定義式(8.16)を代入し, Yang-Baxter 関係式(8.9)を使うと, 両辺が等しいことがわかる. すなわち, (8.17a)は $X_i(u)$ の定義式から, (8.17b)は Yang-Baxter 関係式から証明される.

もし, (8.17)で $u=u+v=v$ とおけば, 組みひも群の定義式(8.1)になることに気づくであろう. $u=u+v=v$ となるのは, $u=v=\infty$ か $u=v=0$ である. こうして, 次の公式によって, 組みひも群の表現が得られることがわかる.

$$G_i = \lim_{u\to\infty} \frac{X_i(u)}{\rho(u)} = \sum_{klmn} \sigma_{pm,kl}^{(+)} e_{pk}^{(i)} \otimes e_{ml}^{(i+1)} \tag{8.18a}$$

$$G_i^{-1} = \lim_{u\to\infty} \frac{X_i(-u)}{\rho(-u)} = \sum_{klmn} \sigma_{pm,kl}^{(-)} e_{pk}^{(i)} \otimes e_{ml}^{(i+1)} \tag{8.18b}$$

$$I_i = X_i(0) \tag{8.19}$$

議論しなければならないのは, (8.18)で極限 $u\to\infty$ が存在するかどうかである. Yang-Baxter 関係式(8.9)をみたす統計重率は, (1) 楕円関数, (2) 双曲線関数(または, 三角関数), (3) 有理関数, で表わされる(7.6節). 楕円関数は, 2重周期をもっているので, 複素 u 平面で $u\to\infty$ の極限は存在しない. したがって, 統計重率が双曲線関数または三角関数で与えられる模型を用いることになる. 楕円関数で表わされる模型において, 母数 k は温度 $T-T_c$ (T_c は臨界温度)に比例し, $k=0$ で楕円関数は双曲線関数になる. こうして, 臨界点上にある厳密に解ける模型から, 公式(8.18)によって組みひも群の表現が得られることが分かった.

次に, 厳密に解ける模型を使って, Markov トレース $\phi(\cdot)$ を構成しよう. 組みひも群の表現(8.18)が, テンソル積で表わされていることを考慮して, 次のような量を定義する.

$$\phi(A) = \text{Tr}(H^{(n)}A)/\text{Tr}(H^{(n)}) \quad (A \in B_n) \quad (8.20)$$

$$H^{(n)} = h^{(1)} \otimes h^{(2)} \otimes \cdots \otimes h^{(n)} \quad (8.21)$$

$$(h^{(i)})_{pq} = r^2(p)\delta_{pq} \quad (8.22)$$

ここで，$r(p)$ は交差乗数である．(8.20)からわかるように，恒等行列 I に対し，$\phi(I)=1$ となるように規格化してある．

こうして定義された $\phi(\cdot)$ が Markov トレース，すなわち，(8.4)をみたすためには次の条件をみたさなければならない．

$$\sigma^{(+)}_{pm,kl} = 0 \quad (p+m \neq k+l \text{ に対して}) \quad (8.23)$$

$$r^2(p)r^2(m) = r^2(l)r^2(k) \quad (p+m=k+l \text{ のとき}) \quad (8.24)$$

$$\sum_l \sigma^{(+)}_{kl,kl} r^2(l) = \chi(\lambda) \quad (8.25\text{a})$$

$$\sum_l \sigma^{(-)}_{kl,kl} r^2(l) = \bar{\chi}(\lambda) \quad (8.25\text{b})$$

実際に，(8.20)を(8.4)に代入し，(8.23)～(8.25)を用いると，

$$\tau = \frac{\chi(\lambda)}{\xi(\lambda)}, \quad \bar{\tau} = \frac{\bar{\chi}(\lambda)}{\xi(\lambda)} \quad (8.26)$$

$$\xi(\lambda) = \sum_p r^2(p) \quad (8.27)$$

として，(8.4)が成り立つことがわかる．すなわち，厳密に解ける模型において，(8.23)～(8.25)が成り立てば(十分条件)，(8.20)によって Markov トレース $\phi(\cdot)$ が構成できる．

(8.25)の 2 つの条件式は，より一般的な関係式(一般的といったのは，スペクトルパラメーター u が有限で成り立つからである)

$$\sum_l S^{kl}_{lk}(u) r^2(l) = H(u;\lambda)\rho(u) \quad (8.28)$$

にまとめられる．これを，**拡張された Markov 性**(extended Markov property)，関数 $H(u;\lambda)$ を**特性関数**(characteristic function)という．(8.26)の τ と $\bar{\tau}$ は，特性関数 $H(u;\lambda)$ を使って，

$$\tau = \lim_{u\to\infty}\frac{H(u\,;\lambda)}{H(0\,;\lambda)}, \quad \bar{\tau} = \lim_{u\to\infty}\frac{H(-u\,;\lambda)}{H(0\,;\lambda)} \tag{8.29}$$

と表わされる．また，(8.23)は電荷保存条件である．

組みひも群の表現は(8.18)，Markovトレースは(8.20)で与えられることを示した．そして，公式(8.6)から絡み目多項式が構成される．こうして，厳密に解ける模型の性質を用いるだけで，数学の問題が解けることになる．

8-4　N状態バーテックス模型

前節で述べた，絡み目多項式の構成法は一般的である．次の手順に従って，絡み目多項式が構成される．

1) Yang-Baxter関係式(8.9)を解いて，厳密に解ける模型を求める．
2) 公式(8.18)によって，組みひも群の表現 $\{G_i\}$ をつくる．
3) Markovトレースの存在条件(8.23)～(8.25)，または(8.28)を調べ，(8.20)～(8.22)で与えられる Markov トレース $\phi(\cdot)$ を求める．
4) (8.6)を用いて，絡み目多項式 $\alpha(\cdot)$ を計算する．

以上の手続きは IRF 模型に対しても全く同様であり，いろいろな解ける模型を使って，異なる絡み目多項式が構成される[*]．この節では，N状態バーテックス模型を用いて，Jones多項式を含む一連の絡み目多項式を導くことにする．

まず，N状態バーテックス模型を導入する．統計重率 $S^{ik}_{jl}(u)$ の状態変数 i, j, k, l は，$-s$ から1つおきに $+s$ までの値をとるとする．この s をスピンの大きさとして，状態数 N とスピン s は

$$N = 2s+1 \tag{8.30}$$

の関係にある．こうして，N状態バーテックス模型の統計重率は，スピン $s=(N-1)/2$ の粒子の S 行列とみなすことができる．

---

[*] T. Deguchi, M. Wadati and Y. Akutsu : J. Phys. Soc. Jpn. 57 (1988) 2921.
T. Deguchi and Y. Akutsu : J. Phys. A. : Math. Gen. 23 (1990) 1861.

状態数を N として，次の条件をみたすバーテックス模型を N 状態バーテックス模型とよぶ．

1) 初期条件
$$S_{jl}^{ik}(0) = \delta_{il}\delta_{jk} \tag{8.31a}$$

2) ユニタリー条件
$$\sum_{pq} S_{pk}^{ql}(-u) S_{jq}^{ip}(u) = \rho(u)\rho(-u)\delta_{ik}\delta_{jl} \tag{8.31b}$$

3) 電荷(またはスピン)保存条件
$$S_{jl}^{ik}(u) = 0 \quad (i+j \neq k+l \text{ に対して}) \tag{8.31c}$$

4) CPT 不変性
$$S_{jl}^{ik}(u) = \begin{cases} S_{-j\,-l}^{-i\,-k}(u) & (\text{荷電不変性}) \\ S_{ik}^{jl}(u) & (\text{パリティ不変性}) \\ S_{lj}^{ki}(u) & (\text{時間反転不変性}) \end{cases} \tag{8.31d}$$

5) 交差対称性
$$S_{jl}^{ik}(u) = S_{j\ l}^{-k\,-i}(\lambda-u) \tag{8.31e}$$

条件(8.31)をみたすような厳密に解ける模型の統計重率は，Yang-Baxter 関係式(8.9)を解くことによって求められる*．次に，$N=2$ と $N=3$ の場合の結果を示す．

（1） $N=2$（6頂点模型）

$$S_{1/2\ 1/2}^{1/2\ 1/2}(u) = S_{-1/2\,-1/2}^{-1/2\,-1/2}(u) = \frac{\sinh(\lambda-u)}{\sinh\lambda}$$
$$S_{-1/2\,-1/2}^{\ 1/2\ \ 1/2}(u) = S_{\ 1/2\ \ 1/2}^{-1/2\,-1/2}(u) = \frac{\sinh u}{\sinh\lambda} \tag{8.32}$$
$$S_{-1/2\ \ 1/2}^{\ 1/2\,-1/2}(u) = S_{\ 1/2\,-1/2}^{-1/2\ \ 1/2}(u) = 1$$

他の統計重率は，すべて 0 である．実際に，(8.9)と(8.31)をみたすことを，各自確かめてみるとよい．

---

* K. Sogo, Y. Akutsu and T. Abe : Prog. Theor. Phys. 70 (1983) 730, 739.

(2) $N=3$ (19頂点模型)

$$S^{1\ 1}_{1\ 1}(u) = S^{-1\ -1}_{-1\ -1}(u) = \frac{\sinh(\lambda-u)\sinh(2\lambda-u)}{\sinh\lambda\sinh 2\lambda}$$

$$S^{-1\ \ 1}_{-1\ \ 1}(u) = S^{\ 1\ -1}_{\ 1\ -1}(u) = 1$$

$$S^{1\ 1}_{0\ 0}(u) = S^{-1\ -1}_{\ 0\ \ 0}(u) = S^{0\ 0}_{1\ 1}(u) = S^{\ 0\ \ 0}_{-1\ -1}(u)$$
$$= \frac{\sinh u \sinh(\lambda-u)}{\sinh\lambda\sinh 2\lambda}$$

$$S^{1\ 0}_{0\ 1}(u) = S^{-1\ \ 0}_{\ 0\ -1}(u) = S^{0\ 1}_{1\ 0}(u) = S^{\ 0\ -1}_{-1\ \ 0}(u) \qquad (8.33)$$
$$= \frac{\sinh(\lambda-u)}{\sinh\lambda}$$

$$S^{0\ 0}_{0\ 0}(u) = \frac{\sinh\lambda\sinh 2\lambda - \sinh u\sinh(\lambda-u)}{\sinh\lambda\sinh 2\lambda}$$

$$S^{-1\ \ 1}_{\ 1\ -1}(u) = S^{\ 1\ -1}_{-1\ \ 1}(u) = \frac{\sinh u \sinh(\lambda+u)}{\sinh\lambda\sinh 2\lambda}$$

$$S^{0\ -1}_{0\ \ 1}(u) = S^{0\ \ 1}_{0\ -1}(u) = S^{-1\ 0}_{\ 1\ 0}(u) = S^{\ 1\ 0}_{-1\ 0}(u) = \frac{\sinh u}{\sinh\lambda}$$

他の統計重率はすべて 0 である.

一般の N に対してこのような模型は存在し, (8.31b) の $\rho(u)$ は

$$\rho(u) = \prod_{n=1}^{N-1} \frac{\sinh(n\lambda-u)}{\sinh n\lambda} \qquad (8.34)$$

で与えられる.

(8.31e) から分かるように, こうして得られる N 状態バーテックス模型の交差乗数 $r(j)$ は 1 である. 次のような変換を行なうと, 交差乗数が 1 でない模型が得られる.

$$S^{ik}_{jl}(u) \to \tilde{S}^{ik}_{jl}(u) = e^{(j+k-i-l)/2} S^{ik}_{jl}(u) \qquad (8.35)$$

この変換によって, 解ける模型であること, すなわち, $\tilde{S}^{ik}_{jl}(u)$ が Yang-Baxter 関係式をみたすことは変わらない.

$N=2$ の場合, 変換 (8.35) の結果は次のようになる.

$$\tilde{S}^{1/2\ 1/2}_{1/2\ 1/2}(u) = \tilde{S}^{-1/2\ -1/2}_{-1/2\ -1/2}(u) = \frac{\sinh(\lambda-u)}{\sinh \lambda}$$

$$\tilde{S}^{\ 1/2\ 1/2}_{-1/2\ -1/2}(u) = \tilde{S}^{-1/2\ -1/2}_{\ 1/2\ 1/2}(u) = \frac{\sinh u}{\sinh \lambda} \qquad (8.36)$$

$$\tilde{S}^{\ 1/2\ -1/2}_{-1/2\ \ 1/2}(u) = e^{-u}, \quad \tilde{S}^{-1/2\ \ 1/2}_{\ 1/2\ -1/2}(u) = e^{u}$$

(8.18a)に, (8.36)と(8.34)を代入すると,

$$\sigma^{(+)}_{lk,ij} = \begin{pmatrix} 1 & 0 & 0 & 0 \\ 0 & 0 & -t^{1/2} & 0 \\ 0 & -t^{1/2} & 1-t & 0 \\ 0 & 0 & 0 & 1 \end{pmatrix} \qquad (8.37)$$

$$G_i = \begin{pmatrix} 1 & 0 \\ 0 & 0 \end{pmatrix} \otimes \begin{pmatrix} 1 & 0 \\ 0 & 0 \end{pmatrix} + \begin{pmatrix} 0 & 0 \\ 0 & 1 \end{pmatrix} \otimes \begin{pmatrix} 0 & 0 \\ 0 & 1 \end{pmatrix} - t^{1/2} \begin{pmatrix} 0 & 0 \\ 1 & 0 \end{pmatrix} \otimes \begin{pmatrix} 0 & 1 \\ 0 & 0 \end{pmatrix}$$

$$- t^{1/2} \begin{pmatrix} 0 & 1 \\ 0 & 0 \end{pmatrix} \otimes \begin{pmatrix} 0 & 0 \\ 1 & 0 \end{pmatrix} + (1-t) \begin{pmatrix} 0 & 0 \\ 0 & 1 \end{pmatrix} \otimes \begin{pmatrix} 1 & 0 \\ 0 & 0 \end{pmatrix} \qquad (8.38)$$

となる.ただし,t は交差パラメーター λ の関数として

$$t = e^{2\lambda} \qquad (8.39)$$

(8.38)の G_i は,2次の関係式をみたす.

$$(G_i - 1)(G_i + t) = 0 \qquad (8.40)$$

このように,2次の関係式をみたす組みひも群を **Hecke-岩堀代数**という.一般の N の場合にも同様の手続きで表現 $\{G_i\}$ が構成できる.その G_i は N 次関係式をみたす.

Markov トレース $\phi(\cdot)$ は,一般公式(8.20)〜(8.22)から,

$$\phi(A) = \mathrm{Tr}(HA)/\mathrm{Tr}(H) \qquad (A \in B_n) \qquad (8.41)$$

$$H = h^{(1)} \otimes h^{(2)} \otimes \cdots \otimes h^{(n)} \qquad (8.42)$$

$$(h^{(i)})_{pq} = t^{-p} \delta_{pq} \qquad (p,q = -s, -s+1, \cdots, +s) \qquad (8.43)$$

と求められる.

実際に,これが拡張された Markov 性(8.28)をみたすことは証明できて,特性関数は

$$H(u;\lambda) = \sinh(N\lambda - u)/\sinh(\lambda - u) \qquad (8.44)$$

で与えられる．よって，公式(8.29)から

$$\tau(t) = 1/(1+t+\cdots+t^{N-1}), \quad \bar{\tau}(t) = t/(1+t+\cdots+t^{N-1}) \quad (8.45)$$

と計算される．結局，組みひも群 B_n の要素 A で表わされる絡み目に対する絡み目多項式 $\alpha(A)$ は，次のように与えられる．

$$\alpha(A) = [t^{-(N-1)/2}(1+t+\cdots+t^{N-1})]^{n-1}[t^{(N-1)/2}]^{e(A)}\phi(A) \quad (8.46)$$

ただし，$e(A)$ は A に含まれる b_j の指数和である．

$N=2$ の場合が有名な Jones 多項式である．Jones はこの多項式の発見によって，1990年フィールズ賞を受賞した．(8.40)を(8.46)に用いると，**skein 関係式**(または，Alexander-Conway 関係式)

$$\alpha(L_+) = (1-t)^{1/2}\alpha(L_0) + t^2\alpha(L_-) \quad (8.47)$$

を満たすことがわかる．ここで，絡み目 L_+, L_0, L_- は，それぞれ $b_i, b_i{}^0, b_i{}^{-1}$ をある点でもっている絡み目を表わす(図8-13)．Jones 多項式は，skein 関係式だけで絡み目多項式を計算できるという性質をもっている．

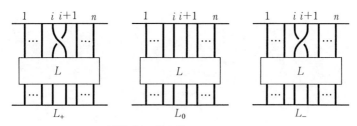

図8-13　絡み目 L_+, L_0, L_-．

$N \geqq 3$ の場合は，具体的な組みひも群の表現と Markov トレースを使って，与えられた絡み目に対して，絡み目多項式を計算する．$N=2$ の絡み目多項式では識別できないが，$N=3$ の絡み目多項式によって識別される結び目が報告されている*．したがって，$N=3$ の絡み目多項式は Jones 多項式より強力であるといえる．一般に，N が大きいほど，より強力な絡み目多項式になる，と予想される．

---

* Y. Akutsu, T. Deguchi and M. Wadati : J. Phys. Soc. Jpn. 56 (1987) 3464.

8-5 グラフによる構成

8-3節では,代数的方法によって,厳密に解ける模型から絡み目多項式を構成した.この節では,厳密に解ける模型の性質を図式化することによって,絡み目多項式をつくってみよう.実は,この2つの方法は等価なものであることが,後でわかる.ふたたび,バーテックス模型(S行列)を用いて議論するが,IRF模型でも全く同様である.

準備の1つとして,興味深い代数について述べておこう.交差対称性(8.13)と初期条件(8.10)から,$u=\lambda$での統計重率は,次のような簡単な形をもつ.

$$S^{ik}_{jl}(\lambda) = \left[\frac{r(i)r(l)}{r(j)r(k)}\right]^{1/2} \cdot S^{jl}_{ki}(0) = r(i)r(l) \cdot \delta(l,\bar{k})\delta(i,\bar{j}) \quad (8.48)$$

ただし,$\delta(i,j)$はKroneckerのδ記号.よって,演算子(3つ目の右辺は略記)

$$\begin{aligned}
E_i &= X_i(\lambda) \\
&= \sum_{klmp} r(p)r(k)\delta(p,\bar{m})\delta(k,\bar{l}) I^{(1)} \otimes \cdots \otimes I^{(i-1)} \\
&\quad \otimes e^{(i)}_{pk} \otimes e^{(i+1)}_{ml} \otimes I^{(i+2)} \otimes \cdots \otimes I^{(n)} \\
&= \sum_{klmp} r(p)r(k)\delta(p,\bar{m})\delta(k,\bar{l}) e^{(i)}_{pk} \otimes e^{(i+1)}_{ml} \quad (8.49)
\end{aligned}$$

を定義すると,この演算子$\{E_i\}$は関係式

$$E_i E_j = E_j E_i \quad (|i-j| \geq 2) \quad (8.50\text{a})$$

$$E_i E_{i+1} E_i = E_i \quad (8.50\text{b})$$

$$E_i^2 = q^{1/2} E_i \quad (8.50\text{c})$$

$$q^{1/2} = \sum_a r^2(a) \quad (8.51)$$

をみたすことがわかる.(8.50)は,統計力学において発見されたもので,**Temperley-Lieb 代数**とよばれる*.

---

* H. N. V. Temperley and E. H. Lieb : Proc. R. Soc. London Ser. A **322** (1971) 251.

演算子(8.49)を図示すると，図 8-14 のようになる．$u=\lambda$ での散乱は，交差チャネルでは $u=0$ に対応し，粒子の生成・消滅に対応するダイヤグラムを与える．このようなグラフを，結び目理論では**モノイド**（monoid）という．すなわち，Temperley-Lieb 代数の演算子は，モノイドダイヤグラムに対応していることがわかる．

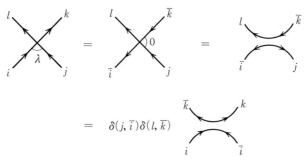

図 8-14 グラフによる演算子 E_i の説明．散乱チャネルにおける $u=\lambda$ での散乱は，交差チャネルにおいては $u=0$ の散乱とみなせて，消滅・生成ダイヤグラムを与える．これは，モノイドダイヤグラムに対応する．

さて，結び目理論を図式的に考えなおしてみよう．絡み目 L を平面に射影したものを，絡み目ダイヤグラム $\hat{L}$ という（図 8-15）．絡み目ダイヤグラムは，**Reidemeister 操作**（Reidemeister move）とよばれる 3 種の操作で局所的に

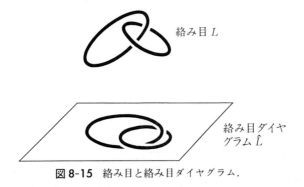

図 8-15 絡み目と絡み目ダイヤグラム．

変形できる(図 8-16).等価な絡み目は,有限回の Reidemeister 操作で移り得ることが知られている.したがって,Reidemeister 操作で不変な量として絡み目不変量を定義することができる.

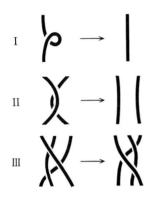

図 8-16 Reidemeister 操作.I は Markov 操作 II に対応し,II はユニタリー条件に,III は Yang-Baxter 関係式に対応している.

ひもが向きをもつ絡み目ダイヤグラムにおいて,交差する点 C の符号 $\epsilon(C)$ を定義する(図 8-17).この符号の和を,絡み目ダイヤグラム $\hat{L}$ のライズ(writhe)といい,$W(\hat{L})$ で表わす.

$$W(\hat{L}) = \sum_C \epsilon(C) \tag{8.52}$$

ライズ $W(\hat{L})$ は,Reidemeister 操作 II と III で変わらない.絡み目ダイヤグラムは,操作 II と III だけで互いに移り得るとき,**正常アイソトピック**(regular isotopic)であるという.したがって,$W(\hat{L})$ は,正常アイソトピー不変量である.

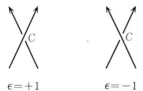

$\epsilon = +1$ $\epsilon = -1$ **図 8-17** 交差する点 C の符号 $\epsilon(C)$.

以上の準備のもとに,絡み目ダイヤグラム $\hat{L}$ を,図 8-18 の基本ダイヤグラムに分割する.そのおのおのは,重み $\delta(j,k)$,$\sigma^{(+)}_{lk,ij}$,$\sigma^{(-)}_{lk,ij}$,$r(i)\delta(i,\bar{j})$,

8-5 グラフによる構成

$$
\begin{array}{rl}
\left.\begin{array}{c}j\\ \\k\end{array}\right| & = \delta(j,k) \quad \text{線ダイヤグラム}\\[6pt]
\begin{array}{c}l\quad k\\ \times \\ i\quad j\end{array} & = \sigma_{lk,ij}^{(+)} \quad \text{組みひもダイヤグラム}\\[6pt]
\begin{array}{c}l\quad k\\ \times \\ i\quad j\end{array} & = \sigma_{lk,ij}^{(-)} \quad \text{逆組みひもダイヤグラム}\\[6pt]
\overset{\frown}{i\quad j} & = r(i)\delta(i,\bar{j}) \quad \text{消滅ダイヤグラム}\\[6pt]
\underset{l\quad k}{\smile} & = r(l)\delta(l,\bar{k}) \quad \text{生成ダイヤグラム}
\end{array}
$$

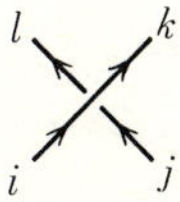

図 8-18 基本ダイヤグラムと重み.

$r(l)\delta(l,\bar{k})$ に対応している．ただし，$\sigma_{lk,ij}^{(\pm)}$ は，組みひもの生成子

$$G_i^{\pm} = \lim_{u \to \infty} \frac{X_i(\pm u)}{[\rho(\lambda \mp u)\rho(\pm u)]^{1/2}} \tag{8.53}$$

から計算したものを用いる(正規化因子をすこし変えただけで，(8.18)と同じ)．そして，状態変数について，電荷保存条件をみたすように，すべての和をとる．これを $\mathrm{Tr}(\hat{L})$ とかく．

$$\mathrm{Tr}(\hat{L}) = \sum_{\text{すべての状態}} (\hat{L} \text{ の基本ダイヤグラム分解}) \tag{8.54}$$

一例として，自明な結び目(ループ) $\hat{K}_0$ に対して，$\mathrm{Tr}(\hat{K}_0)$ を計算しよう(図 8-19)．自明な結び目は，生成ダイヤグラム，消滅ダイヤグラム，それらをつなぐ線ダイヤグラム(2本)，に分割される．図 8-18 の規則を適用して，各ダ

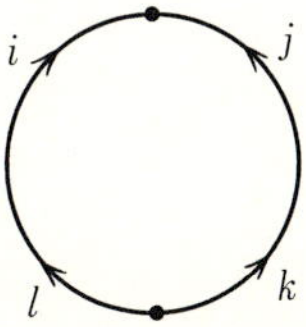

図 8-19 自明なループ $\hat{K}_0$ に対する $\mathrm{Tr}(\hat{K}_0)$ の計算.

イヤグラムに重みをつけ，状態変数についての和をとる．

$$\mathrm{Tr}(\hat{K}_0) = \sum_{ijkl} r(l)\delta(l,\bar{k})\delta(i,l)\delta(j,k)r(i)\delta(i,\bar{j})$$

$$= \sum_i r^2(i) = q^{1/2} \qquad (8.55)$$

(8.54)で定義した $\mathrm{Tr}(\hat{L})$ は，正常アイソトピー不変量である．なぜならば，操作IIは模型のユニタリー条件，操作IIIはYang-Baxter関係式であり，それをみたすように基本ダイヤグラムは準備されているからである．$W(\hat{L})$ は正常アイソトピー不変量であることを思い出そう．よって，定数

$$c = \sum_l \sigma^{(+)}_{kl,kl} r^2(l) \qquad (8.56)$$

として，次の量

$$\mathrm{Tr}(\hat{L}) c^{-W(\hat{L})} \qquad (8.57)$$

も正常アイソトピー不変量である．残された問題は，操作Iについてである．操作Iによって交差する点はなくなるから，$W(\hat{L})$ は1だけ変わる．一方，$\mathrm{Tr}(\hat{L})$ は交差をなくすとき，定数 c だけ変化する（図8-20）．

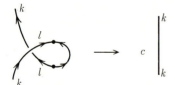

図8-20 Reidemeister操作Iによる $\mathrm{Tr}(\hat{L})$ の変化．c は(8.56)で与えられる定数．

この2つの変化は，(8.57)の組み合わせで，ちょうど打ち消し合う．よって，(8.57)で与えられる量は，Reidemeister操作I，II，IIIによって不変な量，すなわち，絡み目多項式であることがわかる．結局，規格化を考慮して，絡み目多項式は

$$\alpha(L) = c^{-W(\hat{L})} \frac{\mathrm{Tr}(\hat{L})}{\mathrm{Tr}(\hat{K}_0)} \qquad (8.58)$$

で与えられる．

以上,グラフによる構成を述べた.こうして得られた絡み目多項式は,8-3 節の代数的構成によるものと全く同じである.図 8-21 は,その等価性を説明している.黒丸は,交差パラメーターを意味する.左辺は代数的構成法である.組みひも A の表現を求め,行列 H をかけてトレース(Markov トレース)を計算する.一方,右辺はグラフによる構成法である.絡み目ダイヤグラムを基本ダイヤグラムに分解し,それらの重みを代入して可能な状態変数についての和を計算する.交差パラメーターを移動させることによって,両者の等価性が理解できるであろう.

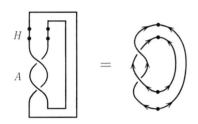

図 8-21 代数的構成とグラフによる構成の等価性.

図 8-21 をもういちど眺めてみよう.右のグラフを,粒子の軌跡を表わす Feynman 図と解釈する.図の下方から上方へ時間軸をとると,粒子・反粒子の対生成が 2 回起き,散乱ののち,すべての粒子と反粒子が対消滅する過程を表わしている.このように,絡み目や結び目は,可積分系の荷電粒子の軌跡,または,真空から真空への Feynman 図,とみなすことができる.この解釈は,経路積分による結び目理論の定式化*と一致している.このことは,逆に,経路積分(右図)を絡み目多項式(左図)として計算できることを示している.

8-6 分数統計

物理において,組みひも群は新しい概念である.応用例の 1 つとして,粒子の統計性との関係をみてみよう.

---

* E. Witten: Commun. Math. Phys. **121** (1989) 351.

2次元平面を運動する N 個の粒子を考える.正確には径路積分を使って議論すべきであるが,わかりやすさを重視して古典的描像で話を進める.粒子の運動は,時間軸を加えた3次元空間内の「世界線(world line)」として記述される(図8-22(a)).すなわち,N 個の粒子の軌跡を N 本のひもで表わす.xy 平面での粒子の位置を x 軸へ射影して,順番づけ $1, 2, \cdots, N$ を行なう.x 座標がいちばん小さいものを1,次に x 座標が小さいものを2,$\cdots$,とする.この順番づけは,2つの粒子が同じ x 座標をもつ瞬間を除いて,常に可能である.こうした交差は,通常,番号が1つだけ異なる粒子間でのみ起きる.

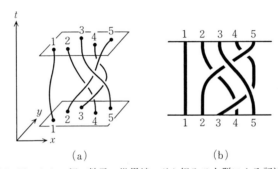

図 8-22 (a) N 個の粒子の世界線,(b) 組みひも群による記述.

ある時刻 $t=t_0$ で,n 番目の粒子と $n+1$ 番目の粒子が交差するとしよう.このとき,n 番目の粒子の y 座標が $n+1$ 番目の粒子の y 座標より大きいならば生成子 $\sigma_n(t_0)$ を,小さいならば $\sigma_n^{-1}(t_0)$ を対応させる.この規則を順次適用することにより,N 個の粒子の世界線を,時間の順に右から並べた生成子の積,

$$\sigma_i(t_m)\sigma_j(t_{m-1})\cdots\sigma_k(t_1)\sigma_l(t_0) \quad (t_m > t_{m-1} > \cdots > t_1 > t_0) \quad (8.59)$$

として表わすことができる(図8-21(b)).このように書いたあとは,時間の指定は必要でないので,$\sigma_i(t_j)$ を単に σ_i とかく.これらの生成子 $\{\sigma_i\}$ が,組みひも群の定義式

$$\sigma_i \sigma_j = \sigma_j \sigma_i \quad (|i-j| \geq 2) \quad (8.60\text{a})$$

$$\sigma_i \sigma_{i+1} \sigma_i = \sigma_{i+1} \sigma_i \sigma_{i+1} \quad (8.60\text{b})$$

をみたすことは明らかであろう．こうして，N 個の粒子の世界線は，組みひも群 B_N の要素 $\{\sigma_i\}$ で記述されることになる．

粒子 i と粒子 $i+1$ を並べかえる（入れかえる）操作が σ_i であることを思い出そう．組みひも群(8.60)の1次元表現は

$$G_j = e^{-i\pi\alpha} \quad (\alpha \text{ は定数}, j=1,2,\cdots,N) \tag{8.61}$$

で与えられる（実際に，(8.61)が(8.60)をみたすことは非常に簡単に確かめられる）．$\alpha=0$，すなわち，$G_j=1$ は，粒子の入れかえが何の影響も持たないことを意味している．これは Bose 統計に対応している．一方，$\alpha=1$，すなわち，$G_j=-1$ は，粒子の入れかえでその状態の符号が変わることを意味しているから，Fermi 統計に対応している．一般には，α は任意の実数と考えることができて，このような粒子を**エニオン**(anyon)とよぶ．エニオンは，F. Wilczek の命名である．そして，その統計性を**分数統計**(fractional statistics)という*．

以上の議論では，空間の次元を2次元と仮定した．空間次元が1ならば，粒子の統計性はもともと意味をもたない．空間次元が3ならば，組みひも群 B_N の代りに対称群 S_N が得られて（対称群の生成子も(8.60)をみたす），よく知られているように，Bose 統計または Fermi 統計に限られることになる．

近年注目を集めている高温超伝導や量子 Hall 効果が観測される物質では，2次元性が強いことが知られている．これらの現象を，分数統計の観点から説明しようとする試みがある**．こうした理論が成功を収めるかどうかは，今の時点では不明である．一方，理論的観点からいえば，トポロジー的制約を考えに入れた量子場の理論は非常に興味深い研究課題であり，さらに多くの新しい物理が含まれているように思われる．

---

* F. Wilczek and A. Zee : Phys. Rev. Lett. 51 (1983) 2250.
** F. Wilczek, ed. : *Fractional Statistics and Anyon Superconductivity* (World Scientific, Singapore, 1990).

補章

[A] 逆散乱法による非線形 Schrödinger 方程式の解法

非線形 Schrödinger (NLS) 方程式
$$iq_t + q_{xx} + 2|q|^2 q = 0 \tag{A.1}$$
を逆散乱法を使って解く. 記号はすべて 5-2 節と同じものを用いる.

まず, (5.27) の固有関数 $\chi(x,\zeta)$ と $\bar{\chi}(x,\zeta)$ に対して, 積分表示

$$\chi(x,\zeta) = \begin{pmatrix} 0 \\ 1 \end{pmatrix} e^{i\zeta x} + \int_x^\infty K(x,z) e^{i\zeta z} dz \tag{A.2a}$$

$$\bar{\chi}(x,\zeta) = \begin{pmatrix} 1 \\ 0 \end{pmatrix} e^{-i\zeta x} + \int_x^\infty \bar{K}(x,z) e^{-i\zeta z} dz \tag{A.2b}$$

を考える. 積分核 $K(x,z), \bar{K}(x,z)$ は 2 成分ベクトルである.

$$K(x,z) = \begin{pmatrix} K_1(x,z) \\ K_2(x,z) \end{pmatrix}, \quad \bar{K}(x,z) = \begin{pmatrix} K_2^*(x,z) \\ -K_1^*(x,z) \end{pmatrix} \tag{A.3}$$

関数 $\chi(x,\zeta)$ は (5.27) をみたすので,

$$q(x) = -2i K_1^*(x,x) \tag{A.4}$$

が成り立つ.

散乱問題(5.27)に対するGel'fand-Levitan(GL)方程式を導く.その方法は,KdV方程式に対する4-3節の議論と基本的に同じである.(5.32)より,

$$\frac{\phi(x,\zeta)}{a(\zeta)} = \bar{\chi}(x,\zeta) + \frac{b(\zeta)}{a(\zeta)}\chi(x,\zeta) \tag{A.5}$$

積分表示(A.2)を(A.5)に代入する.

$$\frac{\phi(x,\zeta)}{a(\zeta)} = \begin{pmatrix} 1 \\ 0 \end{pmatrix} e^{-i\zeta x} + \int_x^\infty \bar{K}(x,z)e^{-i\zeta z}dz$$

$$+ \frac{b(\zeta)}{a(\zeta)}\left\{ \begin{pmatrix} 0 \\ 1 \end{pmatrix} e^{i\zeta x} + \int_x^\infty K(x,z)e^{i\zeta z}dz \right\} \tag{A.6}$$

固有値ζを複素上半面に拡張して考える.(A.6)の両辺に,$(1/2\pi)\int_C d\zeta e^{i\zeta y}$($y>x$)を作用させる.積分路$C$は,複素$\zeta$平面で$\zeta=-\infty+i0$から$a(\zeta)$のすべての零点の上を通り,$\zeta=\infty+i0$に行く路とする.(A.6)より,

$$\frac{1}{2\pi}\int_C \frac{\phi(x,\zeta)}{a(\zeta)}e^{i\zeta y}d\zeta$$

$$= \bar{K}(x,y) + \begin{pmatrix} 0 \\ 1 \end{pmatrix} F(x+y) + \int_x^\infty K(x,z)F(z+y)dz \tag{A.7}$$

ただし,

$$F(x) = \frac{1}{2\pi}\int_C \frac{b(\zeta)}{a(\zeta)}e^{i\zeta x}d\zeta \tag{A.8}$$

(A.7)の左辺は0である.なぜならば,$\phi(x,\zeta)e^{i\zeta y}$($y>x$)は$\text{Im}\,\zeta\geqq 0$で解析的であり,積分路$C$は$a(\zeta)$のすべての零点の上を通るからである.こうして,(5.27)に対するGel'fand-Levitan方程式

$$\bar{K}(x,y) + \begin{pmatrix} 0 \\ 1 \end{pmatrix} F(x+y) + \int_x^\infty K(x,z)F(z+y)dz = 0 \tag{A.9}$$

を得る.$a(\zeta)$の零点$\zeta_n=\xi_n+i\eta_n$($n=1,2,\cdots,M$)は,すべて1位の零点であると仮定すると,(A.8)より

$$F(x) = \frac{1}{2\pi}\int_{-\infty}^{\infty} \frac{b(\xi)}{a(\xi)} e^{i\xi x} d\xi - i \sum_{n=1}^{M} c_n e^{i\zeta_n x} \tag{A.10}$$

$$c_n = \frac{b(\zeta_n)}{\dot{a}(\zeta_n)} \tag{A.11}$$

である.

以上が(5.27)に対する逆散乱問題の結果である. 係数 a, b の時間発展(5.36)を代入すれば, NLS 方程式の初期値問題に対する解が得られる. すなわち, NLS 方程式(A.1)の解は,

$$q(x, t) = -2i K_1^*(x, x; t) \tag{A.12}$$

であり, $K_1^*(x, x; t)$ は GL 方程式

$$\begin{aligned}K_1^*(x, y; t) - F(x+y; t) - \int_x^{\infty} K_2(x, z; t) F(z+y; t) dz &= 0 \\ K_2^*(x, y; t) + \int_x^{\infty} K_1(x, z; t) F(z+y; t) dz &= 0\end{aligned} \tag{A.13}$$

ただし,

$$F(x; t) = \frac{1}{2\pi}\int_{-\infty}^{\infty} \frac{b(\xi)}{a(\xi)} e^{i\xi x - 4i\xi^2 t} d\xi - i \sum_{n=1}^{M} c_n e^{i\zeta_n x} e^{-4i\zeta_n^2 t} \tag{A.14}$$

を解くことによって得られる.

束縛状態 $\zeta_n = \xi_n + i\eta_n$ は, おのおののソリトンに対応する. ソリトン解は, 無反射条件 $b(\xi)/a(\xi) \equiv 0$ のもとで(A.13)を解くことによって求められる. 束縛状態はただ1つ, $\zeta = \xi + i\eta$, であるとしよう. (A.13)に,

$$F(x; t) = -ic e^{i\zeta x} e^{-4i\zeta^2 t} \tag{A.15}$$

を代入すると,

$$K_1^*(x, y; t) = \frac{-ic e^{i\zeta(x+y)} e^{-4i\zeta^2 t}}{1 + \dfrac{|c|^2}{4\eta^2} e^{-4\eta x} e^{16\xi\eta t}} \tag{A.16}$$

を得る. よって, (A.12)より, 1ソリトン解は

$$q(x,t) = \frac{2\eta e^{2i\xi x} e^{-4i(\xi^2-\eta^2)t+i\theta}}{\cosh 2\eta(x-x_0-4\xi t)} \tag{A.17}$$

で与えられることがわかる. ただし,

$$c = -2\eta e^{2\eta x_0} e^{i\theta} \tag{A.18}$$

とおいた. NLS方程式のソリトンが2つのパラメーターをもつことは, 束縛状態の固有値 $\zeta=\xi+i\eta$ が複素数であることに対応している. 同様にして, 無反射条件と M 個の束縛状態から M ソリトン解が得られる.

[B] 長距離相互作用をもつ量子可積分系

相互作用の距離依存性によって積分可能系を分類することができる. 戸田格子や Heisenberg スピン模型では最近接間にのみ相互作用が働いている. また, δ 関数気体(非線形 Schrödinger 模型と等価)では, 同じ空間位置を占める場合にのみ相互作用が働く. これらの短距離相互作用系は, Bethe 仮説法をはじめとして多くの方法によって調べられてきた. この数年, 長距離相互作用する1次元量子系の研究が活発に行なわれている. 量子 Hall 効果, エニオン, 朝永(Tomonaga)-Luttinger 流体, 共形場理論等の新しい課題と, それらの系が密接に関連していることが大きな原因となっている.

逆散乱法の発展(5-4節)では, 古典粒子系に対しても逆散乱法が適用できることを述べた. まずはじめに, 古典粒子系に対する議論を補足する. N 個の粒子が1次元上を運動するとしよう. N 行 N 列の行列 L と M((5.10)の B の代りに $M=iB$ とおく)を使って, 運動方程式を Lax 方程式

$$\begin{aligned}\frac{dL_{jk}}{dt} &= i[L,M]_{jk} \\ &= i\sum_{l=1}^{N}(L_{jl}M_{lk}-M_{jl}L_{lk})\end{aligned} \tag{B.1}$$

の形に書けるならば, 保存量は次のように求めることができる. (B.1)は, L の n 乗 L^n に対しても同様に成り立つ.

$$\frac{d}{dt}(L^n)_{jk} = i \sum_{l=1}^{N} \{(L^n)_{jl} M_{lk} - M_{jl}(L^n)_{lk}\} \tag{B.2}$$

よって，

$$\frac{d}{dt} \mathrm{Tr}(L^n) = \frac{d}{dt} \sum_j (L^n)_{jj}$$
$$= i \, \mathrm{Tr}(L^n M - M L^n) = 0 \tag{B.3}$$

すなわち，

$$I_n = \frac{1}{n} \mathrm{Tr}(L^n) \qquad (n=1,2,\cdots,N) \tag{B.4}$$

は保存量である．(B.3)の最後の等式では，正方行列 A, B に対する公式 $\mathrm{Tr}(AB) = \mathrm{Tr}(BA)$ を用いた．

さらに，量子粒子系がどのように逆散乱法で記述されるかを調べてみよう．N 粒子系のハミルトニアンを

$$H = \frac{1}{2} \sum_{j=1}^{N} p_j^2 + \frac{1}{2} g \sum_{j \neq k} V(x_j - x_k) \tag{B.5}$$

とおく．量子論であるから p_j は演算子であり，簡単化のために以後 $\hbar = 1$ として，$p_j = -i \partial/\partial x_j$ とする．量子粒子系に対する逆散乱法を導入する．Lax 方程式

$$\frac{d}{dt} L_{jk} = i[H, L_{jk}]$$
$$= i[L, M]_{jk} \tag{B.6}$$

が，ハミルトニアン(B.5)によって与えられる Heisenberg 方程式と等価であるように，N 行 N 列の Hermite 行列 L, M を選ぶ．

実際に Lax 対 L, M を求めるために，古典論との類推から((5.104)参照)，

$$L_{jk} = p_j \delta_{jk} + ia(1-\delta_{jk}) f(x_j - x_k) \tag{B.7}$$
$$M_{jk} = a(1-\delta_{jk}) w(x_j - x_k) + a \delta_{jk} \sum_{l \neq j} z(x_j - x_l) \tag{B.8}$$

とおく．$f(x)$ は奇関数，$w(x)$ と $z(x)$ は偶関数であると仮定する．(B.5)，

(B.7), (B.8)を(B.6)に代入し,各行列成分が恒等的に等しいとすると,関数方程式

$$w(x) = f'(x)$$
$$gV'(x) = 2a^2 f(x)w(x) - az'(x) \qquad \text{(B.9)}$$
$$f(x)w(y) - f(y)w(x) = f(x+y)(z(x) - z(y))$$

が得られる.第2式の右辺第2項は,量子論の効果であることに注意しよう.

まず,(B.9)の解として,

$$f(x) = \frac{1}{x}, \quad w(x) = -z(x) = -\frac{1}{x^2}$$
$$gV(x) = \frac{a^2 - a}{x^2} \qquad \text{(B.10)}$$

に注目する.これは,**量子 Calogero-Moser 模型**

$$H = \frac{1}{2}\sum_{j=1}^{N} p_j^2 + \frac{1}{2} g \sum_{j \neq k} \frac{1}{(x_j - x_k)^2} \qquad (g = a^2 - a) \qquad \text{(B.11)}$$

に対応し,Lax 対は

$$L_{jk} = p_j \delta_{jk} + ia(1 - \delta_{jk}) \frac{1}{x_j - x_k} \qquad \text{(B.12)}$$

$$M_{jk} = -a(1 - \delta_{jk}) \frac{1}{(x_j - x_k)^2} + a\delta_{jk} \sum_{l \neq j} \frac{1}{(x_j - x_l)^2} \qquad \text{(B.13)}$$

で与えられることがわかる.**保存演算子**を求めるには,古典論の公式(B.4)を適用することはできない.行列 L は演算子 p_j を含む.よって,トレース操作において,L^n と M の交換が成り立たないからである($n=1$ は例外).この困難さは,行列 M が,ゼロ和条件(sum-to-zero condition)

$$\sum_j M_{jk} = \sum_k M_{jk} = 0 \qquad \text{(B.14)}$$

をみたすことを用いると解決できる.(B.6)と(B.14)より,

$$\left[H, \sum_{j,k}(L^n)_{jk}\right] = \sum_{j,l}(L^n)_{jl}\left(\sum_k M_{lk}\right) - \sum_{l,k}\left(\sum_j M_{jl}\right)(L^n)_{lk}$$
$$= 0 \qquad \text{(B.15)}$$

となるからである．こうして，保存演算子は

$$I_n = \frac{1}{n} \sum_{j,k} (L^n)_{jk} \quad (n=1,2,\cdots,N) \tag{B.16}$$

で与えられることがわかる．同様にして，これらの保存演算子が包含的，

$$[I_n, I_m] = 0 \tag{B.17}$$

であることが証明され，量子Calogero-Moser模型は完全積分可能系(略して，可積分系)であると結論される*．

関数方程式(B.9)において，

$$f(x) = \frac{\cos x}{\sin x}, \quad w(x) = -z(x) = -\frac{1}{\sin^2 x}$$
$$gV(x) = \frac{a^2-a}{\sin^2 x} \tag{B.18}$$

も解である．これは，**量子Sutherland模型**

$$H = \frac{1}{2}\sum_{j=1}^{N} p_j{}^2 + \frac{1}{2}g \sum_{j \neq k} \frac{1}{\sin^2(x_j - x_k)} \quad (g=a^2-a) \tag{B.19}$$

を与える．ゼロ和条件(B.14)がこの場合にも成り立つので，保存演算子は公式(B.16)で与えられる．Sutherland模型は，恒等式

$$\frac{1}{\sin^2 x} = \sum_{m=-\infty}^{\infty} \frac{1}{(x+m\pi)^2} \tag{B.20}$$

からわかるように，Calogero-Moser模型に周期的境界条件を課したものと見なすことができる．

内部自由度(スピン)をもった量子粒子系に対しても，相互作用が長距離である可積分系が見つけられた**．これらの系がもつ隠れた対称性，固有状態，相関関数等について現在多くの研究が行なわれている．

---

* H. Ujino, M. Wadati and K. Hikami : J. Phys. Soc. Jpn. 62 (1993) 3035.
** K. Hikami and M. Wadati : J. Phys. Soc. Jpn. 62 (1993) 4203.

[C] 曲線の運動

6-6節では，渦糸の運動が非線形Schrödinger(NLS)方程式で記述されることを述べた．より一般に，曲線の運動と非線形発展方程式の関係を議論しよう[*]．このような幾何学的定式化の目的は2つある．第1は，線や面の運動として記述される物理現象の統一的な理解であり，第2は，ソリトン方程式を高次元化する手法として用いる，ことにある．

曲線の運動を記述することから始める．3次元空間内に滑らかな曲線を考える．パラメーターをαとして，時刻tにおける曲線上の点を位置ベクトル$\boldsymbol{r}(\alpha,t)$で表わす．曲線上の計量$g(\alpha,t)$と曲線に沿った弧の長さ$s(\alpha,t)$は，おのおの

$$g(\alpha,t) = \frac{\partial \boldsymbol{r}}{\partial \alpha} \cdot \frac{\partial \boldsymbol{r}}{\partial \alpha} \tag{C.1}$$

$$s(\alpha,t) = \int_0^\alpha \sqrt{g(\alpha,t)}\,d\alpha \tag{C.2}$$

で与えられる．点$\boldsymbol{r}(\alpha,t)$における単位接線ベクトル$\boldsymbol{t}=\partial\boldsymbol{r}/\partial s$，単位法線ベクトル$\boldsymbol{n}$，単位陪法線ベクトル$\boldsymbol{b}$は直交基底をつくり，Frenet-Serret方程式

$$\frac{\partial \boldsymbol{t}}{\partial s} = \kappa\boldsymbol{n}, \quad \frac{\partial \boldsymbol{n}}{\partial s} = -\kappa\boldsymbol{t}+\tau\boldsymbol{b}, \quad \frac{\partial \boldsymbol{b}}{\partial s} = -\tau\boldsymbol{n} \tag{C.3}$$

をみたす．ここで，$\kappa(s,t)$は曲率，$\tau(s,t)$はねじれ率である．曲線上の点$\boldsymbol{r}(\alpha,t)$の運動は

$$\dot{\boldsymbol{r}} = \left.\frac{\partial \boldsymbol{r}}{\partial t}\right|_\alpha = U\boldsymbol{n}+V\boldsymbol{b}+W\boldsymbol{t} \tag{C.4}$$

で指定される．U,V,Wをκ,τの関数として与えることによって，1つの**幾何学的模型**(geometrical model)が導入される．幾何学的量の時間発展は，両立

---

[*] K. Nakayama, H. Segur and M. Wadati : Phys. Rev. Lett. 69 (1992) 2603.

条件

$$\frac{\partial}{\partial t}\frac{\partial}{\partial \alpha} \boldsymbol{r}(\alpha,t) = \frac{\partial}{\partial \alpha}\frac{\partial}{\partial t} \boldsymbol{r}(\alpha,t) \tag{C.5}$$

から決めることができる．

議論を簡単にするために，まず曲線が平面上を運動する場合を考えてみよう．これは，(C.3)と(C.4)において，$\tau \equiv 0$, $V \equiv 0$ としたことに相当する．方程式(C.3)〜(C.5)より，時間発展方程式

$$\begin{aligned}
\dot{\boldsymbol{t}} &= \left(\frac{\partial U}{\partial s} + \kappa W\right)\boldsymbol{n}, \quad \dot{\boldsymbol{n}} = -\left(\frac{\partial U}{\partial s} + \kappa W\right)\boldsymbol{t} \\
\dot{g} &= 2g\left(\frac{\partial W}{\partial s} - \kappa U\right), \quad \dot{\kappa} = \left(\frac{\partial^2 U}{\partial s^2} + \kappa^2 U + \frac{\partial \kappa}{\partial s}W\right)
\end{aligned} \tag{C.6}$$

を得る．曲率 $\kappa(s,t)$ に対する時間発展方程式は，次のようにして導くことができる．(C.2)と(C.6)より，

$$\begin{aligned}
\dot{s} &= \int_0^\alpha g^{1/2}\left(\frac{\partial W}{\partial s} - \kappa U\right)d\alpha' \\
&= W(s,t) - \int_0^s \kappa U ds'
\end{aligned} \tag{C.7}$$

であり，また，

$$\dot{\kappa}(s,t) = \frac{\partial \kappa}{\partial t} + \dot{s}\frac{\partial \kappa}{\partial s} \tag{C.8}$$

であるから，

$$\frac{\partial \kappa}{\partial t} = \frac{\partial^2 U}{\partial s^2} + \kappa^2 U + \frac{\partial \kappa}{\partial s}\int_0^s ds' \kappa U \tag{C.9}$$

となる．こうして，曲線の2次元運動は，法線方向の速度 $U(s,t)$ を指定すれば，(C.9)を積分することによって決定されることがわかる．接線方向の速度 $W(s,t)$ は曲線の形には影響しない．

平面曲線の運動と積分可能系(ソリトン系)との関係は，次のように理解できる．AKNS形式では，散乱問題は

$$\frac{\partial v_1}{\partial s} = i\zeta v_1 + q(s,t)v_2$$
$$\frac{\partial v_2}{\partial s} = r(s,t)v_1 - i\zeta v_2 \qquad (C.10)$$

で与えられる(本文(5.12)). 一方, 平面曲線では, $\boldsymbol{t}=(t_1,t_2)$, $\boldsymbol{n}=(n_1,n_2)$ として,

$$\frac{\partial t_j}{\partial s} = \kappa n_j, \quad \frac{\partial n_j}{\partial s} = -\kappa t_j \qquad (j=1,2) \qquad (C.11)$$

が成り立っている. すなわち, 平面曲線に対する Frenet-Serret 方程式(C.11)は, AKNS 形式で固有値 $\zeta=0$, $q=\kappa$, $r=-\kappa$ とおいたものと等価であることがわかる. したがって, $r=-q$ をみたす一連のソリトン方程式(変形 KdV ヒエラルキー)は, すべて(C.9)に含まれている. 例えば, $U=-\partial\kappa/\partial s$ と選ぶと, (C.9)は変形 KdV 方程式

$$\frac{\partial \kappa}{\partial t} + \frac{3}{2}\kappa^2\frac{\partial \kappa}{\partial s} + \frac{\partial^3 \kappa}{\partial s^3} = 0 \qquad (C.12)$$

を与える.

もちろん, 曲線の運動は可積分であるとは限らない. 流体力学や結晶成長などにおける界面の運動を記述する幾何学的模型として有名な**曲線短縮方程式**(curve-shortening equation)は, $U=\kappa$, $W=0$ に相当している[*],[**]. 平面曲線を $y=\eta(x,t)$ で表わすと, 曲線短縮方程式は

$$\eta_t = \frac{\eta_{xx}}{1+\eta_x^2} \qquad (C.13)$$

で与えられる.

以上に述べたことは, 3次元空間中の曲線の運動の場合に拡張することができる. 導出は式がかなり複雑になるので, 結果だけを述べていくことにする. 空間曲線の場合, 曲率 $\kappa(s,t)$ とねじれ率 $\tau(s,t)$ に対する発展方程式は, おの

---

[*] P. Pelcé, ed.: *Dynamics of Curved Fronts* (Academic Press, London, 1988).
[**] K. Nakayama, T. Iizuka and M. Wadati: J. Phys. Soc. Jpn. **63**(1994)1311.

おの

$$\frac{\partial \kappa}{\partial t} = \frac{\partial^2 U}{\partial s^2} + (\kappa^2 - \tau^2)U + \frac{\partial \kappa}{\partial s}\int^s \kappa U ds' - 2\tau\frac{\partial V}{\partial s} - \frac{\partial \tau}{\partial s}V$$

$$\frac{\partial \tau}{\partial t} = \frac{\partial}{\partial s}\left[\frac{1}{\kappa}\frac{\partial}{\partial s}\left(\frac{\partial V}{\partial s} + \tau U\right) + \frac{\tau}{\kappa}\left(\frac{\partial U}{\partial s} - \tau V\right) + \tau\int^s \kappa U ds'\right]$$

$$+ \kappa\tau U + \kappa\frac{\partial V}{\partial s} \qquad (C.14)$$

で与えられる．空間曲線は κ と τ から一意に(平行移動と回転は除く)決められる．よって，(C.14)を解くことにより，3次元空間における曲線の運動を決めることができる．接線方向の速度 $W(s,t)$ は，曲線の形には影響がないことをふたたび注意しておこう．

空間曲線の運動と積分可能系との関係は，次のようにまとめられる．Frenet-Serret 方程式(C.3)は，AKNS 形式(C.10)において $\zeta=0$, $q=-\phi/2$, $r=-q^*$, ただし

$$\phi(s,t) = \kappa(s,t)\exp\left(i\int^s \tau(s',t)ds'\right) \qquad (C.15)$$

とおいたものと等価である．逆散乱法において固有値(スペクトルパラメーター)の存在は，得られる発展方程式が積分可能系であることを示唆している．一方，Frenet-Serret 方程式は固有値を含まず，これは曲線の運動には可積分と非可積分の両方があることに対応している．可積分運動の一例は，$U=0$, $V=\kappa$ とおいた場合であり，(C.15)を(C.14)に代入すれば，NLS 方程式 $i\phi_t + \phi_{ss} + (1/2)|\phi|^2\phi = 0$ が得られる．これが，6-6節に述べた渦糸の運動である．

曲面の運動については研究が始まったばかりであり，ソリトン方程式の多次元空間への拡張，流体不安定性の幾何学的記述，反応拡散系や結晶成長でのパターン形成への応用，微小生物の運動の数理等，多くの興味深い課題が残されている．

参考書・文献

本文中では議論に沿って，主として論文を引用した．ここでは，教科書，講義録，解説，論文選集を中心にまとめる．

非線形波動
[1]　M. J. Lighthill, ed. : Proc. Roy. Soc. **A299** (1967) No. 1456.
[2]　W. Lick : Annual Rev. Fluid Mech. **2** (1970) 113.
[3]　A. Jeffrey and T. Kakutani : SIAM Review **14** (1972) 582.
[4]　G. B. Whitham : *Linear and Nonlinear Waves* (John-Wiley, New York, 1974).
[5]　O. M. Phillips : Annual Rev. Fluid Mech. **6** (1974) 93.
[6]　V. I. Karpman : *Nonlinear Waves in Dispersive Media* (Pergamon Press, Oxford, 1975).
[7]　谷内俊弥・西原功修：非線形波動（岩波書店，1977）．
[8]　A. Jeffrey and T. Kawahara : *Asymptotic Methods in Nonlinear Wave Theory* (Pitman, London, 1982).
[9]　E. Infeld and G. Rowlands : *Nonlinear Waves, Solitons and Chaos* (Cambridge Univ. Press, New York, 1990).
[10]　V. V. Konotop and L. Vázquez : *Nonlinear Random Waves* (World Scientific, Singapore, 1994).
[11]　和達三樹ほか：非線形波動の広がり，数理科学 **387** (1995)．

ソリトン理論全般

[1] A. C. Scott, F. Y. F. Chu and D. W. Mclaughlin : Proc. IEEE 61 (1973) 1443.
[2] 和達三樹：ソリトンの研究の現状，科学 45 (1975) 130.
[3] F. Calogero, ed. : *Nonlinear Evolution Equations Solvable by the Spectral Transform* (Pitman, London, 1978).
[4] R. K. Bullough and P. J. Caudrey, eds. : *Solitons* (Springer-Verlag, Berlin, 1978).
[5] G. L. Lamb, Jr. : *Elements of Soliton Theory* (John-Wiley, New York, 1980) (G.L.ラム Jr. 著，戸田盛和監訳：ソリトン——理論と応用 (培風館, 1983)).
[6] G. Eilenberger : *Solitons* (Springer-Verlag, Berlin, 1981).
[7] M. J. Ablowitz and H. Segur : *Solitons and the Inverse Scattering Transform* (SIAM, Philadelphia, 1981).
[8] R. K. Dodd, J. C. Eilbeck, J. D. Gibbon and H. C. Morris : *Solitons and Nonlinear Wave Equations* (Academic Press, London, 1982).
[9] 戸田盛和：非線形波動とソリトン (日本評論社, 1983).
[10] 渡辺慎介：ソリトン物理入門 (培風館, 1985).
[11] 和達三樹：ソリトン物理学, 日本物理学会誌 43 (1988) 751.
[12] A. P. Fordy, ed. : *Soliton Theory : a Survey of Results* (Manchester Univ. Press, 1990).
[13] M. J. Ablowitz and P. A. Clarkson : *Solitons, Nonlinear Evolution Equations and Inverse Scattering* (Cambridge Univ. Press, Cambridge, 1991).
[14] A. S. Fokas and V. E. Zakharov, eds. : *Important Developments in Soliton Theory* (Springer-Verlag, Berlin, 1993).
[15] B. G. Konopelchenko : *Solitons in Multidimensions* (World Scientific, Singapore, 1993).

ソリトン理論の発展と応用

[1] J. Moser, ed. : *Dynamical Systems, Theory and Applications*, Lecture Notes in Physics 38 (Springer-Verlag, Berlin, 1975).
[2] R. Miura, ed. : *Bäcklund Transformations*, Lecture Notes in Mathematics 515 (Springer-Verlag, Berlin, 1976).
[3] K. Lonngren and A. C. Scott, eds. : *Solitons in Action* (Academic Press, New York, 1978).
[4] 戸田盛和：非線形格子力学 (岩波書店, 1978).
[5] F. Calogero and A. Degasperis : *Spectral Transform and Solitons* (North-

Holland, 1982).
[6] S. P. Novikov, S. V. Manakov, L. P. Pitaevsky and V. E. Zakharov: *Theory of Solitons* (Plenum, New York, 1984).
[7] A. C. Newell: *Solitons in Mathematical Physics* (SIAM, Philadelphia, 1985).
[8] A. S. Davydov: *Solitons in Molecular Systems* (D. Reidel Pub., 1985).
[9] S. Takeno, ed.: *Dynamical Problems in Soliton Systems*, Springer Series in Synergetics (Springer-Verlag, Berlin, 1985).
[10] L. D. Faddeev and L. A. Takhatajan: *Hamiltonian Methods in the Theory of Solitons* (Springer-Verlag, Berlin, 1987).
[11] M. Lakshmanan, ed.: *Solitons, Introduction and Applications* (Springer-Verlag, Berlin, 1988).
[12] V. G. Makhankov: *Soliton Phenomenology* (Kluwer Academic, Dordrecht, 1990).
[13] A. Hasegawa: *Optical Solitons in Fibers* (Springer-Verlag, Berlin, 1990).
[14] V. B. Matveev and M. A. Salle: *Darboux Transformations and Solitons* (Springer-Verlag, Berlin, 1991).
[15] M. V. Nezlin and E. N. Snezhkin: *Rossby Vortices, Spiral Structures, Solitons* (Springer-Verlag, Berlin, 1993).
[16] F. Abdullaev, S. Darmanyan and P. Khabibullaev: *Optical Solitons* (Springer-Verlag, Berlin, 1993).
[17] M. Peyrard, ed.: *Nonlinear Excitations in Biomolecules* (Springer-Verlag and Les Editions de Physique, 1995).

統計力学と場の理論における厳密に解ける模型

[1] R. Baxter: *Exactly Solved Models in Statistical Mechanics* (Academic Press, London, 1982).
[2] J. Hietarinta and C. Montonen, eds.: *Integrable Quantum Field Theory*, Lecture Notes in Physics 151 (Springer-Verlag, Berlin, 1982).
[3] B. S. Shastry, S. S. Jha and V. Singh, eds.: *Exactly Solvable Problems in Condensed Matter and Relativistic Field Theory*, Lecture Notes in Physics 242 (Springer-Verlag, Berlin, 1985).
[4] 和達三樹・阿久津泰弘:厳密に解ける格子模型,日本物理学会誌 42 (1987) 624.
[5] 和達三樹・出口哲生・阿久津泰弘:ひもの問題を解く,科学 59 (1989) 73.
[6] M. Jimbo, T. Miwa and A. Tsuchiya, eds.: *Integrable Systems in Quantum Field Theory and Statistical Mechanics*, Advanced Stud. in Pure Math. 19

(Kinokuniya-Academic Press, 1989).
[7] C. N. Yang and M. L. Ge, eds. : *Braid Group, Knot Theory and Statistical Mechanics* (World Scientific, Singapore, 1989).
[8] M. Jimbo, ed. : *Yang-Baxter Equation in Integrable Systems* (World Scientific, Singapore, 1990).
[9] T. Kohno, ed. : *New Developments in the Theory of Knots* (World Scientific, Singapore, 1990).
[10] 神保道夫：量子群とヤン・バクスター方程式(シュプリンガー・フェアラーク東京, 1990).
[11] 和達三樹：統計力学と結び目理論, パリティ Vol. 6, No. 8 (1991) 20.
[12] L. H. Kauffman : *Knots and Physics* (World Scientific, Singapore, 1991).
[13] V. E. Korepin, N. M. Bogoliubov and A. G. Izergin : *Quantum Inverse Scattering Method and Correlation Functions* (Cambridge Univ. Press, 1993).
[14] C. N. Yang and M. L. Ge, eds. : *Braid Group, Knot Theory and Statistical Mechanics* II (World Scientific, Singapore, 1994).
[15] M. L. Ge and Y. S. Wu, eds. : *New Developments of Integrable Systems and Long-ranged Interaction Models* (World Scientific, Singapore, 1995).

第2次刊行に際して

 本書刊行以来，4年の歳月が経過した．本書の目的は，学部3,4年生以上の読者に「非線形波動」の基礎的概念，手法，応用を分かりやすく紹介することにある．この点に関しては，何らの書き直しを必要としない．一方，この分野の発展は急速であり，現在までに多くの興味深い成果が付け加えられた．本講座第2次刊行に際して各巻とも巻末に補章を設け，若干の加筆をしてよいことになったので，この機会に，やや記述が足りなかった課題と最近の発展について簡単にふれることにした．

 すなわち，[A] 逆散乱法による非線形 Schrödinger 方程式の解法，[B] 長距離相互作用をもつ量子可積分系，[C] 曲線の運動，の3つの課題を補足した．[A] は，光ソリトン通信に興味をもつ工学研究者の要望に応えたものである．[B] と [C] は，第1次刊行以後に急速に発展した課題から選んだものである．補章はすべて本文と同程度の易しさで書かれている．

 ここで一般的な視点から，研究の現状を簡単にまとめておこう．非線形波動の研究においては，理論と応用がさらに近づき，互いに刺激を与えながら発展している．光ソリトンに例をとるならば，媒質の異方性，高次の分散効果，不均一性や外力・雑音の影響，制御(生成・増幅)等の課題がある．他の物理系においても共通問題であることは明らかであろう．これらの理論的解決には，

多成分系の解析や摂動論の改良等の発展が必要である．より現実的な状況下での非線形波動の理解を目指して，さらに多くの研究が行なわれるであろう．

　高次元空間への拡張と離散系の問題は，いぜんとして基本的な難問である．前者においては微分幾何学的定式化が注目を集め（補章 [C] はその入門部分），また，後者においては局在モードの存在性と DNA 動力学への応用が活発に議論されている．

　ソリトン理論の拡張から生じた「厳密に解ける模型」の研究は，理論物理学の一大分野に成長した．組みひも理論，量子群，3次元多様体の分類等の新しい数学の発展をもたらすとともに，近年，共形場理論，分数統計，朝永（Tomonaga）-Luttinger 流体，ランダム行列等の物性論における新しい手法・概念と密接に関係していることが明らかになりつつある．

　特に，長距離相互作用する量子可積分系は，諸問題に共通に登場することで関心を集めている．スピン自由度を含めることが可能であり，より一般的な理論の枠組みによる基本的な性質の解明に多くの努力が払われている．本文で述べた δ 関数気体のような近距離相互作用系と比べて新しい課題であり，その全容はまだ明らかとはいえない．補章 [B] は，ソリトン理論から見た最も基礎的な定式化である．よりくわしい記述は，脚注の文献や「参考書・文献」欄を参照されたい．

　　1996 年 2 月

著　者

索引

A
明るいソリトン　30
AKNS 形式　85
Alexander-Conway 関係式　201
Alexander 多項式　186

B
Bäcklund 変換　43, 77
バーテックス演算子　81
バーテックス模型　170
　——に対する Yang-Baxter 関係式　173
　N 状態——　198
Baxter 公式　181
Bethe 波動関数　153
Bethe 仮説法　159, 161
　代数的——　160
微分型非線形 Schrödinger 方程式（微分型 NLS 方程式）　86, 127
Boussinesq 方程式　12, 107
分散がある　10
分散関係式　9
分数統計　209
Burgers 方程式　112
ブリーザー解　47, 103

C
Calogero 系　107
Calogero-Moser 系　107, 216
長波長近似　11
長波短波相互作用　131
直積　156
中性ソリトン　144
Clairin の方法　45
Crum 変換　80

D
楕円関数　22
代数的 Bethe 仮説法　160
d'Alembert の解　11
Darboux-Crum 変換　80
Davey-Stewartson 方程式　33
Debye 波数　120
Dirac 型演算子　84

E

エニオン　209
円筒 KdV 方程式　123
エルゴード問題　4

F

Fermi-Pasta-Ulam の再帰現象　5
フィラメント化　124
Frenet-Serret の公式（方程式）　138, 218
輻射　76
振り子模型　37

G

外微分形式　108
Gardner-Morikawa(GM)変換　14
Gel'fand-Levitan(GL)方程式　67, 212
Gel'fand-Levitan-Marchenko 方程式　67
厳密に解ける模型　148, 167
剛体 6 角形模型　175
群速度　10
逆問題　60
逆散乱法　68, 214

H

8 頂点模型　171
波動　1
波動方程式　11
汎関数微分　89
反キンク　36
搬送波　26
反ソリトン　36
はしご型の LC 回路　51, 145
橋本ソリトン　139
Hecke-岩堀代数　200
Heisenberg 強磁性体方程式　135

Heisenberg 模型　165
変調不安定　31
変形 KdV ヒエラルキー　220
変形 KdV 方程式　15
光ファイバー　126
非可積分系　114
ひも　184
広田の方法　24
非線形 Schrödinger(NLS)方程式　28, 127, 211
　微分型——　86, 127
　離散的——　105
包含的　88, 217
HOMFLY 多項式　187
Hopf-Cole 変換　112
包絡線　26
包絡ソリトン　30, 126
保存演算子　216
保存密度　57
保存則　57
　無限個の——　78

I

1 次元格子　4
位置のずれ　25
因子化方程式　170
因子化 S 行列　159
インスタントン　108
イオン音波　121
IRF 模型　174
　——に対する Yang-Baxter 関係式　176
位相のずれ　161
位相速度　10

J

弱条件　150
自己集束　124
自己双対 Yang-Mills 方程式　108

索　引　231

自己誘導透過　41
磁束の運動　127
磁束量子　129
Jones 多項式　186, 201
Josephson 伝送線路　127
Jost 関数　60
準可積分系　114
順問題　60

K

荷電ソリトン　144
Kadomtsev-Petviashvili(KP)方程式
　32, 108, 122
拡張された Markov 性　196
KAM 定理　113
完全積分可能系　88, 217
カオス系　114
絡み目　184
絡み目不変量　185
絡み目多項式　186
重ね合わせの原理　10
可積分系　88, 217
Kauffman 多項式　187
KdV ヒエラルキー　70
KdV 方程式　3, 14, 57
　——の N ソリトン解　75
　円筒——　123
　変形——　15
　高次——　70
　2 次元——　32
系の対称性　78
基準振動　9
幾何学的模型　218
キンク　36
Klein-Gordon 方程式　34
KN 形式　87
高調波　27
交換する転送行列　167
Kolmogorov-Arnold-Moser(KAM)の

　定理　113
孤立波　2
Korteweg-de Vries(KdV)方程式　3
交差乗数　193
交差パラメーター　193
交差対称性　194
格子　4
　——での量子逆散乱法　164
古典スピン系　133
組みひも　187
組みひも群　189
クノイダル波　22
暗いソリトン　30
曲率　109
曲線の運動　218
曲線短縮方程式　220
局所誘導方程式　138
共役変数　95

L

Lax 方程式　69, 214
Lax 対　69, 215
Liouville の定理　88
Lippmann-Schwinger 方程式　158
Lorentz 不変性　35
Lotka-Volterra 方程式　144

M

Markov 操作　190
Markov トレース　191
Maxwell-Bloch 方程式　40
Miura 変換　59
モデル方程式　34
模型　34
モノイド　203
無限小変換　78
結び目　184
結び目理論　185

N

2原子分子化　141
2次元 KdV 方程式　32
2次元 NLS 方程式　124
2準位原子系　39
N 状態バーテックス模型　198
NLS 方程式　28
　　微分型——　86, 127
　　2次元——　124
ノーマルオーダー　152
N ソリトン解　75, 103
n-string 状態　154

O, P, Q

音速　10
おそい変数　15
Painlevé 超越方程式　111
Painlevé 判定法　111
Painlevé の性質　110
Peierls 不安定性　142
Poisson 括弧　90
ポリアセチレン　140
プラズマ周波数　120
QNLS 模型　149

R

ライズ　204
Reidemeister 操作　203
連続体近似　11
Riccati 方程式　59
離散的非線形 Schrödinger 方程式　105
6頂点模型　174
量子 Calogero-Moser 模型　216
量子群　183
量子逆散乱法　153
　　格子での——　164
量子論的非線形 Schrödinger(QNLS)模型　149
量子スピン系　177
量子-Sutherland 模型　217
流束　57

S

3波相互作用方程式　131
散乱データ　60, 68
散乱データ演算子　150
散乱行列　168
作用-角変数　96
Scott-Russell, J.　1
正常アイソトピック　204
積分　58
積分可能性　88, 110
浅水波　2, 16
接続　109
S 行列　168
　　——に対する Yang-Baxter 関係式　170
　　——の因子化　170
シナジェティクス　7
振動するしっぽ　76
進行波解　21
振幅　26
振幅方程式　27
質量項のある Thirring 模型　87
衝撃波　112
Sine-Gordon(SG)方程式　34, 35, 97
skein 関係式　201
相似解　111
束縛状態　62
ソリトン　7, 36
　　明るい——　30
　　中性——　144
　　包絡——　30
　　荷電——　144
　　暗い——　30
　　生態系における——　144

渦糸―― 139
ソリトン理論 83
ソリトン摂動論 113, 115
star-triangle 関係式 176
Stokes の波動公式 11
スキルミオン模型 37
スペクトルパラメーター 69

T

遥減摂動法 14
Temperley-Lieb 代数 202
転移行列 155
転位の運動 38
転送行列 165
　交換する―― 167
戸田場の理論 56
戸田格子 49, 104
　2次元―― 56
　周期的―― 53
特異多様体 111
特性関数 196

トポロジー的電荷 37

U, W

動く特異点 110
運動の定数 58
渦糸 136
渦糸ソリトン 139
WKI 形式 87

Y, Z

Yang-Baxter 代数 194
Yang-Baxter 演算子 194
Yang-Baxter 関係式 157, 168
　バーテックス模型に対する―― 173
　IRF 模型に対する―― 176
　S 行列に対する―― 170
Zakharov 方程式 133
Zakharov-Shabat の固有値問題 85
ゼロ和条件 216
ずれ演算子 180

■岩波オンデマンドブックス■

現代物理学叢書
非線形波動

	2000 年 6 月15日　第 1 刷発行
	2006 年 9 月 5 日　第 3 刷発行
	2016 年 9 月13日　オンデマンド版発行

著　者　　和達三樹（わだちみき）

発行者　　岡本　厚

発行所　　株式会社　岩波書店
　　　　　〒101-8002　東京都千代田区一ツ橋2-5-5
　　　　　電話案内　03-5210-4000
　　　　　http://www.iwanami.co.jp/

印刷／製本・法令印刷

Ⓒ 和達朝子 2016
ISBN 978-4-00-730481-1　　Printed in Japan